全国机械行业职业教育优质系列教材（高职高专）
经全国机械职业教育教学指导委员会审定
首届全国机械行业职业教育优秀教材
电气自动化技术专业

单片机原理与接口技术（C语言版）

全国机械职业教育自动化类专业教学指导委员会（高职）组编

主　编　彭志刚
副主编　谢芳芳　李　力　赵　丽
参　编　陈新华　何忠胜　赵自鹏

机械工业出版社

本书共有10章，主要介绍单片机硬件组成和软件操作环境、C51语言基础知识、单片机并行I/O口、显示与键盘接口技术、中断与定时器/计数器、串行通信技术、A-D与D-A转换接口以及单总线和I^2C总线技术等。本书注重技能训练，每章都设计了任务，操作性强，体现了本课程的基础性与实用性。本书内容遵循单片机技术的学习规律，安排科学、合理，便于开展教学。

本书可作为高职高专院校自动化类、电子信息类、通信类、机电设备类等专业的单片机技术课程的教材，也可作为中职学校、成人教育的教材，以及电子工程技术人员的参考工具书。

为方便教学，本书配有免费电子课件、习题答案、模拟试卷及答案，供教师参考。凡选用本书作为授课教材的教师，均可来电（010-88379375）索取，或登录机械工业出版社教育服务网（www.cmpedu.com）网站，注册、免费下载。

图书在版编目（CIP）数据

单片机原理与接口技术：C语言版/彭志刚主编．—北京：机械工业出版社，2016.6（2022.1重印）
全国机械行业职业教育优质系列教材．高职高专
ISBN 978-7-111-54006-9

Ⅰ.①单…　Ⅱ.①彭…　Ⅲ.①单片微型计算机-基础理论-高等职业教育-教材②单片微型计算机-接口-高等职业教育-教材　Ⅳ.①TP368.1

中国版本图书馆CIP数据核字（2016）第129830号

机械工业出版社（北京市百万庄大街22号　邮政编码100037）
策划编辑：于　宁　冯睿娟　责任编辑：于　宁　王宗锋　冯睿娟
版式设计：霍永明　责任校对：肖　琳
封面设计：鞠　杨　责任印制：常天培
北京机工印刷厂印刷
2022年1月第1版第7次印刷
184mm×260mm·12.75印张·304千字
标准书号：ISBN 978-7-111-54006-9
定价：39.00元

电话服务　网络服务
客服电话：010-88361066　机　工　官　网：www.cmpbook.com
010-88379833　机　工　官　博：weibo.com/cmp1952
010-68326294　金　书　网：www.golden-book.com
封底无防伪标均为盗版　机工教育服务网：www.cmpedu.com

前 言

单片机是计算机的一个重要分支，它具有体积小、价格低、控制功能强等特点，广泛应用于工业控制、智能化仪器仪表、家用电器、网络通信等领域，极大地提高了这些领域的智能化程度。单片机技术的掌握已成为电子信息类、通信类、自动化类等专业学生与技术人员必备的一项技能。

本书是在作者长期从事高职高专单片机技术课程教学的基础上，以国家的教学改革方针为指导，以示范院校课程建设为要求编写的。本书每章都设有针对性的任务，突出技能，从内容安排、教与学、做与练等方面都体现了高职教育的教学特色。本书特点包括以下几个方面。

1. 采用 C 语言编程

目前，很多高等院校的单片机技术课程教学仍然采用汇编语言编写控制程序。但汇编语言编写的程序可读性差，不易理解。尤为重要的是，现在单片机应用系统的开发，基本上不用汇编语言编程，使用 C 语言进行程序设计已成为软件开发的一个主流。用 C 语言来编写目标系统软件，会大大缩短开发周期，且明显地增加软件的可读性，便于改进和扩充。采用 C 语言编程是单片机课程教学改革的重要内容。

2. 以任务驱动课程教学

先学理论知识，然后引出相关任务，通过任务中的技能训练来巩固理论知识，掌握相关概念、硬件电路的设计与制作及软件的编程技巧，这种以理论指导实践的方法符合学生的认知规律和职业教育的理念。

全书共安排了 25 个具有代表性的任务，每个任务均设置了目的与要求，任务内容紧扣该章节的理论知识，又避免过大过繁，体现了技能训练的综合性与系统性。

3. 内容安排更合理

本书在内容安排上充分考虑了读者的认知规律、单片机课程的特点以及任务的综合性，首先介绍了单片机的硬件结构，而后给出了 C51 语言编程基础知识，将显示与键盘接口技术放在中断、定时器和串行通信之前，这样在学习中断、定时器和串行通信时便于引入按键显示接口技术，使任务更具有综合性和实用性，也便于知识、技能的灵活运用。

4. 增加了近年来使用较多的 I^2C 总线技术和单总线技术

随着单片机技术的不断发展，新型元器件与新技术层出不穷，本书引入了目前使用较普遍的元器件与新技术，第 10 章中安排了数字温度传感器 DS18B20、具有 I^2C 总线结构的A-D和 D-A 转换器 PCF8591 及 EEPROM AT24C04 新型元器件的应用，使学生通过该内容的学习紧跟当前单片机的新技术。

本书由彭志刚任主编，谢芳芳、李力、赵丽任副主编。彭志刚负责统稿，并编写了第1、2、3、10 章。赵丽、谢芳芳编写了第 6 章和第 9 章，李力编写了第 8 章，赵自鹏编写了第 4 章，何忠胜编写了第 5 章，陈新华编写第 7 章。

本书的编写参阅了大量单片机技术方面的教材和其他文献，在此谨向作者致以衷心的谢意。

由于编者水平有限，书中的错误和疏漏之处在所难免，欢迎读者提出批评与建议。

编　者

目　录

第 1 章

单片机概述与 Keil C51 软件的使用

为适应科学技术的发展，微型计算机不断更新换代，新产品层出不穷。在微型计算机的大家族中，作为控制领域常用的单片机发展极为迅速。本章主要介绍单片机的概念、特点和应用，51 系列单片机的型号和特点，以及单片机应用系统的一般开发流程和单片机工具软件 Keil C51 的使用步骤。

1.1　认识单片机

1. 单片机的概念

单片微型计算机（Single Chip Microcomputer）简称单片机，是指将中央处理器（CPU）、存储器（Memory）、输入/输出（Input/Output，简称 I/O）接口电路和定时器/计数器等多种功能部件都集成在一块半导体芯片上，构成一个完整的微型计算机。由于它的结构及功能均是按照工业控制要求设计的，所以又称为微控制器（简称 MCU）。图 1-1 所示为单片机的结构框图。

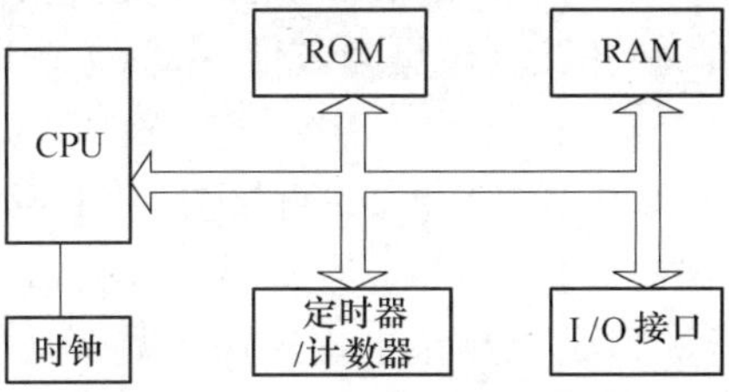

图 1-1　单片机结构框图

单片机实质上是一块超大规模的集成电路，是微电子技术和计算机技术相结合的产物，单片机技术是计算机控制技术的一个重要分支。

2. 单片机的特点

单片机在一块芯片上集成了一台微型计算机所需的基本部件。它在硬件结构、指令功能方面均有独到之处，其主要特点如下：

（1）性价比高　单片机性能稳定，功能强大，价格便宜。

（2）体积小、集成度高、速度快、可靠性高　单片机将一台计算机所需的基本部件集成在一块芯片上，减少了各部件间的连线，大大提高了运行速度和抗干扰能力。

（3）控制功能强　为了满足工业控制的需要，单片机有很强的位处理功能。在其他的逻辑控制功能方面，也都优于一般的 8 位微处理器。

（4）单片机系统配置灵活、方便　由于单片机带有一定数量的接口电路，容易构成各种规模的应用系统。

（5）类型多　单片机种类繁多，可以根据实际需要进行选择。

3. 单片机的应用

由于单片机具有如上所述的特点，因此在工业生产、日常生活等诸多领域，得到了日益广泛的应用，单片机的主要应用领域如下：

（1）工业控制　如工业生产过程中参数（如温度、压力、流量、液位等）、数控机床和工业机器人的控制等。

（2）智能化仪器仪表　由单片机构成的智能化仪器仪表，集测量、数据处理功能于一体，如转速测试仪、噪声测试仪、振动测试仪和电子秤等。

（3）计算机网络与通信　单片机上有并行 I/O 口和串行 I/O 口，可用于通信接口，如单片机控制的自动呼叫应答系统、列车无线通信系统和遥测遥控系统等。

（4）家用电器　由于单片机体积小，控制能力强，且片内有定时器/计数器，所以广泛应用于家电设备中。如空调机、洗衣机、微波炉、高级智能玩具、电子门铃及防盗报警器等。

4. 51 单片机

Intel 公司推出 MCS-51 系列单片机以来，51 系列单片机得到了极其广泛的应用。20 世纪 90 年代，Intel 公司致力于研究和生产微机的 CPU，将 MCS-51 系列单片机的内核技术转让给了其他半导体公司，近年来，很多公司都生产以 8051 为内核的单片机，如 Atmel 公司的 AT89/AT87 系列、Philips 公司的 P89/P87 系列、SST 公司的 STC89/87 系列单片机和深圳宏晶科技公司生产的 STC12C 系列单片机，统称为 51 单片机。

在众多的 51 系列单片机中，AT89 系列单片机在我国得到了极其广泛的应用。AT89 系列单片机是美国 Atmel 公司的 8 位单片机产品。它的特点是片内含有 Flash 存储器，Flash 存储器是一种电擦除和电写入的闪速存储器，在系统的开发过程中可以很容易地进行程序修改，使开发调试更为方便。AT89 系列单片机有 3 类：

（1）标准型　主要有 AT89C51、AT89LV51、AT89C52 和 AT89LV52 四种型号，其中 AT89C51 和 AT89C52 直接与 8051 系列兼容，相当于将 8051、8052 中的 4KB、8KB ROM 换成相应数量的 Flash 存储器，其余部分完全相同。AT89LV51 是 AT89C51 低电压型号，可在 2.7～6V的电压范围内工作，其余功能和 AT89C51 相同。

（2）低档型　主要有 AT89C1051、AT89C2051 两种型号。除并行 I/O 端口数较少外，其他部件和 AT89C51 基本相同，引脚只有 20 条。

（3）高档型　主要有 AT89S51、AT89S52 和 AT89S53 等型号，其中 AT89S51 有 4KB 可下载 Flash 存储器，AT89S52 有 8KB 可下载 Flash 存储器，AT89S53 有 12KB 可下载 Flash 存储器，下载功能是由 PC 通过 89 系列单片机的串行外围接口 SPI 实现的。

5. 单片机应用系统的开发

单片机应用系统由硬件电路和控制程序组成，控制程序是以硬件电路为基础进行编写的，二者相互依赖，缺一不可。对于一个单片机应用系统，从提出任务到设计、调试，最后投入使用，这一过程称为开发。应用系统的开发是一个综合过程，具体来说可分为如下步骤：

（1）分析系统功能　确定应用系统的要求、功能以及软硬件的相互关系。

（2）进行硬件设计　设计应用系统的电路原理图，选择元器件，合理安排线路并进行电路设计，制作印制电路板并进行元器件的装配。

（3）进行软件设计划分功能模块，确定算法和数据结构，对系统资源进行分配，画出程序流程图，编写源程序。进行软件设计可以采用汇编语言，也可以采用面向单片机的高级语言，包括 C 语言、PL/M 语言或 BASIC 语言，采用什么语言，可以根据系统的规模、设备条件以及控制要求进行选择。

（4）仿真调试　使用单片机仿真器或开发装置，将目标程序装入仿真器或开发装置中，对目标程序进行调试。调试过程中可能需要对硬件、软件进行修改、补充。

（5）样机制作　首先对待装元器件进行老化测试，对电路板进行精细加工，然后装配成整机，再对整机进行测试和试验，合格后还需做较长时间的运行考验，只有这样，才能设计出好的应用产品来。

1.2　Keil C51 软件的使用

Keil C51 软件是 Keil Software 公司开发的 51 单片机工具软件，它支持众多公司的 51 系列单片机芯片，同时集编辑、编译、仿真、调试等功能于一体，并支持 PL/M、汇编和 C 语言的程序设计，其界面友好，易学易用，成为 51 单片机开发人员的首选工具软件。

下面以 Keil C51 第 4 版为例介绍 Keil C51 软件的基本操作步骤。

1. 启动 Keil C51 软件

双击桌面快捷方式图标 Keil μVision4 ，打开应用软件如图 1-2 所示。

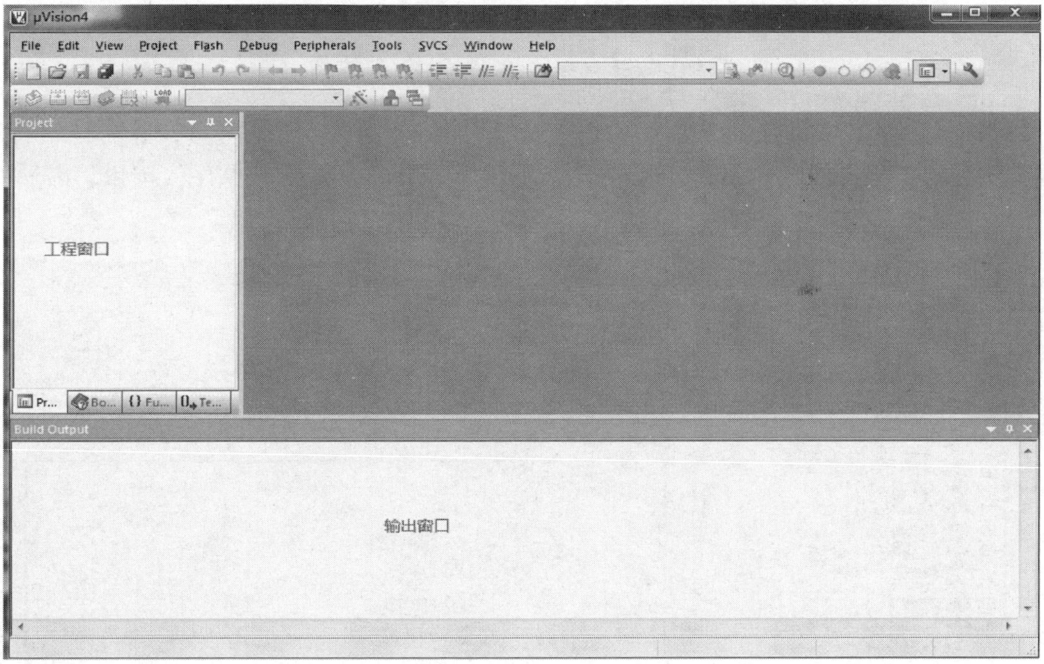

图 1-2　Keil C51 启动窗口

2. 新建工程文件

1）在图 1-2 所示的启动窗口中，单击 “Project” → “New μVision Project” 菜单命令，打开 “Create New Project” 对话框，如图 1-3 所示。

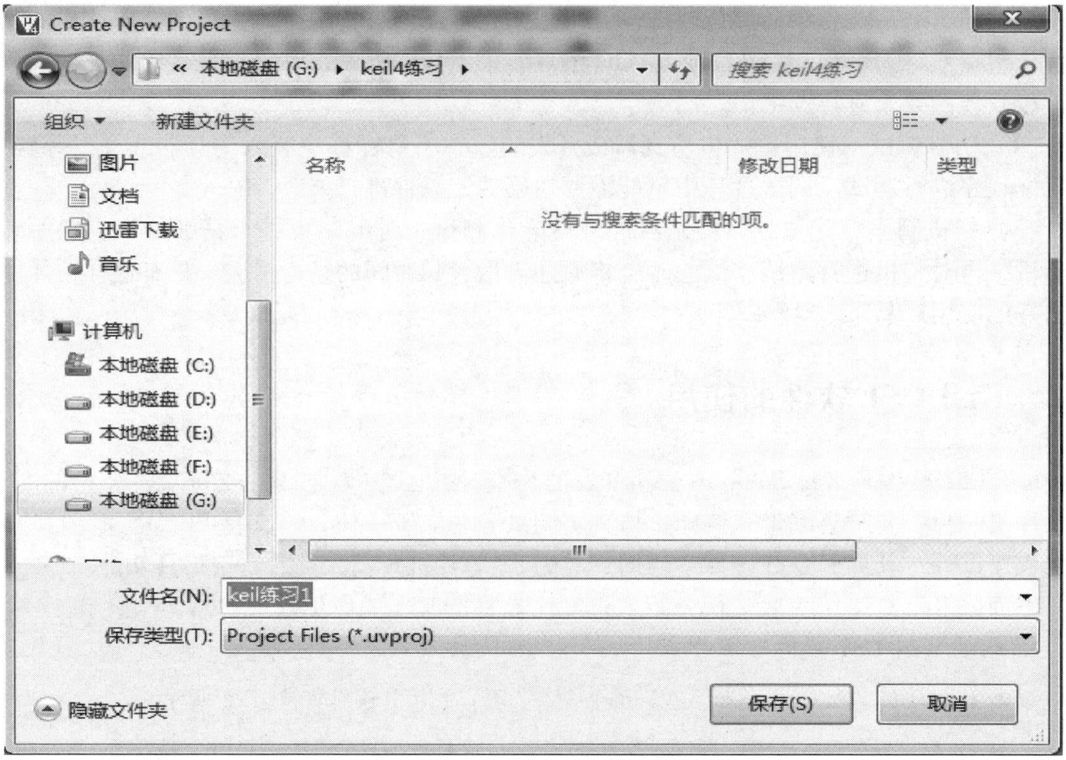

图 1-3　“Create New Project” 对话框

2）选择建立工程的目录（如在 G 盘下建立 “Keil4 练习” 文件夹），并在 “文件名” 文本框中输入工程文件名（如 Keil 练习 1），不需加扩展名，单击 “保存” 按钮，出现如图 1-4 所示的选择目标器件对话框。

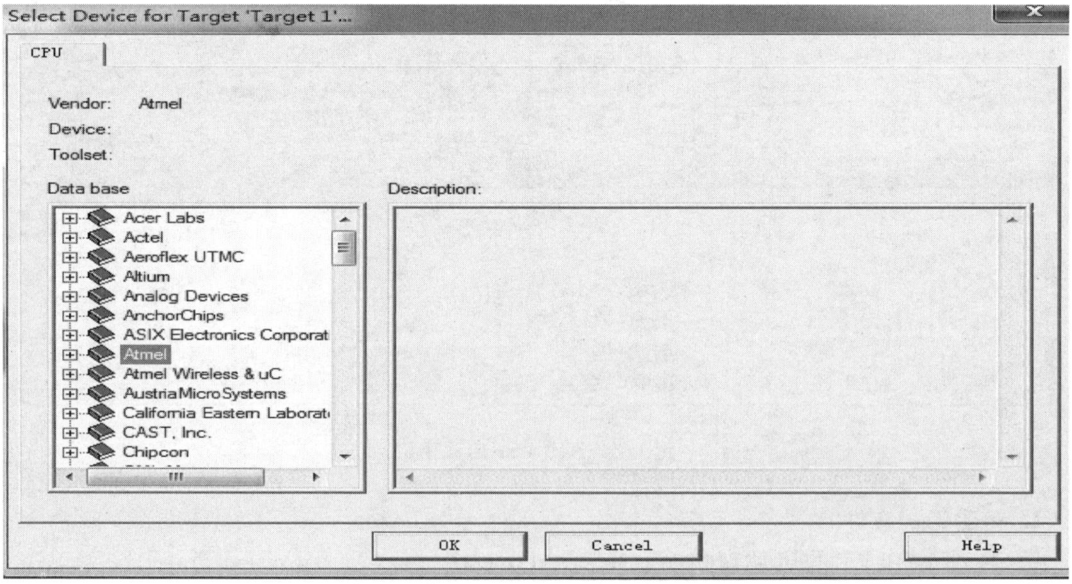

图 1-4　选择目标器件对话框

3）在图 1-4 中单击左侧列表框中“Atmel”项前面的“+”符号，展开后列出该公司的各种型号的单片机，单击其中的“AT89C51”，如图 1-5 所示，然后再单击“OK”按钮。

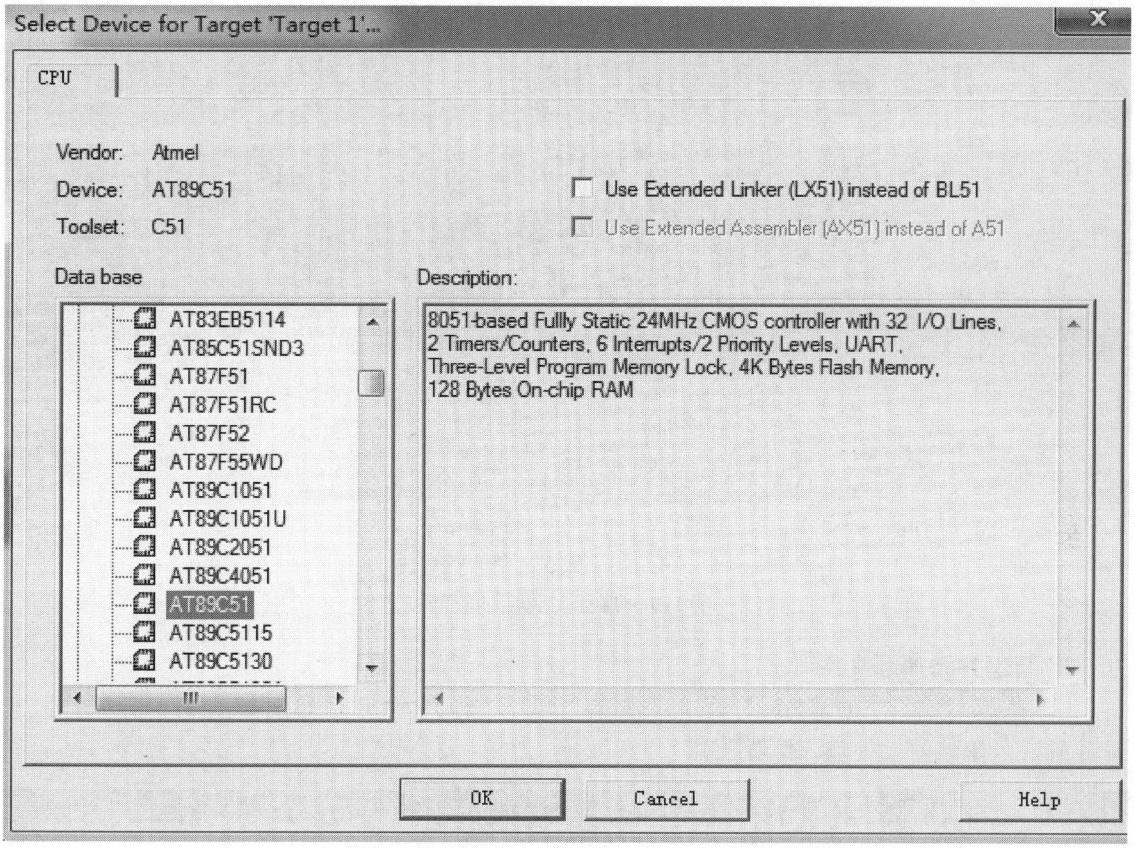

图 1-5　选择单片机型号

4）打开如图 1-6 所示的复制标准 8051 启动代码对话框，单击“是（Y）”按钮后回到建立工程后的界面，如图 1-7 所示。

图 1-6　复制标准 8051 启动代码对话框

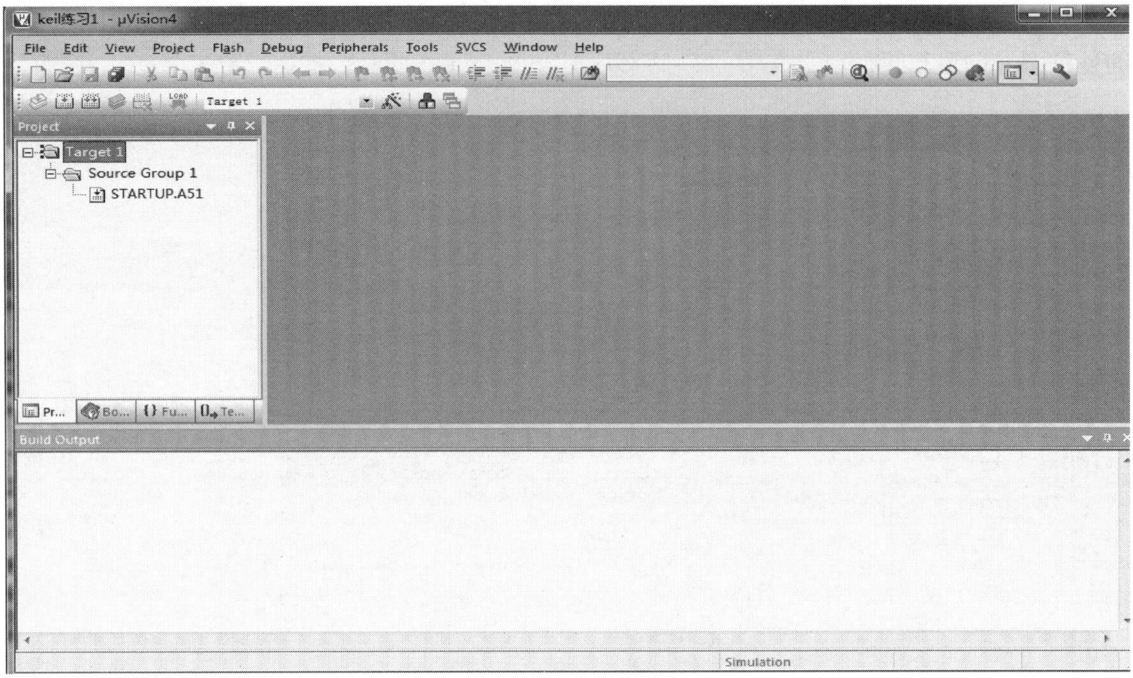

图 1-7　建立工程后的界面

3. 新建并添加源文件

1）在图 1-7 中单击“File”菜单，选择“NEW”菜单命令，弹出如图 1-8 所示的文本编辑窗口，在该窗口中输入源程序。

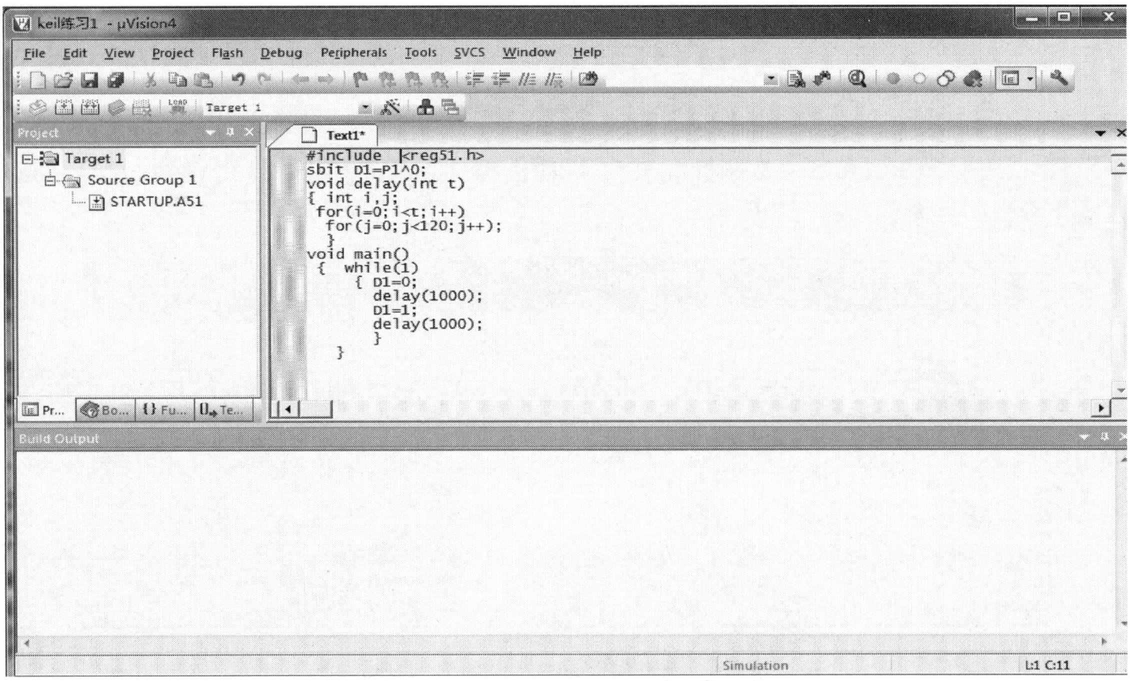

图 1-8　文本编辑窗口

2）单击“File”菜单，选择“Save as”菜单命令，将源程序另存为扩展名为“.c”的 C 语言程序文件（如 Keil 练习 1.c），如图 1-9 所示。

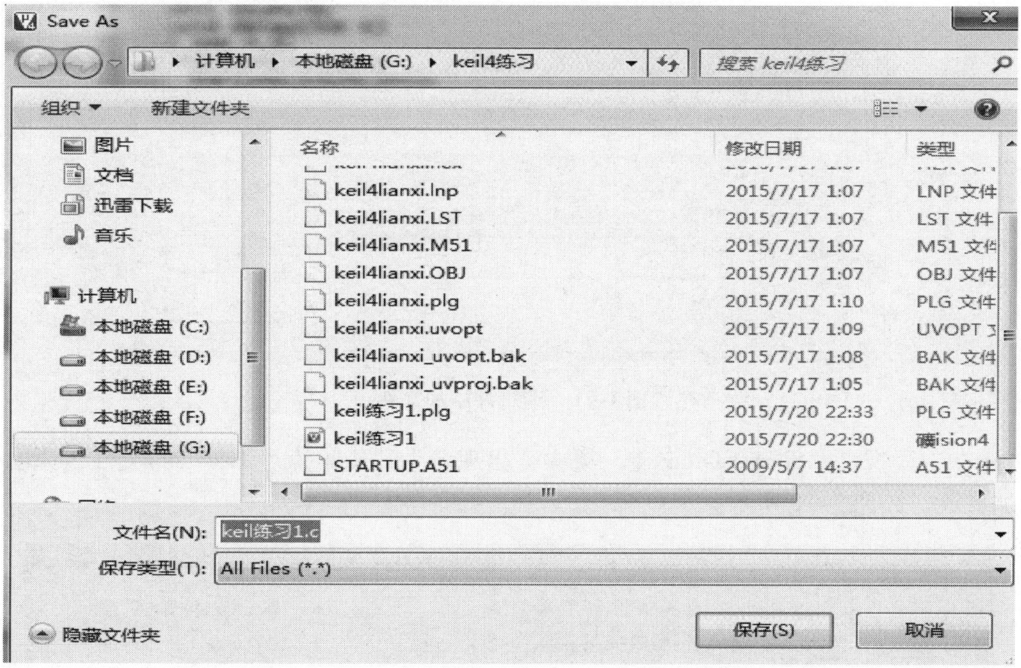

图 1-9　源程序保存窗口

3）在图 1-10 工程管理窗口中的“Source Group 1”文件夹上单击鼠标右键打开快捷菜单，选择“Add Files to Group‘Source Group 1’”命令，弹出如图 1-11 所示窗口，找到前面新建的“Keil 练习 1.c”文件并选择后单击“Add”按钮加入工程中。

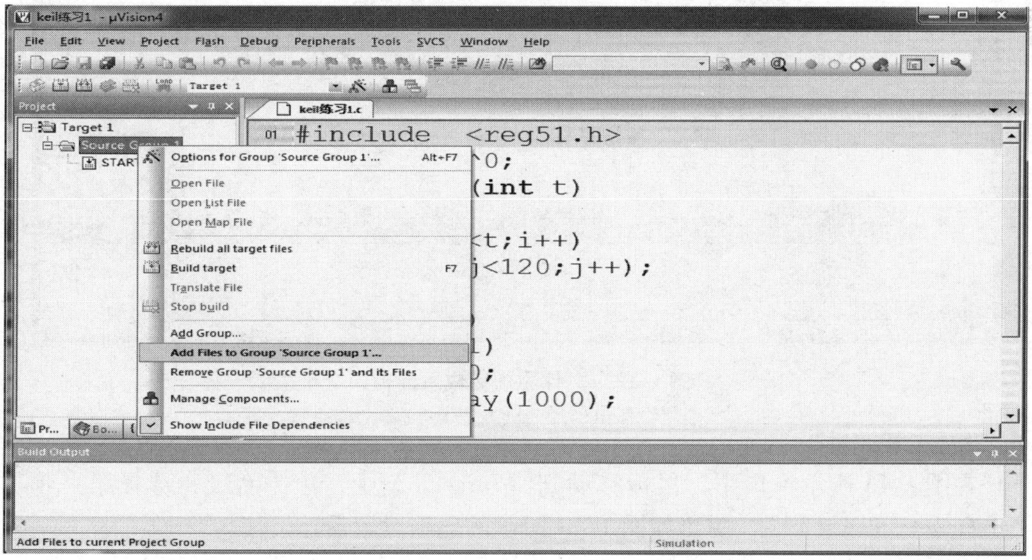

图 1-10　添加源程序文件到工程组中

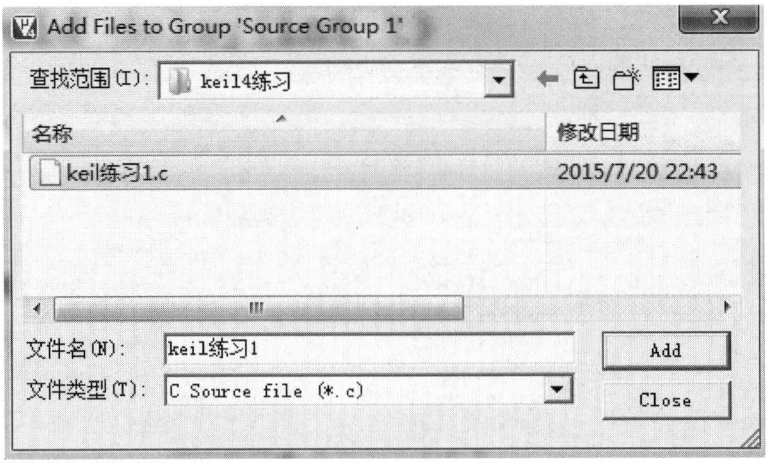

图 1-11　选择并添加文件

4）在工程窗口“Source Group 1”项中会出现名为“Keil 练习 1. c”的文件，说明新文件添加完成。如图 1-12 所示。

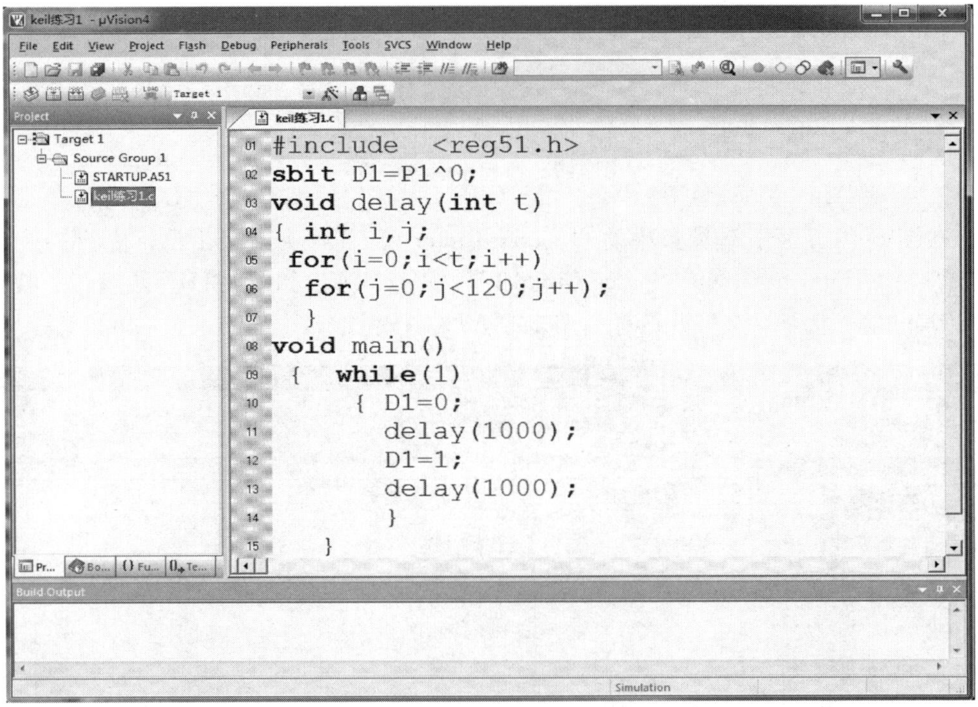

图 1-12　文件添加完成后的窗口

4. 设置工程属性

1）在图 1-13 所示窗口中，鼠标移动到“Target 1”上，单击右键，选择第一项“Options for Target‘Target 1’”，弹出如图 1-14 所示的选项设置窗口。

2）在图 1-14 所示窗口中单击“Output”选项卡，打开“Output”选项设置界面，选中“Create HEX File”复选框，单击“OK”按钮。

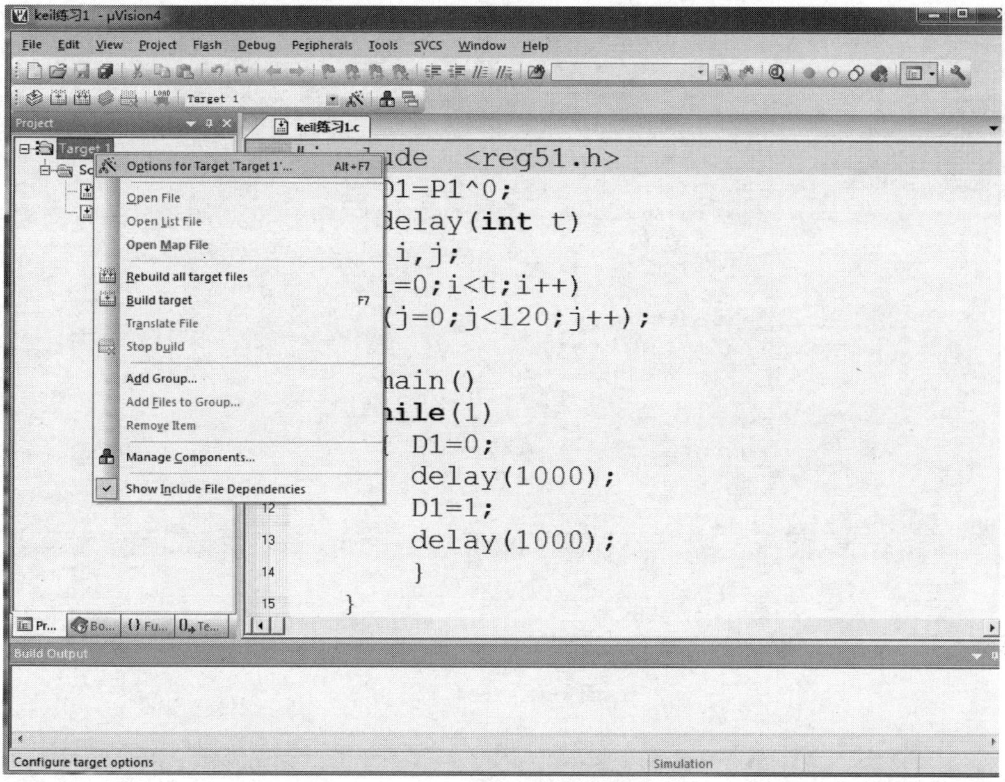

图 1-13　设置工程属性

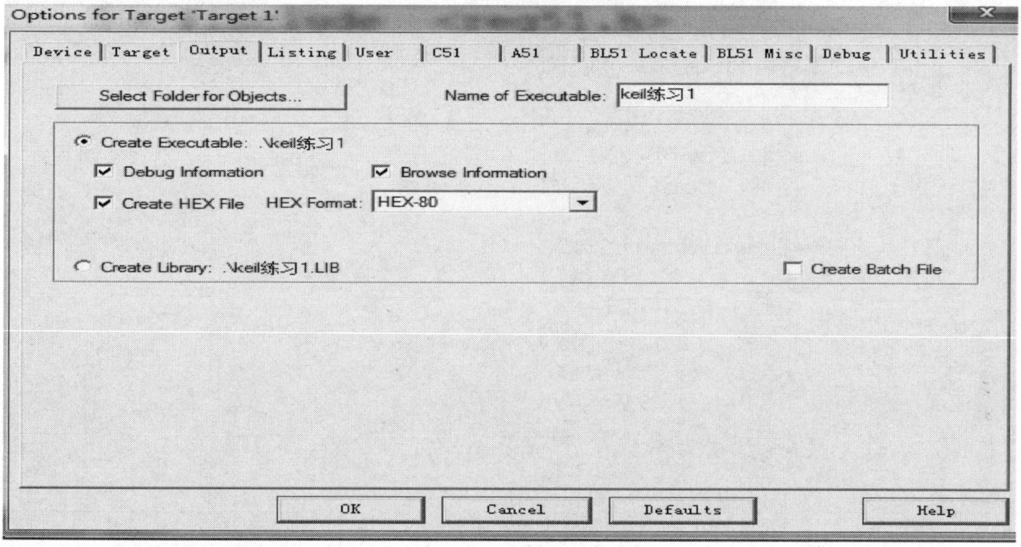

图 1-14　输出选项卡

5. 编译工程

1）在主界面中，找到工具栏的图标，单击该图标进行编译，如图 1-15 所示。

2）编译完成后，在输出窗口中查看编译结果信息，如图 1-16 所示。

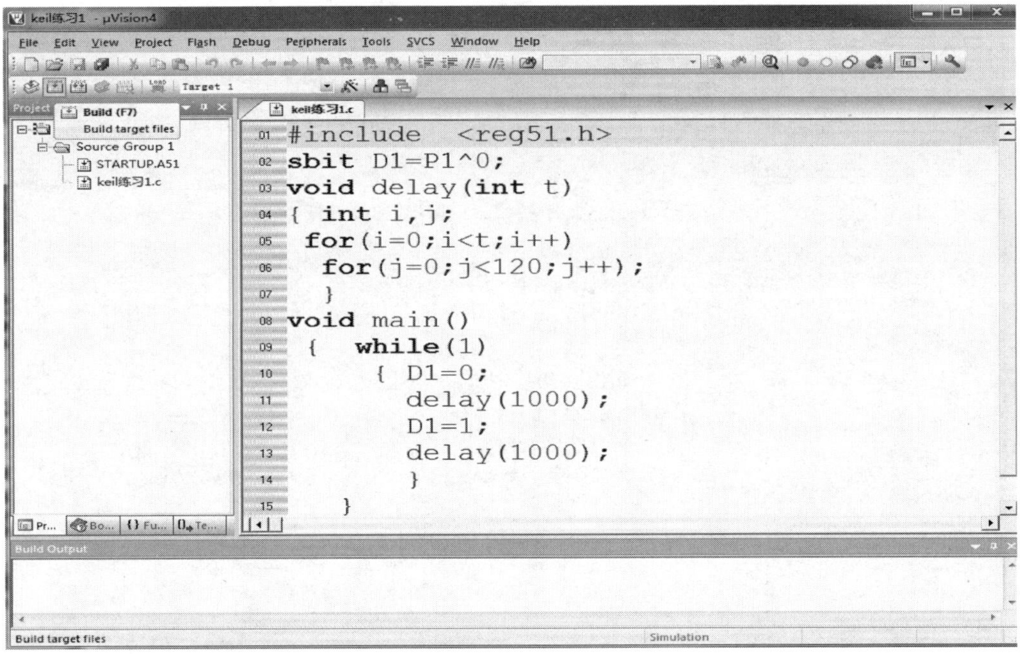

图 1-15　编译工程

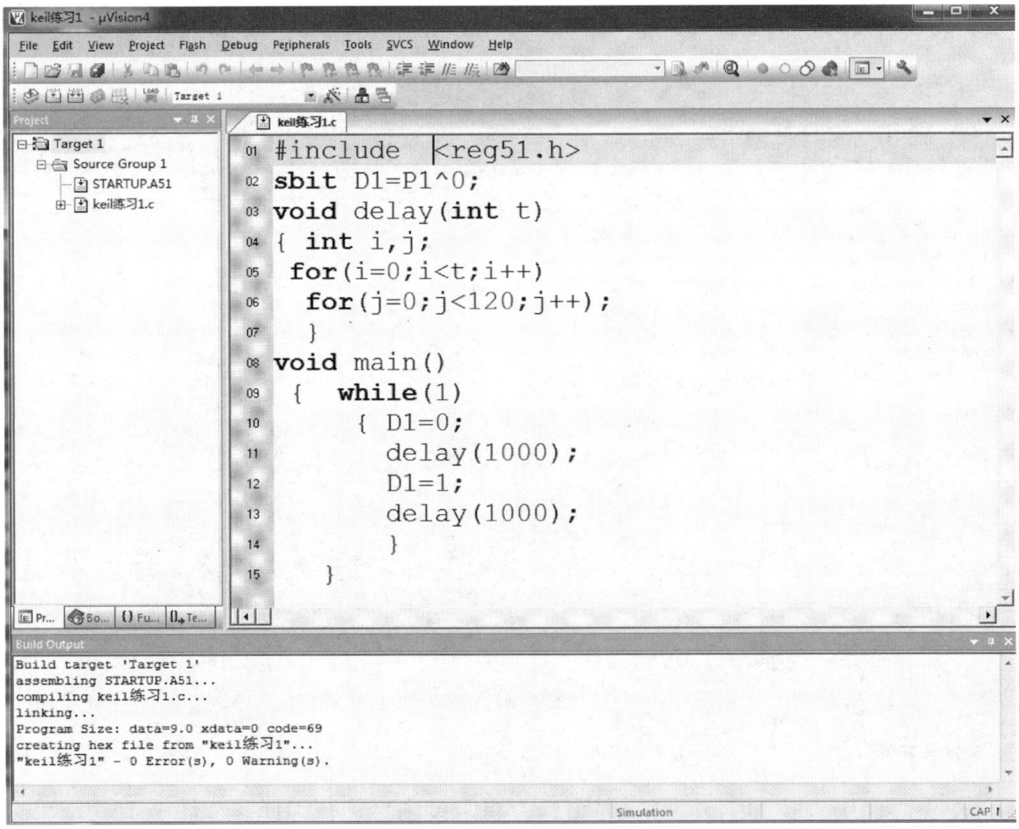

图 1-16　编译结果

经过以上步骤，编译成功后生成 HEX 文件，还需采用下载工具软件将 HEX 文件装载到单片机中运行才能看到程序运行的现象。也可以采用目前流行的仿真软件 Proteus 进行仿真。

1.3　Keil C51 软件应用

任务 1-1　用 Keil C51 软件生成 HEX 文件

1. 目的与要求

Keil C51 软件是目前最流行的单片机开发工具软件，掌握该软件的使用方法有助于单片机课程的学习。通过建立工程、编辑源程序、生成 HEX 文件掌握 Keil C51 软件的操作步骤。

操作要求：在计算机 E 盘下建立新文件夹，文件夹命名为“Keil 练习”，在文件夹下建立“P1 口应用”的工程文件，源程序命名为“P1 口应用 . c”，生成 HEX 文件。

2. 源程序

```
#include <reg51.h>
#define uint unsigned int
void delay(uint t)
{ uint i,j;
  for(i=0;i<t;i++)
   for(j=0;j<120;j++);
}
void main()
{ while(1)
  { P1=0xff;
delay(1000);
    P1=0x00;
delay(1000);
    P1=0x55;
delay(1000);
    P1=0xaa;
 delay(1000);
  }
}
```

本章小结

1. 单片机是一块超大规模的集成电路，它是微电子技术和计算机技术相结合的产物，一块单片机芯片中包含有一台微型计算机所需的基本部件。

2. 单片机的出现历史并不长，由于其自身的优点，在控制领域使用非常广泛。

3. 单片机的系列多，型号多。在我国 51 系列的单片机使用较多。

4. 单片机应用系统由硬件和软件两大部分构成。

5. Keil C51 软件是开发 51 系列单片机产品的常用软件，掌握该软件的使用方法有助于单片机课程的学习。

习　题

1.1　单选题

（1）CPU 是指______。

A. 单片机　　B. 计算机　　C. 中央处理器　　D. 微控制器

（2）单片机的存储器是指______。

A. ROM　　B. RAM　　C. Flash Memory　　D. ROM 和 RAM

（3）AT89S51 单片机的 Flash 存储器容量为______。

A. 4KB　　B. 8KB　　C. 12KB　　D. 64KB

（4）I/O 口是指______。

A. 输入/输出口　　B. 输入口　　C. 输出口　　D. 接口

（5）单片机又称为______。

A. CPU　　B. MCU　　C. ARM　　D. DSP

1.2　简单题

（1）什么叫单片机？一个完整的单片机芯片至少有哪些组成部件？

（2）单片机应用系统的一般开发步骤是什么？

（3）单片机有什么特点？

（4）简述单片机的应用领域。

（5）简述 Keil C51 软件的操作步骤。

第 2 章

51 系列单片机的结构和原理

单片机是计算机的一个分支，其组成原理和典型计算机相似，但结构上有其独到的特点。MCS-51 系列单片机在我国使用比较广泛，典型产品有 AT89C51、AT89S51、STC89C51 等型号，它们的基本结构和基本功能相同。由于 MCS 是 Intel 公司的注册商标，所以只有 Intel公司生产的单片机才称为 MCS 系列，其他公司生产的与 MCS-51 系列兼容的单片机都称为 51 系列单片机。本章介绍 51 系列单片机的内部结构、工作原理、引脚功能、存储器、时钟电路和复位工作方式。

2.1 51 系列单片机的组成

51 系列单片机包括许多类型，常用的有 8051 子系列、8052 子系列（均为 HMOS 型芯片）和 80C51 子系列（CHMOS 型芯片）等。它们的内部结构基本相同，主要在存储器容量、中断源的数量上有区别。这一节将主要以 8051 子系列为例，介绍 51 系列单片机的内部结构以及各部分功能。

2.1.1 内部结构

51 系列单片机的内部结构如图 2-1 所示，内部主要包含下列一些部件：

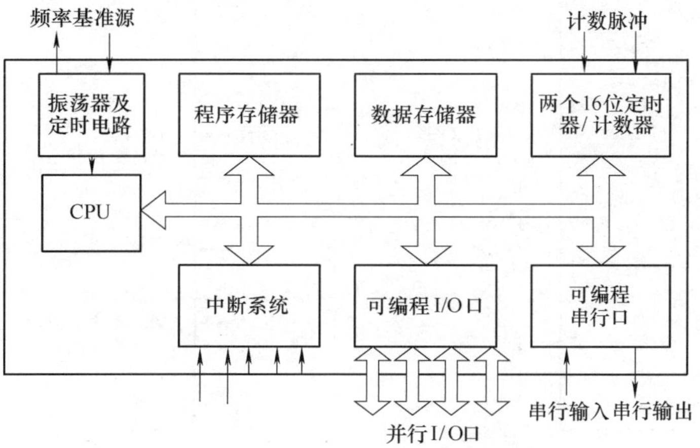

图 2-1　51 系列单片机的内部结构

1）一个 8 位 CPU，是单片机的核心组成部分，由运算器和控制器组成，能进行算术、逻辑运算和数据的比较、移位等操作。

2）一个片内时钟振荡器及定时电路，只需要外接晶振和电容便可构成单片机工作的时钟电路，晶振频率通常选择 6MHz、12MHz、11.0592MHz，晶振频率决定单片机的工作速度。

3）程序存储器（ROM），用于存放程序代码，只能读，掉电后数据不会丢失，容量与单片机的型号有关，如 AT89C51、STC89C51 单片机的程序存储器为 4KB，AT89C52、STC89C52 单片机的程序存储器为 8KB。

4）数据存储器（RAM），用于暂存数据，可读可写，掉电后数据会丢失。51 子系列共有 256 个 RAM 单元，其中低 128 个单元供用户使用，高 128 个单元被特殊功能寄存器占用。

5）两个 16 位定时器/计数器，可实现定时与计数功能。

6）32 条双向 I/O 接口线（4 个 8 位并行 I/O 端口），可实现数据的输入/输出。

7）一个全双工异步串行口，实现单片机与其他设备的数据交换。

8）5 个中断源（2 个外部中断，3 个内部中断），2 个优先级的中断结构。

2.1.2 引脚说明

51 系列单片机有 5 种封装：①40 脚双列直插封装（常称 DIP 封装）方式；②44 脚方形封装方式；③48 脚 DIP 封装；④52 脚方形封装方式；⑤68 脚方形封装方式。其中 40 脚 DIP 封装和 44 脚方形封装为基本封装形式，图 2-2 是 51 系列单片机的引脚图（40 脚 DIP 封装），图 2-3 是其逻辑符号图。这 40 条引脚可分为：电源（V_{CC}、V_{SS}、V_{PP}、VPD）、外接晶振引脚（XTAL1、XTAL2）、I/O 口（P0 ~ P3）和控制总线（ALE、RST、$\overline{\text{PSEN}}$、$\overline{\text{EA}}$）等几部分。它们的功能简述如下：

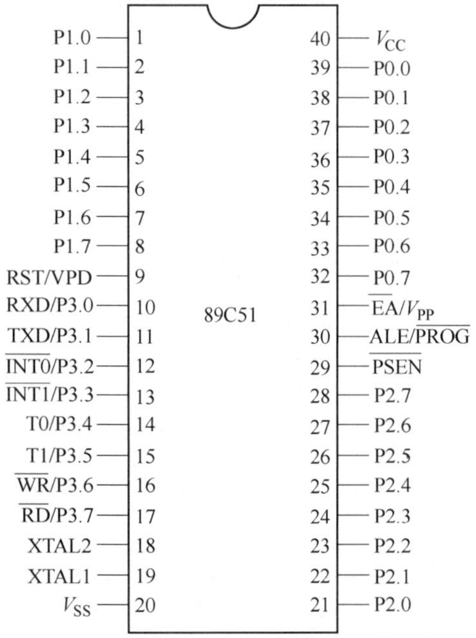

图 2-2 51 系列单片机引脚图

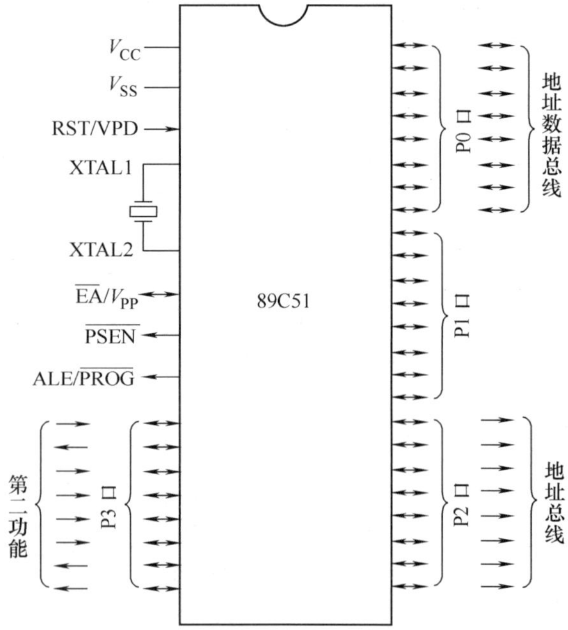

图 2-3 51 系列单片机逻辑符号图

（1）电源

1）V_{CC}（引脚号 40）。芯片电源，接 +5V。

2）V_{SS}（引脚号 20）。电源接地端。

（2）外接晶振引脚

1）XTAL1（引脚号 19）。内部振荡电路反相放大器的输入端，是和外部晶振相接的一个引脚。当采用外部振荡器时，此引脚接地。

2）XTAL2（引脚号 18）。内部振荡电路反相放大器的输出端，是和外部晶振相接的另一个引脚。当采用外部振荡器时，此引脚接外部振荡源。

（3）控制总线

1）ALE/$\overline{\text{PROG}}$（引脚号 30）。正常操作时为 ALE 功能（允许地址锁存），当访问外部存储器时，用来把低 8 位地址锁存到外部锁存器。即使不访问外部存储器，ALE 引脚仍以不变的频率（振荡器频率的 1/6）周期性地发出正脉冲信号。因此，它可用作对外输出的时钟信号或用于定时。

2）$\overline{\text{PSEN}}$（引脚号 29）。外部程序存储器读选通信号。$\overline{\text{PSEN}}$接低电平时，实现对外部 ROM 单元的读操作。

3）RST/VPD（引脚号 9）。复位信号输入端。该引脚上输入两个机器周期以上的高电平可实现复位操作。此引脚还可接上备用电源。在 V_{CC} 掉电期间，由备用电源向内部 RAM 提供电源，以保持内部 RAM 中的数据。

4）$\overline{\text{EA}}/V_{PP}$（引脚号 31）。$\overline{\text{EA}}$为内部程序存储器和外部程序存储器的选择端。当$\overline{\text{EA}}$接高电平时，访问内部程序存储器，当 PC（程序计数器）值超过单片机的 ROM 地址范围时，将自动访问外部程序存储器；当$\overline{\text{EA}}$接低电平时，只访问外部程序存储器。随着单片机技术的发展，单片机的内部 ROM 容量越来越大，用户程序代码完全可以放在单片机的内部 ROM 中，因此，$\overline{\text{EA}}$引脚一般接高电平。

（4）I/O 口　包含 P0 ~ P3 共 4 个 8 位双向 I/O 口。P0 功能可复用，即作地址/数据线使用，能驱动 8 个 LSTTL 负载。P1 ~ P3 口能驱动 4 个 LSTTL 负载，P3 口的每一引脚还有第二功能，在实际应用中，大多数情况下都使用 P3 口的第二功能，各引脚的第二功能如下：

P3.0——RXD：串行数据接收端。

P3.1——TXD：串行数据发送端。

P3.2——$\overline{\text{INT0}}$：外部中断 0 中断请求输入端。

P3.3——$\overline{\text{INT1}}$：外部中断 1 中断请求输入端。

P3.4——T0：定时器/计数器 0 外部脉冲输入端。

P3.5——T1：定时器/计数器 1 外部脉冲输入端。

P3.6——$\overline{\text{WR}}$：外部数据存储器写选通。

P3.7——$\overline{\text{RD}}$：外部数据存储器读选通。

2.1.3　三总线结构

单片机的引脚除了电源、复位、时钟和 I/O 口外，其余引脚都是为了实现系统扩展而设置的，这些引脚构成三总线结构，总线结构如图 2-4 所示。

1）地址总线（AB）：地址总线为16位，因此外部存储器的寻址范围可达到64KB。16位地址总线由P0口经地址锁存器提供低8位地址（A0～A7），P2口直接提供高8位地址（A8～A15）。

2）数据总线（DB）：数据总线为8位，由P0口提供。

3）控制总线（CB）：由P3口的第二功能状态和4根独立控制线RST、ALE、$\overline{EA}$和$\overline{PSEN}$组成。

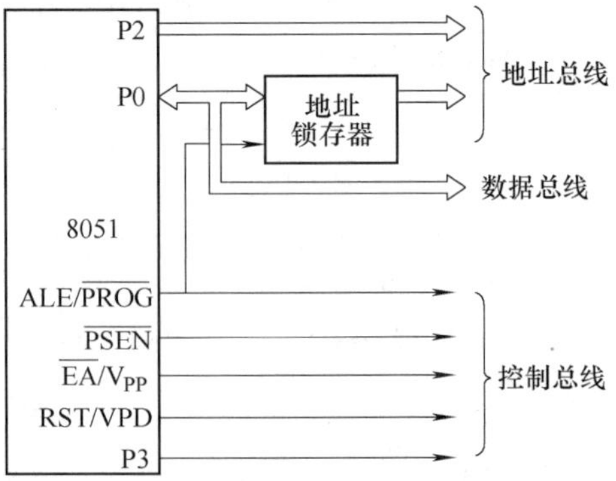

图2-4　总线结构

2.1.4　存储器配置

51系列单片机的存储器配置方式与其他常用的微型计算机不同，它把程序存储器和数据存储器分开。从实际的存储介质来看，51系列单片机有4种存储空间，它们是片内程序存储器、片外程序存储器、片内数据存储器（含特殊功能寄存器）和片外数据存储器。51系列单片机的存储器配置如图2-5所示。

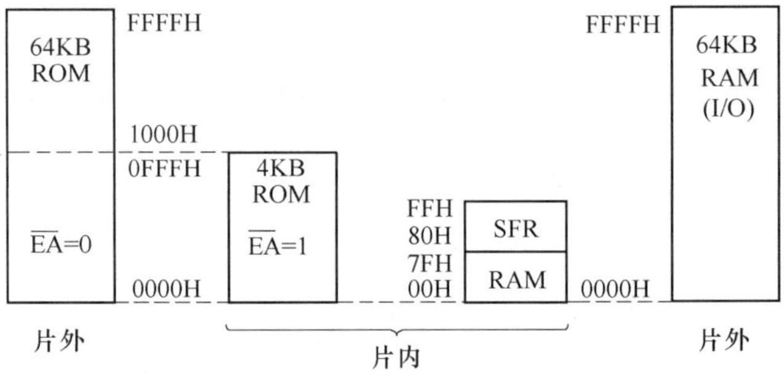

图2-5　51系列单片机存储器配置

1. 程序存储器

程序存储器用来存放程序、表格和常数，程序存储器以程序计数器PC作地址指针，通过16位地址总线，最多可寻址的地址空间为64KB。程序计数器是一个16位专用寄存器，具有自动加1的功能，其内容为下一条将要执行指令的地址。其取值范围为0x0000～0xFFFF，也可以通过控制转移指令改变PC值，实现程序的转移。

51系列单片机复位后，程序计数器为0x0000，这是执行程序的起始地址，系统从0x0000单元开始取指令并执行。通常从该单元起存放一条跳转指令，用户程序则从跳转地址开始存放。

2. 数据存储器

8051片内有256B的RAM（地址空间为0x00～0xFF），片外最多可扩展64KB RAM（地址空间为0x0000～0xFFFF）。其中片内256B的RAM按功能分为两部分：低128B为片内数据存储区，地址空间为0x00～0x7F；高128B为特殊功能寄存器（SFR）区域，地址空间为0x80～0xFF。

（1）内部数据存储器低128B单元　8051片内数据存储器的低128B通常用来存放程序运行的结果及标志位，按其用途可分为3个区域。

1）工作寄存器区。0x00 ~ 0x1F 共 32 个单元，是 4 个通用工作寄存器区，每一个区有 8 个工作寄存器，编号均为 R0 ~ R7。在某一时刻，CPU 只能使用其中的一组工作寄存器，当前程序使用的工作寄存器区是由程序状态字 PSW 中的两位确定的。如果用户程序不需要 4 个工作寄存器区，则不用的工作寄存器区单元仍可以作为一般 RAM 使用。4 个通用工作寄存器区的地址如下：

0 区：地址为 0x00 ~ 0x07。

1 区：地址为 0x08 ~ 0x0F。

2 区：地址为 0x10 ~ 0x17。

3 区：地址为 0x18 ~ 0x1F。

2）位寻址区。内部 RAM 的 0x20 ~ 0x2F 为位寻址区，位地址表见表 2-1。这 16 个单元的每一位都有一个位地址，位地址范围为 0x00 ~ 0x7F。通常把各种程序状态标志位、控制变量设在位寻址区内。位寻址区的 RAM 单元也可以作为一般的 RAM 使用。

表 2-1　内部 RAM 区的位地址表

字节地址	位地址							
	D7	D6	D5	D4	D3	D2	D1	D0
0x2F	0x7F	0x7E	0x7D	0x7C	0x7B	0x7A	0x79	0x78
0x2E	0x77	0x76	0x75	0x74	0x73	0x72	0x71	0x70
0x2D	0x6F	0x6E	0x6D	0x6C	0x6B	0x6A	0x69	0x68
0x2C	0x67	0x66	0x65	0x64	0x63	0x62	0x61	0x60
0x2B	0x5F	0x5E	0x5D	0x5C	0x5B	0x5A	0x59	0x58
0x2A	0x57	0x56	0x55	0x54	0x53	0x52	0x51	0x50
0x29	0x4F	0x4E	0x4D	0x4C	0x4B	0x4A	0x49	0x48
0x28	0x47	0x46	0x45	0x44	0x43	0x42	0x41	0x40
0x27	0x3F	0x3E	0x3D	0x3C	0x3B	0x3A	0x39	0x38
0x26	0x37	0x36	0x35	0x34	0x33	0x32	0x31	0x30
0x25	0x2F	0x2E	0x2D	0x2C	0x2B	0x2A	0x29	0x28
0x24	0x27	0x26	0x25	0x24	0x23	0x22	0x21	0x20
0x23	0x1F	0x1E	0x1D	0x1C	0x1B	0x1A	0x19	0x18
0x22	0x17	0x16	0x15	0x14	0x13	0x12	0x11	0x10
0x21	0x0F	0x0E	0x0D	0x0C	0x0B	0x0A	0x09	0x08
0x20	0x07	0x06	0x05	0x04	0x03	0x02	0x01	0x00

3）用户 RAM 区。地址为 0x30 ~ 0x7F，这是留给用户的一般 RAM 区，应用中常将堆栈开辟在此区中。

（2）内部数据存储器高 128B 单元　内部数据存储器高 128B 单元（0x80 ~ 0xFF）是供给特殊功能寄存器（SFR）使用的，8051 内部有 21 个特殊功能寄存器（8052 有 26 个特殊功能寄存器），它们离散地分布在 0x80 ~ 0xFF 中，未占用的地址单元不能使用，表 2-2 列出了这些特殊功能寄存器的位地址及字节地址。

表 2-2　8051 特殊功能寄存器位地址及字节地址表

SFR	位地址/位符号								字节地址
B	0xF7	0xF6	0xF5	0xF4	0xF3	0xF2	0xF1	0xF0	0xF0
A	0xE7	0xE6	0xE5	0xE4	0xE3	0xE2	0xE1	0xE0	0xE0
PSW	0xD7	0xD6	0xD5	0xD4	0xD3	0xD2	0xD1	0xD0	0xD0
	CY	AC	F0	RS1	RS0	OV		P	
IP				0xBC	0xBB	0xBA	0xB9	0xB8	0xB8
	/	/	/	PS	PT1	PX1	PT0	PX0	
P3	0xB7	0xB6	0xB5	0xB4	0xB3	0xB2	0xB1	0xB0	0xB0
	P3.7	P3.6	P3.5	P3.4	P3.3	P3.2	P3.1	P3.0	
IE	0xAF	0xAE	0xAD	0xAC	0xAB	0xAA	0xA9	0xA8	0xA8
	EA	/	/	ES	ET1	EX1	ET0	EX0	
P2	0xA7	0xA6	0xA5	0xA4	0xA3	0xA2	0xA1	0xA0	0xA0
	P2.7	P2.6	P2.5	P2.4	P2.3	P2.2	P2.1	P2.0	
SBUF									0x99
SCON	0x9F	0x9E	0x9D	0x9C	0x9B	0x9A	0x99	0x98	0x98
	SM0	SM1	SM2	REN	TB8	RB8	TI	RI	
P1	0x97	0x96	0x95	0x94	0x93	0x92	0x91	0x90	0x90
	P1.7	P1.6	P1.5	P1.4	P1.3	P1.2	P1.1	P1.0	
TH1									0x8D
TH0									0x8C
TL1									0x8B
TL0									0x8A
TMOD	GATE	C/T	M1	M0	GATE	C/T	M1	M0	0x89
TCON	0x8F	0x8E	0x8D	0x8C	0x8B	0x8A	0x89	0x88	0x88
	TF1	TR1	TF0	TR0	IE1	IT1	IE0	IT0	
PCON	SMOD	/	/	/	GF1	GFD	PD	IDL	0x87
DPH									0x83
DPL									0x82
SP									0x81
P0	0x87	0x86	0x85	0x84	0x83	0x82	0x81	0x80	0x80
	P0.7	P0.6	P0.5	P0.4	P0.3	P0.2	P0.1	P0.0	

访问这些可位寻址的寄存器中各位时，既可以使用它们的位符号，也可以使用它的位地址，还可以用“寄存器.位”来表示，如 P2.0 表示 P2 寄存器的最低位，B.7 表示 B 寄存

器的最高位等。

下面介绍程序状态字寄存器 PSW。程序状态字寄存器 PSW 是用于存放程序运行的状态信息，此寄存器各位的含义如下（其中 PSW. 1 未定义）：

CY	AC	F0	RS1	RS0	OV	/	P

CY——进位标志。简写为 C，它是累加器 A 的进位位。如果操作结果在最高位有进位输出（加法）或借位输入（减法），则由硬件置 1，否则清 0。

AC——辅助进位标志。它是低半字节的进位位（累加器 A 中 A_3 位向 A_4 位的进位），用于 BCD 码调整。

F0——用户定义的状态标志位。可通过软件对它置位、复位，并根据 F0 = 0 或 F0 = 1 来控制程序的流向。

RS1、RS0——工作寄存器区选择控制位，用于选择 4 组工作寄存器之一。可以用软件来置位或清零，以确定工作寄存器区。RS1、RS0 与寄存器区的对应关系见表 2-3。

表 2-3　RS1、RS0 与寄存器区对应关系

RS1	RS0	寄存器区	片内 RAM 地址	通用寄存器名称
0	0	0 区	0x00 ~ 0x07	R0 ~ R7
0	1	1 区	0x08 ~ 0x0F	R0 ~ R7
1	0	2 区	0x10 ~ 0x17	R0 ~ R7
1	1	3 区	0x18 ~ 0x1F	R0 ~ R7

OV——溢出标志位。当执行算术指令时，由硬件置位或清零。

P——奇偶标志位。每个指令周期都由硬件来置位或清零，以表示累加器 A 中 1 的个数的奇偶性。若 1 的个数为奇数，则 P 置位，否则清零。

2.2　单片机的时钟及复位

2.2.1　振荡器和时钟电路

时钟电路用于产生单片机工作所需的时钟信号，51 系列单片机内部有一个高增益反相放大器，XTAL1 和 XTAL2 分别为放大器的输入端和输出端。时钟电路通常采用石英晶振和电容组成的并联谐振电路，如图 2-6 所示。电容器 C_1 和 C_2 主要起频率微调作用，电容值可选为 30pF 左右（外接晶振时）或 40pF 左右（外接陶瓷谐振器时）。

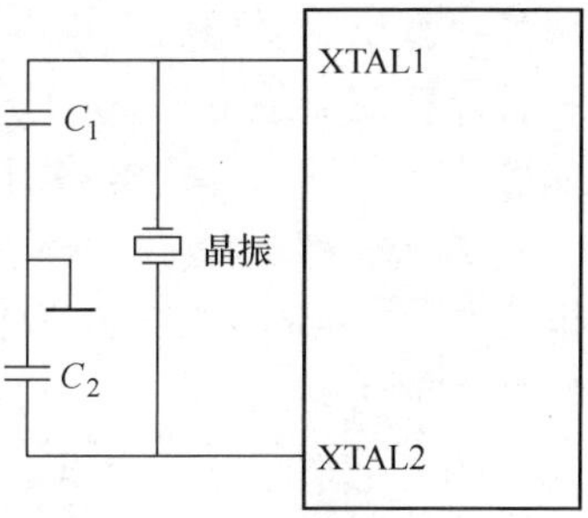

图 2-6　时钟电路

2.2.2　时序及有关概念

时序是表达指令执行中各控制信号在时间上的相互关系，时序是用定时单位来说明的，51 系列单片机的时序定时单位共有 4 个，从小到大依次是：拍、状态、机器周期、指令周期，下面分别予以说明。

1）拍（P）：振荡脉冲的周期称为拍，用 P 表示。它就是晶振的振荡周期，拍是 51 单片机中最小的时序单位。

2）状态（S）：用 S 表示，一个状态包含 2 个拍，分别称作 P_1 和 P_2，在一个状态内，CPU 仅完成一个最基本的动作。

3）机器周期：一个机器周期由 6 个状态（或 12 拍）组成，可依次表示为 S_1P_1，S_1P_2，S_2P_1，S_2P_2，…，S_6P_1，S_6P_2。当振荡频率为 12MHz 时，一个机器周期为 1μs；当振荡频率为 6MHz 时，一个机器周期为 2μs。

4）指令周期：指令周期是指执行一条指令所需要的时间。指令不同，所需要的机器周期数也不同，但一条指令周期的范围为 1～4 个机器周期。

2.2.3 复位方式

单片机系统在启动时，进入复位状态，在此状态下，所有专用寄存器都有默认值。了解这些寄存器的状态对于单片机系统的设计有很大的帮助。复位以后，各寄存器的状态见表 2-4。

表 2-4 复位后各寄存器的状态

寄存器名	内　容	寄存器名	内　容
PC	0x0000	TCON	0x00
A	0x00	TL0	0x00
PSW	0x00	TH0	0x00
SP	0x07	TL1	0x00
DPTR	0x0000	TH1	0x00
P0～P3	0xFF	SCON	0x00
IP	××000000B	SBUF	不定
IE	0×000000B	PCON	0×××0000B
TMOD	0x00		

注：表中×符号表示为任意值（0 或 1）。

对于 51 系列单片机要实现复位操作，必须使 RST/VPD 引脚至少保持 2 个机器周期（24 个振荡周期）以上的高电平。若时钟频率为 6MHz，则复位信号至少应保持 4μs 以上，才可使单片机复位。复位后片内 RAM 低 128B（0x00～0x7F）不受影响，PC 值为 0x0000，单片机从程序存储器地址 0x0000 开始执行程序。复位电路有多种形式，51 系列单片机的复位电路如图 2-7 所示，复位电路的复位方式分为上电复位和按键复位两种。

图 2-7a 为上电复位电路，在上电瞬间，由于电容器两端电压不能突变，RST/VPD 引脚的电位与 V_{CC} 相同。随着电容器的充电（通过电阻 R），RST/VPD 引脚的电位逐渐下降。适当选择 C 和 R 的数值，如当振荡频率为 6MHz 时，选 $C=10\mu F$，$R=2k\Omega$，就能使 RST/VPD 引脚上的高电平维持 2 个以上周期，实现复位操作。图 2-10b 为按键复位电路。在实际使用中，通常将图 2-7a、b 这两种复位电路结合起来构成上电按键复位电路，如图 2-7c 所示。

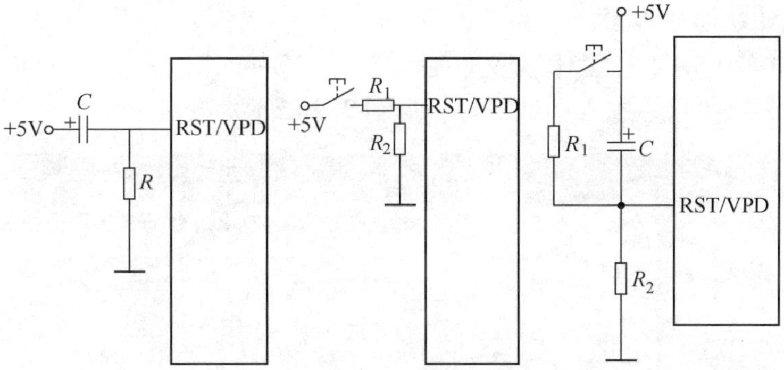

a) 上电复位　　b) 按键复位　　c) 上电按键复位

图 2-7　51 系列单片机的复位电路

2.3　51 系列单片机存储器的读/写

任务 2-1　查看单片机 ROM 存储单元的机器码

1. 目的与要求

通过使用 Keil C51 软件生成 HEX 文件，了解机器码在 ROM 中存放的格式，熟悉机器语言的表示方式。本任务采用 Keil C51 软件的调试功能模块来实现。

2. 源程序

```
#include <reg51.h>
#define uint unsigned int
void  delay(uint t)
{ uint  i,j;
  for(i=0;i<t;i++)
   for(j=0;j<120;j++);
}
void main()
{ while(1)
{ P1=0xff;
  delay(1000);
  P1=0x00;
  delay(1000);
  P1=0x55;
  delay(1000);
  P1=0xaa;
  delay(1000);
}
}
```

3. 查看 ROM 机器码步骤

1）使用 Keil C51 软件生成 HEX 文件后，选中“Debug”→“Start/Stop Debug Session”菜单命令，如图 2-8 所示，进入调试窗口，如图 2-9 所示。

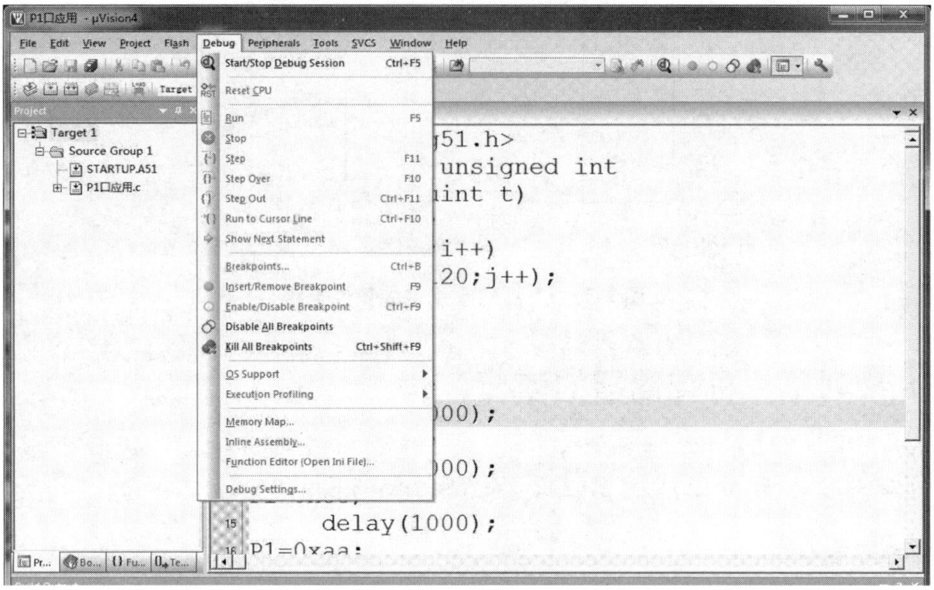

图 2-8　进入调试窗口菜单

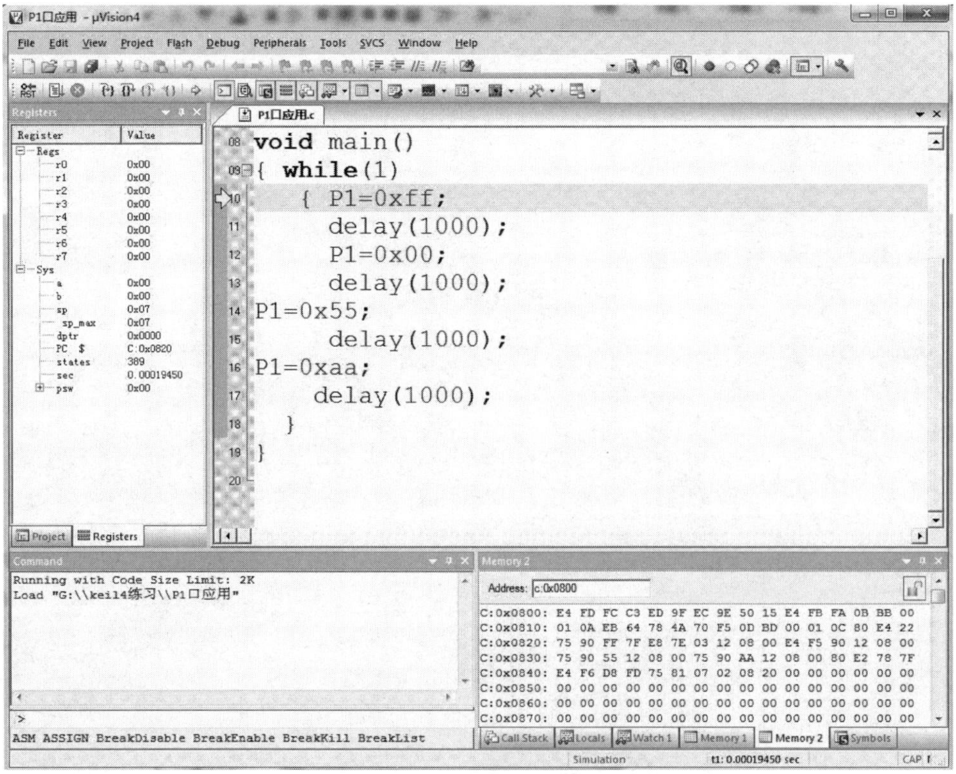

图 2-9　调试窗口界面

2）选中“View”→“Memory Windows”→“Memory2”菜单命令，如图 2-10 所示。

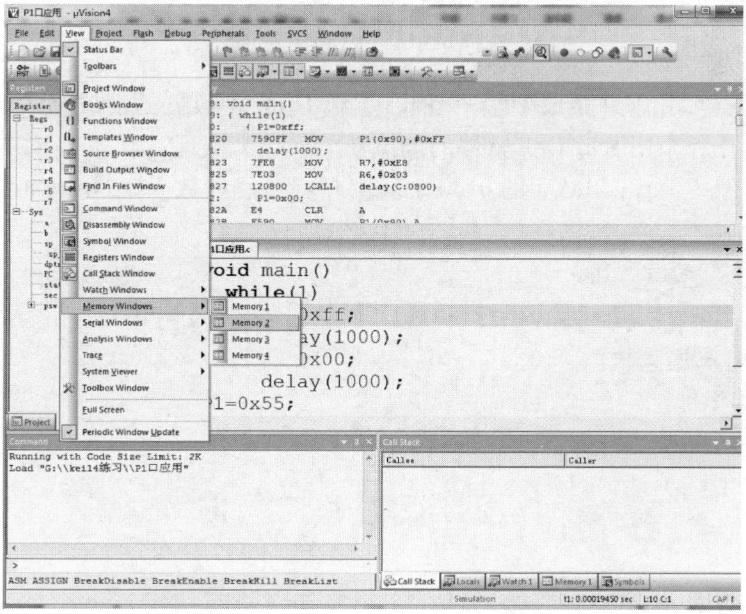

图 2-10　打开“Memory2”窗口

3）“Memory2”添加成功后如图 2-11 所示。在“Memory2”窗口的 Address 栏中输入“C：0x0000”，按“Enter”键，此时，从 ROM 的 0x0000 单元开始显示机器代码（由于在 0x0000 处存放的是跳转指令，本例题程序的机器码实际上是从 ROM 的 0x0800 单元开始存放），再在 Address 栏中输入“C：0x0800”后按“Enter”键便可以看到程序的机器代码，如图 2-11 所示。

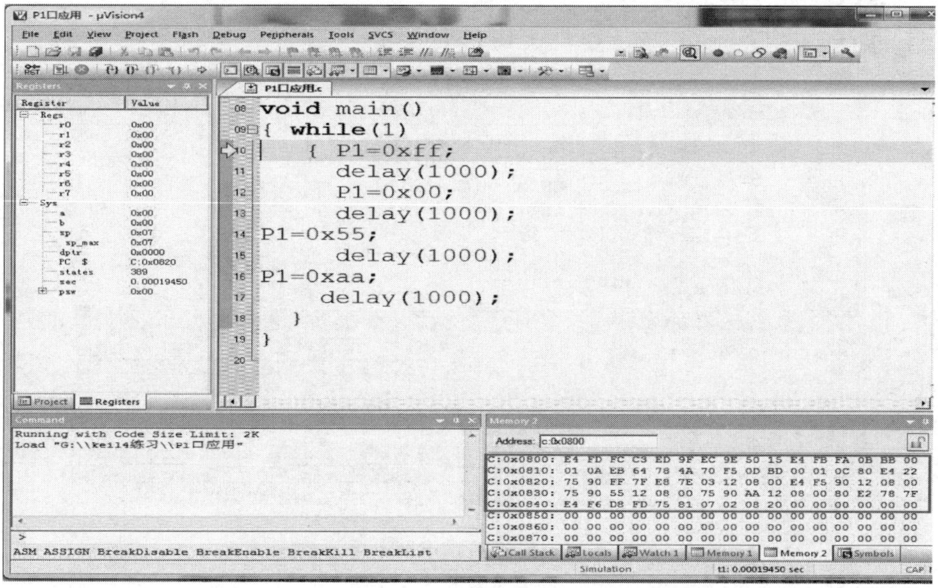

图 2-11　程序机器码窗口

任务 2-2　查看单片机 RAM 单元的数据

1. 目的与要求

通过使用 Keil C51 软件生成 HEX 文件，了解 RAM 中数据的存放格式，熟悉片内 RAM 的操作方式。本任务采用 Keil C51 软件的调试功能模块来实现。

操作要求：编程使片内 RAM 的 0x30 ~ 0x3F 单元分别置数为 0x00 ~ 0x0F。

2. 源程序

```
#include <reg51.h>
#define uchar  unsigned  char
uchar  data buffer [16]   _at_  0x30;
void main ()
{ uchar  i;
     for (i =0; i <16; i ++)
     buffer [i]  =i;
}
```

3. 查看 RAM 数据步骤

前两步和查看 ROM 代码步骤相同，在“Memory2”窗口的“Address”栏中输入“D: 0x30”，按“Enter”键，此时，从片内 RAM 的 0x30 单元开始显示数据（由于没有执行程序，所以初始值全为 0，如图 2-12 所示）。

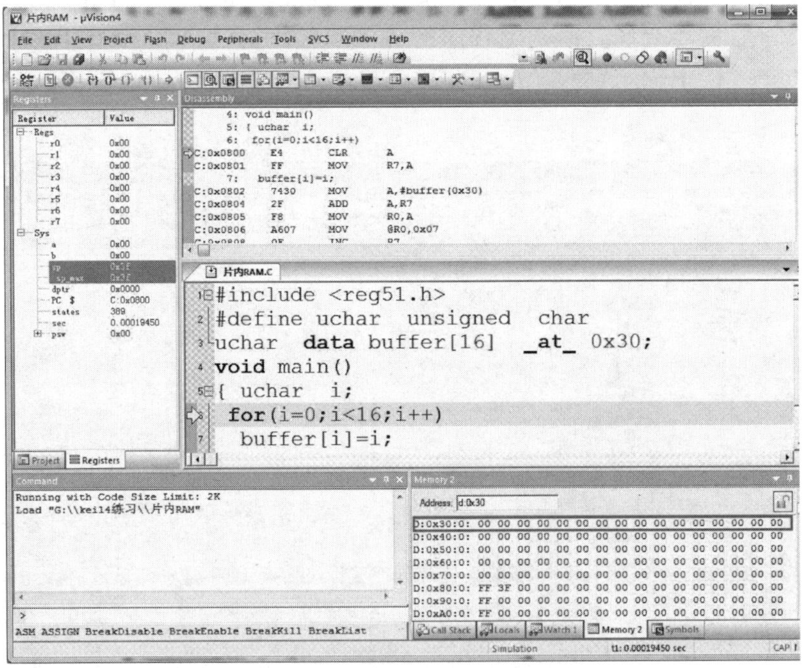

图 2-12　程序运行前 RAM 单元数据

单击工具栏上的程序运行图标，程序执行后 RAM 单元的数据如图 2-13 所示。

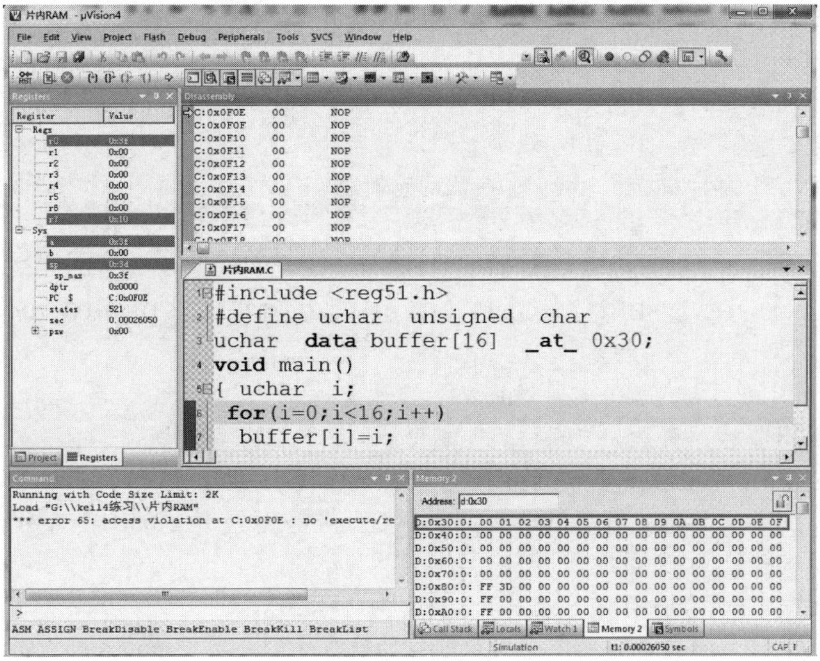

图 2-13　程序执行后 RAM 单元数据

本章小结

1. 单片机体积小，内部结构复杂，功能齐全。

2. 单片机的数据存储器和程序存储器严格分开，程序存储器的地址为 16 位，片内数据存储器的地址为 8 位，片外数据存储器的地址为 16 位，51 系列单片机每个存储单元的内容为 8 位。

3. 单片机工作需要有时钟电路，指令执行速度与振荡频率成正比。

4. 复位操作影响特殊功能寄存器中的内容，对片内低 128B 的 RAM 单元无影响。

习　题

2.1　单选题

（1）程序放在单片机的 ROM 中，$\overline{EA}$引脚需______。

A. 接地　　B. 悬空　　C. 接 +5V 电源　　D. 视需要而定

（2）单片机上电复位后，PC 的值为______。

A. 0x0000　　B. 0xFFFF　　C. 0x0030　　D. 0x0003

（3）存储器扩展时，既作地址线又作数据线使用的 I/O 口是______。

A. P3　　B. P2　　C. P1　　D. P0

（4）单片机 4 个并行 I/O 口中，有第二功能的是______。

A. P3　　B. P2　　C. P1　　D. P0

（5）存储器扩展时，作高8位地址线使用的是I/O口是______。

A. P3　B. P2　C. P1　D. P0

（6）单片机复位时，应给RST/VPD引脚输入______。

A. 低电平　B. 高电平　C. 高阻　D. 以上三种均可

（7）AT89C51单片机有______个16位的定时器/计数器。

A. 1　B. 2　C. 3　D. 6

（8）特殊功能寄存器的地址范围是______。

A. 0x00～0x7F　B. 0x00～0xFF　C. 0x80～0xFF　D. 0x00～0x1F

2.2 简答题

（1）51单片机内部由哪几部分构成？

（2）内部数据存储器是如何划分的？复位后使用的工作寄存器位于哪个区？

（3）简述PSW中各位的含义。

（4）什么是拍、状态、机器周期和指令周期？若晶振频率为6MHz、8MHz时，一个机器周期分别是多长时间？

（5）简述51单片机的存储器配置及相应的地址范围。

（6）特殊功能寄存器中哪些寄存器可以位寻址？它们的字节地址是什么？

（7）51系列单片机有哪几种复位方式？复位后特殊功能寄存器A和SP的值为多少？

第 3 章

C51 语言基础知识

C 语言在功能、结构性、可读性和可维护性上比汇编语言有明显的优势，因而易学易用。本章介绍了 C51 语言的特点，C 语言程序结构，C51 的数据类型、运算符与表达式，C 语言程序的控制语句，数组的定义与数组元素的引用，函数的定义与调用。本章是单片机程序设计的基础，同时也是单片机编程的必备知识。

3.1 C51 语言概述

3.1.1 C51 语言的特点

C 语言是一种通用的计算机程序设计语言。它既是一种高级语言，又兼有一些汇编语言的特点，表达能力和运算能力强，编程效率高。C 语言程序可读性好，并提供了很多数学函数且支持浮点运算，开发软件的效率高，是一种非常方便的编程语言，现在很多的硬件都支持 C 语言编程。C 语言可移植性很好，程序本身不依赖机器硬件，基本上不做修改就可以将程序在不同的计算机之间移植。51 系列单片机编程用的 C 语言称为 C51 语言，它和通常说的 C 语言有细微的差别。采用 C51 语言编程有如下优点：

1）对单片机的汇编指令系统不要求做了解，只需要对单片机的存储器结构有所了解，就能编写出完美的单片机程序。

2）存储单元的分配、不同存储器的寻址及数据的类型等可由编译器管理。

3）采用模块化设计思想编程，程序由不同的函数组成模块，可读性好，修改方便。

4）C 语言提供了很多标准数学函数，处理数据能力比汇编指令强。

5）编程效率高，由 C 语言编译出的程序代码长度和用汇编语言产生的代码长度相差不多。

3.1.2 C 语言程序结构

C 语言源程序总体上是一个函数定义的集合，每个函数完成一种指定的操作，所以 C 语言又称函数式语言。下面通过两个简单例子来了解 C 语言程序的基本结构。

例题 3.1 求两个整数的和。

程序代码如下：

```
main()
{ int  a,b,sum;                //定义3个整型变量
  a=10;                        //10赋给变量a
  b=20;                        //20赋给变量b
  sum=a+b;                     //计算a与b之和,并将计算结果赋给sum
  printf("sum=%d",sum);        //输出变量sum的值
}
```

运行结果：

sum=30

例题 3.2 **输入两个整数，输出其中的最大值。**

程序代码如下：

```
main()
{  int  x,y,m;                 //定义3个变量
   scanf("%d%d",&a,&b);        //输入2个数分别赋给a和b
   m=max(x,y);                 //调用max函数,并将函数值赋给m
   printf("m=%d",m);           //输出结果
}
int max(int n1,int n2)         //定义max函数
{  int t;
   if(n1>n2)  t=n1;            //将n1、n2中较大数赋给t
   else       t=n2;
   return t;                   //返回t值
}
```

运行结果：

12 39↙

m=39

通过上面两个例题，可以对 C 语言程序的基本结构归纳如下：

1）C 语言程序是由函数构成的，一个 C 语言源程序至少包括一个主函数，也可以包含一个主函数和若干其他的函数。函数是 C 语言程序的基本单位，被调用的函数可以是编译器提供的库函数，也可以由用户自己编制设计。

2）一个函数由两个部分组成。函数格式如下：

```
类型  函数名（参数表）
{
      变量说明；
      执行语句；
}
```

第一部分：函数说明部分，它包括函数类型、函数名和参数表。一个函数名后面必须跟着一个圆括号，函数可以没有参数表；对于有参数表的函数，需要单独说明每个参数的数据

类型和名称。第二部分：函数体部分，采用“{　}”括起来，由变量说明和执行语句组成，这部分可以是若干语句。在某些情况下也可以没有变量说明部分，甚至也无执行语句部分。

3）一个 C 语言程序总是从 main（）主函数开始执行，而不论主函数在整个程序中的位置如何。

4）C 语言书写格式自由，一行内可以写几条语句，也可以将一条语句写在多行上。

5）每条语句的最后必须有一个分号。分号是 C 语句的必要组成部分，分号必不可少，即使程序中最后一个语句也应该包含分号。

6）C 语言本身没有输入和输出语句。输入和输出的操作是由库函数 scanf（）和printf（）等完成的。C 语言对输入和输出实行“函数化”。

7）C 语言程序可以用“/ *… * /”或“//”符号作注释。一个好的有价值的程序都应该加上必要的注释，以增加程序的可读性。

3.1.3　C 语言的符号与术语

1. C 语言的基本符号

C 语言的基本符号集采用 ASCII 码字符集，包括：

1）大小写英文字母各 26 个。

2）10 个阿拉伯数字 0 ~ 9。

3）其他特殊符号，包括以下运算符和操作符：

```
+       -       *       /       %       <
<=      >       >=      ==      !=      &&
||      !       &       |       ~       =
++      --      ?:      <<      >>      ()
[]      .       ->      ^       #       sizeof
+=      -=      *=      /=      %=      &=
^=      |=      ,
```

2. C 语言的术语

（1）标识符　用来表示程序中函数名、变量名、数据类型名、数组名等的有效字符序列称为标识符。标识符的构成规则如下：

1）标识符只能由英文字母（A ~ Z，a ~ z）、数字（0 ~ 9）和下划线（_）三类符号组成，但第一字符必须是字母或下划线，不能以数字开头。

例如，下面的标识符是合法的：

a，b，score，sum，ch1，n2，a_1，student3_age

下面是不合法的标识符：

Num +1，a#5，9stu，!sum2，score. 3

2）大写字母与小写字母含义不同，如 max、MAX、Max 表示三个完全不同的标识符。

3）一般的 C 语言编译系统只取标识符的前 8 个字符为有效字符，而 Turbo C 则取标识符的前 32 个字符为有效字符。

4）通常，命名标识符时应该做到“见名知义”。

（2）关键字　关键字又称为保留字，是 C 语言所固有的、具有专门意义的标识符。C 语言的关键字有 32 个，见表 3-1，一般用于描述类型定义、描述存储类型、描述数据类型和描述语句。

表 3-1　C 语言的关键字

描述类型定义	描述存储类型	描述数据类型	描 述 语 句
typedef	auto	char	break
void	extern	double	continue
	static	float	switch
	register	int	case
		long	default
		short	if
		struct	else
		union	do
		unsigned	for
		const	while
		enum	goto
		signed	sizeof
		volatile	return

注：1. 所有关键字均采用小写字母。

2. 关键字不能作为变量名、函数名、数组名等。

3.2　数据结构

3.2.1　数据类型

程序由数据和算法两部分构成，数据是程序加工的对象，数据的描述是通过数据类型来完成的，数据不同的格式叫数据类型，算法即操作步骤。C 语言提供的数据类型如下：

- 数据类型
  - 基本类型
    - 数值类型
      - 整　型
        - 带符号整型
          - 带符号基本整型（整型）
          - 带符号长整型（长整型）
          - 带符号短整型（短整型）
        - 无符号整型
          - 无符号基本型
          - 无符号长整形
          - 无符号短整型
      - 实型（浮点型）
        - 单精度型
        - 双精度型
    - 字符类型
      - 带符号字符型
      - 无符号字符型
    - 枚举类型
  - 构造类型
    - 数组类型
    - 结构体类型
    - 共用体类型
  - 指针类型
  - 空类型

（1）基本类型　基本数据类型最主要的特点是，其值不可以再分解为其他类型。也就是说，基本数据类型是自我说明的。

（2）构造类型　构造类型是根据已定义的一个或多个数据类型，用构造的方法来定义的。也就是说，一个构造类型的值可以分解成若干个“成员”或“元素”。每个“成员”都是一个基本数据类型或一个构造类型。

（3）指针类型　指针是一种特殊的且具有重要作用的数据类型。其值用来表示某个变量在内存中的地址。虽然指针变量的取值类似于整型量，但这是两个类型完全不同的量，因此不能混为一谈。

（4）空类型　在调用函数时，通常应向调用者返回一个函数值，这个返回的函数值具有一定的数据类型，其数据类型应在函数定义及函数声明中给以说明。但也有一类函数，调用后并不需要向调用者返回函数值，这种函数可以定义为“空类型”，其类型声明符为 void。

在进行 C 语言程序设计时，可以使用的数据类型与编译器有关。在 C51 编译器中整型（int）和短整型（short）相同，单精度实型（float）与双精度实型（double）相同。Keil C51 所支持的数据类型见表 3-2。其中 bit、sfr、sfr16、sbit 为 C51 扩充的数据类型。

表 3-2　Keil C51 所支持的数据类型

数据类型（符号）	名　称	长　度	值　域
unsigned char	无符号字符型	1B	0～255
signed char	有符号字符型	1B	-128～+127
unsigned int	无符号整型	2B	0～65535
signed int	有符号整型	2B	-32768～+32767
unsigned long	无符号长整型	4B	0～4294967295
signed long	有符号长整型	4B	-2147483648～+2147483647
float	实型	4B	±1.175494E-38～±3.402823E+38
*	指针型	1～3B	对象的地址
bit	位类型	1bit	0 或 1
sfr	专用寄存器	1B	0～255
sfr16	16 位专用寄存器	2B	0～65535
sbit	可寻址位	1bit	0 或 1

1. 字符类型（char）

char 型的数据长度为 1B，用于处理字符常量与变量，分为无符号字符型（unsigned char）和有符号字符型（signed char），char 和默认类型 signed char 等价。

unsigned char 型数据用字节中的所有位表示数值大小；signed char 型数据用字节中的最高位表示数据的符号，最高位为“0”表示正数，最高位为“1”表示负数。在单片机程序设计中，常用 unsigned char 型处理小于等于 255 的正整数。

2. 整型（int）

int 型数据长度为 2B，分为有符号整型（signed int）和无符号整型（unsigned int），默认为 signed int，即 signed int 和 int 等价。int 型数据字节中的最高位表示数据的符号，“0”表示正数，“1”表示负数。在程序中使用变量时，要注意变量的值不能超过其数据类型的值域，否则会导致程序出错或达不到预期的效果。

3. 长整型（long）

long型数据长度为4B，分为有符号长整型（signed long）和无符号长整型（unsigned long），默认为signed long，即signed long和long等价。long型数据字节中的最高位表示数据的符号，“0”表示正数，“1”表示负数。

4. 实型（float）

float型数据的长度为4B，较复杂的数学表达式常用实型数据表示。它采用符号位来表示数的正负，用阶码与尾数表示数的大小。

5. 指针型（*）

指针型是一个变量，在这个变量中存放的内容是指向另一个数据的地址，不同的处理器，其长度也不同，在C51中它的长度一般为1～3B。

6. 专用寄存器（sfr）

在C51中为了能直接访问特殊功能寄存器SFR，Keil C51提供了一种自主形式的定义方式。这种定义方法与标准的C语言不兼容，只适合于51单片机进行的C语言编程。

例如：8位的sfr

```
sfr SCON = 0x98;
sfr TMOD = 0x89;
```

sfr后面必须跟有一个特殊功能寄存器名，“=”号后面的地址必须是常数，且不允许带有运算符和表达式，这个常数值的范围必须在寄存器的范围内，位于0x80～0xFF之间。

7. 16位专用寄存器（sfr16）

在新的51单片机产品中，特殊功能寄存器在功能上经常组合为16位值，当SFR的高端地址直接位于其低端地址之后时，可对SFR 16位值进行直接访问。例如89C52的定时器2就是这种情况。为了有效地访问这类SFR，可以使用关键字“sfr16”。16位SFR定义语法与8位相同，16位的SFR的低端地址必须作为“sfr16”的定义地址。

例如：16位SFR的赋值

```
sfr16 T2 = 0xcc;          //定时器2，T2低8位地址=0xcc，T2高8位地址=0xcd。
```

8. 位类型（bit）

位类型是C51编译器的一种扩充数据类型，利用它可以定义一个位类型的变量，它的值是一位二进制数，只有0或1。

9. 可寻址位（sbit）

可寻址位是C51编译器的一种扩充数据类型，利用它可以访问单片机内部RAM中的可寻址位或特殊功能寄存器中的可寻址位。

例如：sbit P1_0 = P1^0;

3.2.2 常量与变量

1. 常量

在程序运行中，其值不能改变的量称为常量。常量可以有不同的数据类型。如0、1、78、-3、-100都为常量，4.6、-3.2为实型常量，‘A’、‘C’为字符常量。

有时为了使程序更加清晰和便于修改，可用一个标识符来代表常量，即给常量取个有意义的名字，这种常量称为符号常量。

符号常量使用前必须先定义，其格式为：

#define　标识符　常量

其中#define 是宏定义命令，功能是将该标识符定义为其后的常量值。经定义后，在程序中所有出现该标识符的地方均表示该常量值。

2. 变量

在程序运行中，其值可以改变的量称为变量。一个变量主要由两部分组成：一是变量名；另一个是变量值。每一个变量都会有一个变量名，在内存中占据一定的存储单元，并在内存中存放该变量的值。

变量是一种标识符，它必须遵守标识符的命名规则。在程序中变量要做到“先定义，后使用”。这样做的目的有以下三点。

1）凡未被事先定义的符号不能作为变量名，这样就能保证程序中的变量名正确使用。若有以下变量定义：

```
int　count;
```

而在程序中将变量名 count 误写成了 conut，如：

```
conut = 6;
```

程序在编译时将会检查出 conut 未定义，不能作为变量使用，并显示相应的出错提示信息，便于用户发现错误。

2）变量被定义为某一数据类型后，在编译时就能为其分配相应的存储单元。如 a 为整型变量，则为其分配两个字节；c 为字符型变量，则为其分配一个字节。

3）变量被定义为某一确定的数据类型后，便于在编译时检查所进行的运算是否合法。如实型变量不能进行求余数运算。

例如：

```
#define A 100                    //定义符号常量
main ()                          //主函数
{
int b = 20;                      //定义变量 b
int c = 0;                       //定义变量 c
c = A - b;                       //执行减法
printf (“out = % d \n”, c);      //输出 c 的值
}
```

符号常量和变量的主要区别在于，符号常量的值在其作用域内不能改变也不能对其进行赋值。习惯上，总将符号常量名用大写表示，变量用小写表示。

3. 位变量

除了通用的 C 语言数据类型外，C51 编译器还支持 bit 位变量类型。

如

```
bit A = 0;
bit C = 1;
```

在 C51 中也可以直接访问 SFR 中的位，特殊位在使用的时候可以使用关键字“sbit”来

定义位。不同的定义方法如下：

第一种方法：

```
sfr PSW = 0xD0;          //定义 PSW 寄存器地址为 0xD0
sbit OV = PSW^2;         //定义 OV 位为 PSW 的第 3 位,地址为 0xD2
sbit CY = PSW^7;         //定义 CY 位为 PSW 的第 8 位,地址为 0xD7
sbit LED = P0^0;         //定义 LED 为 P0 的第 1 位。
```

第二种方法：

```
sbit OV = 0xD0^2;
sbit CY = 0xD0^7;
```

第三种方法：

```
sbit OV = 0xD2;
sbit OV = 0xD7;
```

第三种方法是将位的绝对地址赋给变量，地址必须位于0x80～0xFF之间。

函数还可以包含类型为bit的参数，也可以将它作为返回值。

例如：

```
bit LED (bit a0, bit a1)
{
bit Data;
……
return (Data);
}
```

3.2.3 存储器类型

存储器类型是指变量在C51硬件系统中所使用的存储区域，并在编译时能准确地定位。表3-3是C51编译器所能识别的存储器类型。

表3-3 C51编译器所能识别的存储器类型

存储器类型	与物理存储空间的对应关系
data	直接寻址片内数据存储区的低128B，访问速度快
bdata	可位寻址片内RAM中的0x20～0x2F（16B），允许位与字节混合访问
idata	间接寻址片内数据存储区（256B），可访问片内全部RAM地址空间
pdata	片外数据存储区的开头256B，通过P0端口的地址对其访问
xdata	片外数据存储区（64KB）
code	程序存储区全部空间（64KB）

data区是存放临时性传递变量或使用频率较高变量的理想场所，通常指低128B的内部存储区存储的变量，可直接寻址。

举例如下：

unsigned int data grade;

char data ch;

xdata 存储器类型标识符可以指定片外数据存储区 64KB 空间内的任何地址，而 pdata 存储器类型标识符仅能指定 256B 的片外数据存储区。

举例如下：

unsigned char xdata max;

code 称代码段，是只读的，用来存放可执行代码，16 位寻址空间可达 64KB。除了存放可执行代码外，还可在 code 区中存放其他非易失信息，例如查询表。code 区中对象要在编译的时候进行初始化，否则就会产生错误。

3.2.4　存储器模式

定义变量时如果省略了存储器类型，Keil C51 编译系统则会按编译模式 small、compact 或 large 所规定的默认存储器去指定变量的存储区域。

small 模式下所有变量都默认位于片内数据存储器，和使用 data 指定存储器类型的作用一样。该模式对变量访问的效率很高，但所有的数据对象和堆栈的总大小不能超过内部 RAM 的大小。当连接器/定位器将变量都配置在片内数据存储器时，small 模式是最佳选择。

compact 模式下所有变量都默认位于片外数据存储器的一页（256B）内，但堆栈位于片内数据存储区中。和使用 pdata 指定存储器类型的作用一样，该存储模式适用于变量不超过 256B 的情况。地址的高字节往往通过端口 P2 输出，其值必须在启动代码中设置。这种模式不如 small 模式高效，对变量访问的速度要慢一些。

large 模式下所有变量都默认位于片外数据存储器内，和使用 xdata 指定存储器类型的作用一样。外部数据存储器最多可有 64KB，使用数据指针 DPTR 进行寻址，通过 DPTR 访问片外数据存储器的效率较低，特别是当变量为两个字节或更多字节时，该模式的数据访问要比前两种模式产生更多代码。

3.3　C51 运算符与表达式

3.3.1　算术运算

1. 算术运算符

C51 最基本的 5 种算术运算符如下：

1）＋：加法或正号。

2）－：减法或负号。

3）*：乘法运算。

4）/：除法运算。

5）%：模运算（求余）。

算术运算符的优先级定为：先乘、除、模，后加、减，括号最优先。算术运算符除了取负值运算符外都是双目运算符，双目运算是指两个对象之间的运算。算术运算符见表 3-4。

表 3-4 算术运算符

运算符	名称	举例	运算功能
-	取负值	-x	取 x 的负值
+	加	x+y	求 x 与 y 的和
-	减	x-y	求 x 与 y 的差
*	乘	x*y	求 x 与 y 的积
/	除	x/y	求 x 与 y 的商
%	求余	x%y	求 x 除以 y 的余数

2. 算术表达式

用算术运算符、圆括号将运算对象（或称操作数）连接起来的符合 C 语言语法规则的式子称为算术表达式。其中运算对象可以是常量、变量、函数等。例如：x*y/z-1.8+'c'。

C 语言算术表达式的书写形式与数学中表达式的书写形式是有区别的，在使用时要注意以下几点：

1）C 语言算术表达式中的乘号不能省略。

例如：数学式 b^2-4ac，相应的 C 语言算术表达式应写成 b*b-4*a*c。

2）C 语言算术表达式中只能使用系统允许的标识符。

例如：数学式 πr^2，相应的 C 语言算术表达式应写成 3.1415926*r*r。

3）C 语言算术表达式中的内容必须书写在同一行，不允许有分子、分母形式，必要时要利用圆括号保证运算的顺序。

例如：数学式 $\frac{a+b}{c+d}$，相应的 C 语言算术表达式应写为（a+b）/（c+d）。

4）C 语言算术表达式不允许使用方括号和花括号，只能使用圆括号帮助限定运算顺序。可以使用多层圆括号，但左右括号必须配对，运算时从内层圆括号开始，由内向外依次计算表达式的值。

3.3.2 赋值运算

赋值符号“=”就是赋值运算符，由赋值运算符组成的表达式称为赋值表达式。赋值的含义是指将赋值运算符右边的表达式的值存放到以左边变量名为标识的存储单元中。赋值语句的格式如下：

变量=表达式；

例如：

```
m=0xFF;            //将十六进制数 0xFF 赋给变量 m
a=b=c=5;           //将 5 同时赋给变量 a、b 和 c
x=y;               //将变量 y 的值赋给变量 x
f=a+b;             //将表达式 a+b 的值赋给变量 f
max=f();           //将函数 f()的值赋给变量 max
```

说明：

1）赋值运算符的左边必须是变量，右边的表达式可以是单一的常量、变量、表达式和函数调用语句。

2）赋值符号“ = ”不同于数学中使用的等号，它没有相等的含义。

3）在一个赋值表达式中，可以出现多个赋值运算符，其运算顺序是从右向左结合。

4）进行赋值运算时，当赋值运算符两边的数据类型不同时，将由系统自动进行类型转换。转换的原则是，赋值运算符右边的数据类型转换成左边的变量类型。

3.3.3　关系运算

1. 关系运算符

C51 的 6 种关系运算符如下：

1）< ：小于。

2）> ：大于。

3）< = ：小于等于。

4）> = ：大于等于。

5）= = ：等于。

6）! = ：不等于。

2. 运算规则

1）前面 4 种关系运算符的优先级相同，后面两种关系运算符的优先级相同，并且前 4 种优先级高于后两种。

2）关系运算产生一个逻辑值：真或假。C 语言用“1”代表真，用“0”代表假。关系运算符的结合性为左结合，建议使用关系运算符时用上括号，这样能更方便且不易出错。

3）关系运算符的优先级低于算术运算符，高于赋值运算符。

4）用关系运算符比较的数据类型有：整型、字符型和实型，字符串不能用关系运算符做比较；比较整型或实型数据时，按照数值的大小进行比较；比较字符型数据时，按照字符的 ASCII 码进行比较。

例题 3.3　关系运算符的应用举例。

```
main()
{
  printf("32 >14: % d\n",32 >14);
  printf("a <A: % d\n",'a' <'A');
  printf("6 > =5: % d\n",6 > =5);
  printf("7 = =10: % d\n",7 = =10);
}
```

运行结果：

```
32 >14: 1          //关系成立,表达式的值为 1
a <A: 0            //关系不成立,表达式的值为 0
6 > =5: 1          //关系成立,表达式的值为 1
7 = =10: 0         //关系不成立,表达式的值为 0
```

3.3.4 逻辑运算

1. 三种逻辑运算符

1)&&:逻辑“与”。

2)|| :逻辑“或”。

3)!:逻辑“非”。

“&&”和“||”是双目运算符,需要有两个对象,而“!”是单目运算符,只要求有一个运算对象。逻辑表达式和关系表达式一样,也会产生一个逻辑量的真和假。以“0”代表假,“1”代表真。逻辑运算规则见表 3-5。

表 3-5 逻辑运算规则

a	b	! a	! b	a&&b	a || b
0	0	1	1	0	0
0	非零	1	0	0	1
非零	0	0	1	0	1
非零	非零	0	0	1	1

2. 应用举例

(1)逻辑“非”

若 a =4,则! a 为假,表达式的值为 0。

若 b =0,则! b 为真,表达式的值为 1。

对 0 进行非运算结果为 1,对非零的数进行非运算结果为 0。

(2)逻辑“或”

若 a =4,b =0,则 a || b 结果为 1。

若 a =0,b =0,则 a || b 结果为 0。

逻辑“或”运算的运算对象只要有非零的数其结果即为 1,只有运算对象全为 0 时结果才为 0。

(3)逻辑“与”

若 A =0,B =12,则 A && B 结果为 0。

若 A =1,B =4,则 A && B 结果为 1。

逻辑“与”运算的运算对象中只要有为 0 的数其结果便为 0,运算对象全为非零的数时结果才为 1。

3.3.5 位运算

1. 六种位运算符

1)&:按位与。

2)|:按位或。

3)^:按位异或。

4) ~ :按位取反。

5) < < :位左移。

6）> >：位右移。

除了按位取反“ ~ ”以外，所有的位操作全是双目运算符，要求有两个运算对象。位运算符只能是整型或字符型，不能为实型数据。

2. 应用举例

（1）按位与　按位与和逻辑与不同，逻辑与只能得出 0 或 1，而按位与则是两个数的每一位相与。按位与的运算符“&”是双目运算符，参加运算的两个数据，按各对应的二进制位进行“与”运算。如果两个对应的二进制位都为 1，则该位的结果值为 1，否则为 0。即：

0&0 = 0；0&1 = 0；1&0 = 0；1&1 = 1；

例如：

x = 0xa8 = 1010 1000 B；

y = 0x3b = 0011 1011 B；

z = x&y；

```
        1 0 1 0 1 0 0 0
(&)     0 0 1 1 1 0 1 1
  -------------------------
        0 0 1 0 1 0 0 0
```

z 的值为 0x28。

（2）按位或　按位或和逻辑或不同，逻辑或只能得出 0 或 1，而按位或则是两个数的每一位相或。参加运算的两个对象按对应的二进制位进行“或”运算。两个对应的二进制位只要有一个为 1，该位的结果值就为 1。即：

0|0 = 0；0|1 = 1；1|0 = 1；1|1 = 1。

例如：

x = 0x30 = 0011 0000 B；

y = 0x0F = 0000 1111 B；

z = A|B；

```
          0011 0000
   (|)    0000 1111
  -------------------------
          0011 1111
```

z 的值为 0x3F。

（3）按位异或　异或运算需要两个对象进行，它的规则是若参加运算的两个二进制位相同，则结果为 0；两个二进制位不相同，结果为 1。即：

0^0 = 0；1^1 = 0；1^0 = 1；0^1 = 1；

例如：

x = 0xa5 = 1010 0101B；

y = 0x37 = 0011 0111B；

z = A^B；

```
        1 0 1 0 0 1 0 1
```

（∧） 0 0 1 1 0 1 1 1

----

1 0 0 1 0 0 1 0

z的值为0x92。

（4）按位取反 “~”是一个单目运算符，主要是用来对一个二进制数按位进行取反，即：0变成1，1变成0。

例如：

a = 0xf0 = 1111 0000 B;

~a = 0000 1111 B = 0x0f;

（5）位左移和位右移运算 位左移和位右移的运算符为“<<”和“>>”，主要是将一个数的各二进制位全部左移或右移，移位后空白位补0，而溢出的位舍弃。

例如：

1）左移位实例：

a = 0xea = 1110 1010 B;

b = a << 2;

将a的值左移2位后赋给b，结果为b = 10101000 B = 0xa8。

2）右移位实例：

a = 1110 1010;

c = a >> 2;

将a的值右移2位后赋给c，结果为c = 0011 1010 B = 0x3a。

移位运算对于二进制来说，左移一位相当于该数乘以2，而右移一位相当于该数除以2，利用这一性质可以快速实现乘除法运算。

3.3.6 自增、自减运算

C51语言中也提供了自增（++）、自减（--）运算符，自增、自减运算符的作用是使变量值自动加1或减1。自增、自减运算符的格式为：

1） ++i， --i。在使用i之前，先使i值加1或减1。

2）i++，i--。在使用i之后，再使i值加1或减1。

注意：自增、自减运算只适合变量，而不能用于常量或表达式。

3.3.7 复合赋值运算

只要是双目运算，都可以与赋值运算符“=”一起组成复合赋值运算符，C51提供了10种复合赋值运算符：

+=， -=， *=， /=，%=， <<=， >>=， &=， ^=， |=

例如：

a += b 相当于 a = a + b。

a /= b + 3 相当于 a = a /（b + 3）。

采用这种复合赋值运算的目的是为了简化程序，提高C语言编译器的效率。

3.4　C 语言程序的三种结构及相关语句

C 语言是一种结构化的编程语言，结构化编程语言是一种不允许交叉的语言。C 语言程序的基本单元是函数，结构化语言由若干函数组成，每个函数可以有若干条语句。C 语言有三种基本结构：顺序结构、分支结构和循环结构。

（1）顺序结构　顺序结构是最简单的基本结构。在顺序结构中，要求顺序地执行且必须执行有先后顺序排列的每一个最基本的处理单元（见图 3-1）。

（2）分支（选择）结构　在分支结构中，根据逻辑条件的成立与否，分别选择执行不同的处理（见图 3-2 和图 3-3）。

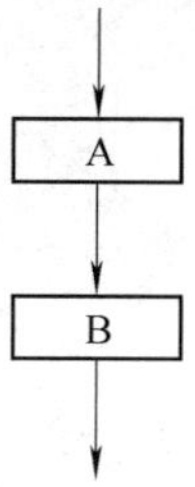

图 3-1　顺序结构

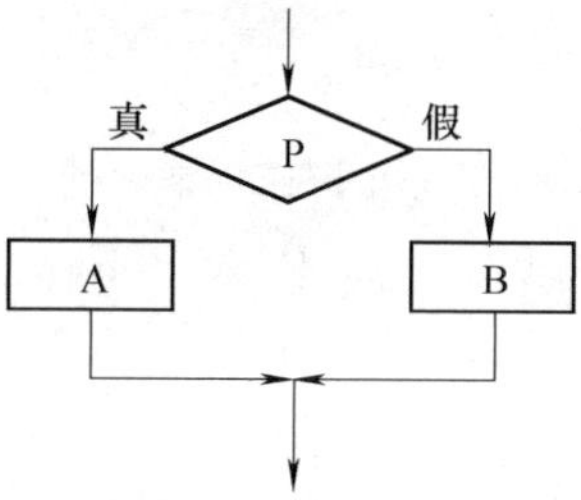

图 3-2　分支结构一

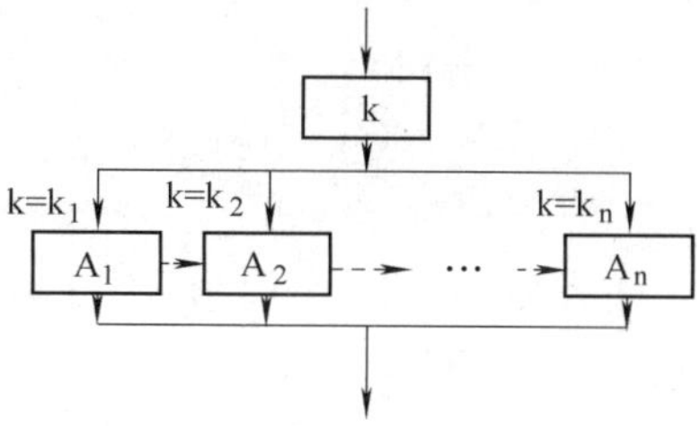

图 3-3　分支结构二

（3）循环结构　循环结构一般分为当型循环和直到型循环。

1）当型循环：在当型循环结构中，当条件成立时，就反复执行处理 A（称为循环体），直到条件不成立时结束（见图 3-4）。

2）直到型循环：在直到型循环结构中，反复执行处理 A，直到逻辑条件不成立时结束，即逻辑条件成立时继续执行（见图 3-5）。

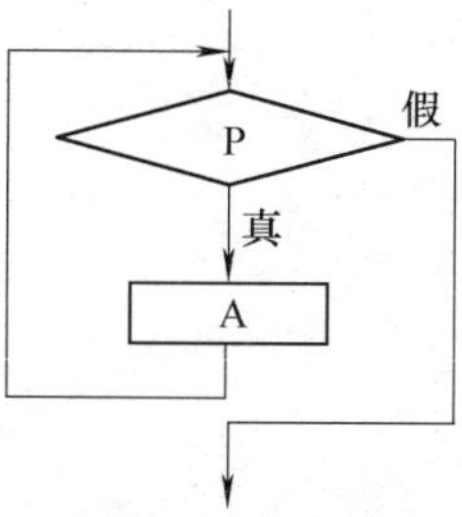

图 3-4　当型循环

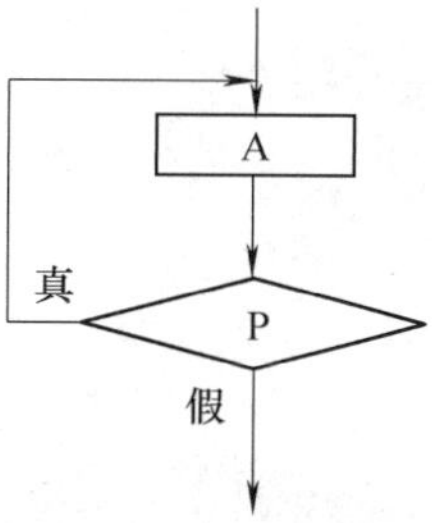

图 3-5　直到型循环

3.4.1　顺序结构

1. 表达式语句

表达式语句是最基本的 C 语言语句，它由表达式加分号“;”组成，其格式如下：

表达式;

执行表达式语句实际上就是计算表达式的值，例如：

```
P1 =0x55;          //赋值语句,将十六进制数 0x55 送给 P1 口
```

```
z =x +y;            //x 与 y 的和赋给 z
i + +;              //自增语句,i 加 1 后再赋给 i
```

2. 复合语句

将多个语句用花括号“{ }”括起来组成的语句称复合语句。在程序中把复合语句看成是一条语句，而不是多条语句。执行复合语句时，{ } 中的各行单语句是依次顺序执行的。

例如：

```
{ P1 =0xf0;
  delay (1000);
  P1 =0x0f;
  delay (1000);
}
```

3. 空语句

C 语言中有一个特殊的表达式语句，称为空语句。空语句中只有一个分号“;”，程序执行空语句时需要占用一条指令的执行时间，但是什么也不做。在 C51 程序中常常把空语句作为循环体，用于消耗 CPU 时间等待事件发生的场合。

4. 应用举例

从单片机的 P1 口依次输出 0x00、0xff、0xaa、0x55 四个数，每两个数之间的时间间隔约 1s 左右，流程图如图 3-6 所示。

源程序如下：

```
#include <reg51.h>
#define  uint unsigned int
void  delay(uint t)                       //延时函数
{ uint i,j;
  for(i =0;i <t;i ++)
   for(j =0;j <120;j ++);
}
void main()                               //主函数
{   P1 =0x00;
    delay(1000);
    P1 =0xff;
    delay(1000);
    P1 =0xaa;
    delay(1000);
    P1 =0x55;
    delay(1000);
    while(1);                             //停止语句
}
```

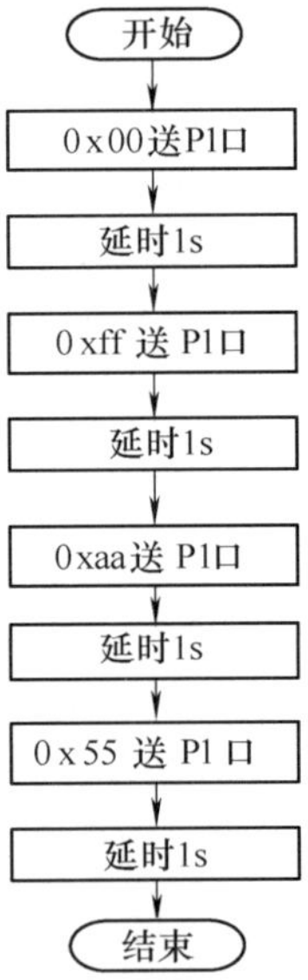

图 3-6　P1 口输出四个数流程图

3.4.2　分支结构

分支结构是结构化程序设计的三种基本结构之一，它根据条件的不同而执行不同的操作。分支结构程序设计体现了程序的判断能力。实现分支结构的语句有 if 和 switch 语句。

1. if 语句

if 语句用来判断给定的条件是否满足，根据判断的结果（真或假）决定执行给出的操作，C 语言提供了三种形式的 if 语句。

（1）简单形式　格式如下：

```
if（表达式）语句；
```

例如：

```
if（s1 = = 0）P1 = 0xff；
```

if 语句的简单形式流程图如图 3-7 所示。

语句执行过程是：如果表达式的值为真（值为非 0），则执行其后所跟的语句；如果表达式的值为假（值为 0），则跳过 if 语句，继续执行后续语句。

说明：

1）表达式为判断条件，常为关系表达式，也可以为逻辑表达式，表达式必须用圆括号括起来。

2）若语句由一条以上的语句组成，必须用花括号括起来构成复合语句。

（2）二选一形式　格式如下：

```
if（表达式）
  语句 1；
else
  语句 2；
```

例如：开关 k1 闭合（k1 =0）时，P1 口输出 0x00；否则 k1 断开（k1 =1）时，P1 口输出 0xff。

```
if（k1 = = 0）
  P1 = 0x00；
else
  P1 = 0xff；
```

if　else 语句的流程图如图 3-8 所示。

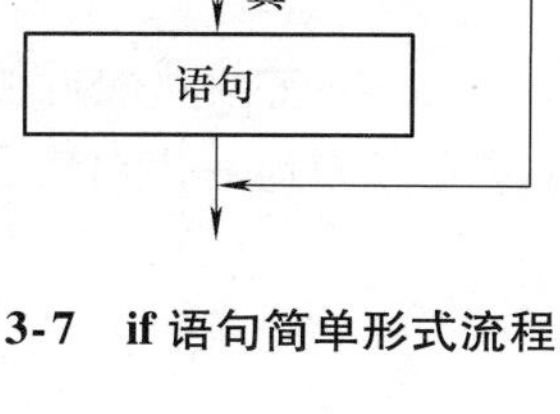

图 3-7　if 语句简单形式流程图

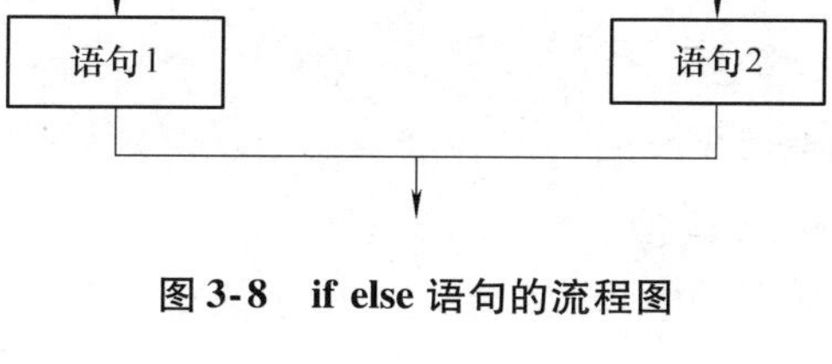

图 3-8　if else 语句的流程图

语句执行过程是：如果表达式的值为真，则执行语句 1；若表达式的值为假，则执行语句 2。语句 1 和语句 2 可以是一条语句也可以是多条语句。

说明：

1）if 语句和 else 语句属于同一个 if 语句。else 不能单独作为语句使用，它是 if 语句的一部分，与 if 配对使用。

2）if 和 else 后面可以只有一条语句，也可以有多条语句，此时需用花括号“{}”将几条语句括起来构成一个复合语句。

（3）嵌套形式　格式如下：

```
if（表达式 1）语句 1；
else if（表达式 2）语句 2；
else if（表达式 3）语句 3；
else if（表达式 4）语句 4；
   ⋮
else if（表达式 n）语句 n；
  else          语句 n+1；
```

例如：s1 取不同值时，P1 口输出不同的数据。

```
if（s1 = = 0xfe）P1 = 0xff；
else if（s1 = = 0xfd）P1 =0x00；
else if（s1 = = 0xfb）P1 =0xf0；
else if（s1 = = 0xf7）P1 =0x0f；
else P1 = 0x55；
```

if 语句嵌套形式的流程图如图 3-9 所示。

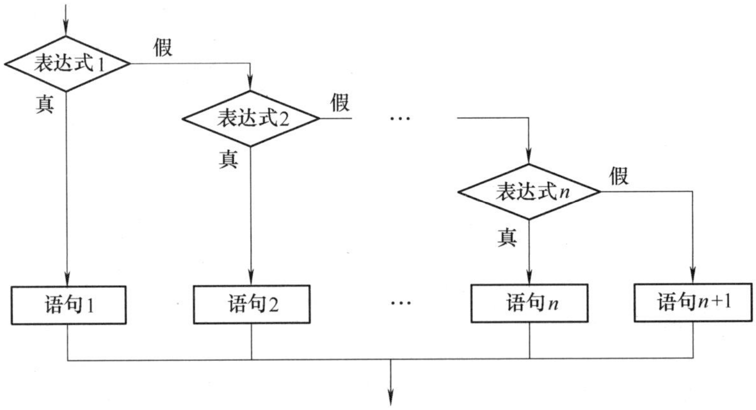

图 3-9　if 语句嵌套形式流程图

if 语句在应用的时候，注意 if 与 else 的对应关系。else 总是与它上面最近的一个 if 语句相对应。在写代码的时候，最好使用缩进排写的形式，这样能方便地看出对应关系。

2. switch 语句

在实际应用中，很多情况下需要多分支的判断。以一个变量的值为判断条件，当变量处于判断条件中的某一值时，程序就对应执行相应的语句。虽然这种问题也可以用 if 语句来解决，但是如果分支较多，则嵌套的 if 语句层数就会变多，程序可读性较低。在 C 语言中提供了 switch 语句来直接处理并行多分支的选择问题。

swicth 语句的一般形式如下：

```
switch（表达式）
{
case 常量表达式 1：语句 1；break；
case 常量表达式 2：语句 2；break；
case 常量表达式 3：语句 3；break；
case 常量表达式 4：语句 4；break；
    ⋮
default ：语句 n；
}
```

例如：

```
switch (i)
{
case 0：P1 =0x01；break;
case 1：P1 =0xA0；break;
case 2：P1 =0x02；break;
default：P1 = 0xFF;
}
```

1）当 switch 语句括号中的表达式值与某一个 case 后面的常量表达式值相等时，就会执行它后面的语句，然后因遇到 break 而退出。当表达式的值与 case 常量表达式的值都没有匹配时，就执行 default 后面的语句。

2）每一个 case 的常量表达式必须是互不相同的，否则将出现混乱的局面。

3）如果在 case 语句后面不加 break，则程序在执行本行后，不会退出 switch，而是执行后续的 case 语句。

3.4.3　循环结构

在实际的应用中，有时候需要进行有规律的重复操作。C 语言中提供了有循环能力的语句。几乎所有的程序中都会用到循环结构，循环结构也是结构化程序的三种基本结构之一。作为循环结构的循环语句，一般由循环体、循环条件两个部分组成。

1. while 循环语句

while 语句的一般形式为：

```
while（表达式）
{循环体语句;}
```

其流程图如图 3-10 所示，循环体可以是简单语句或复合语句，也可以是空语句。每次执行循环体之前，都要先判断表达式的值，表达式值为真（非 0）时就继续执行循环体，直到表达式为假（0）时就退出循环，转去执行 while 循环体的下一条语句。

例如：

```
int a = 0;
while ( a <100)
{
a + +;
}
```

a的值必须小于100才会循环，如果a大于等于100则会退出循环。

2. do while 循环语句

在程序当中，有时候需要循环体条件不为真的时候也执行一次语句，这样就不能用while语句了。C语言中为了应对这种要求而提供了do while循环语句。

do while 循环语句格式如下：

```
do
{循环体语句;}
while (表达式);
```

其流程图如3-11所示，首先执行循环体内语句，再执行括号内的表达式。如果表达式结果为真（非0）则继续循环，并再一次执行循环语句。只有当表达式为假（0）的时候，才会终止循环。

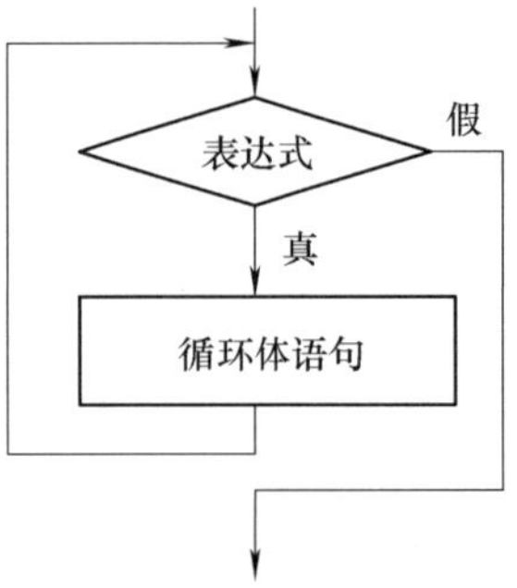

图3-10　while 循环语句流程图

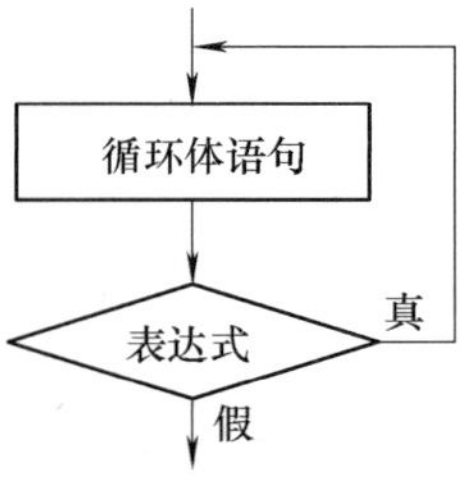

图3-11　do while 循环语句流程图

例如：

```
int a = 0;
do
{
a + +;
}
while (a< =100);
```

a的值小于等于100才会循环，如果a大于100则会退出循环。

3. for 循环语句

在C语言中，for循环语句是循环语句中最复杂又是最灵活的一种。它可以用于循环次数已定的情况，也可以用于循环次数不定的情况。for循环语句由三个部分组成，第一个部分是初始化表达式，即为循环变量赋初值。第二部分是对结束循环进行测试，即循环条件，一旦测试为假则结束循环，第三部分是循环变量的增值。for 循环语句一般形式如下：

for（表达式 1；表达式 2；表达式 3）

{循环体语句;}

其流程图如 3-12 所示。

for 语句执行过程如下：

1）首先求解表达式 1。

2）求解表达式 2，若其值为真，则执行循环体语句，然后执行第 3）步；若其值为假，则结束循环，转至第 5）步。

3）求解表达式 3。

4）转至第 2）步继续执行。

5）执行 for 语句的下一条语句。

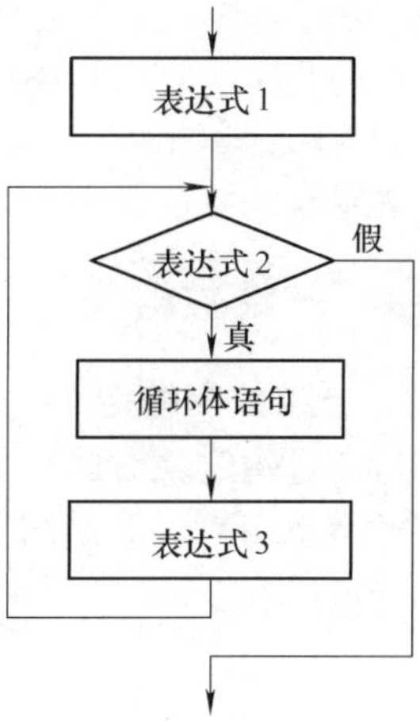

图 3-12 for 循环语句流程图

例如：

```
int i, a;
a = 0;
for (i = 0; i < 10; i + +)
{
a = a + i;
}
```

在程序中，表达式 1 是“i = 0;”，其作用是给 i 赋初值。表达式 2 是“i < 10;”，它是对循环条件进行测试。当 i<10 时表达式为真，则执行循环体内语句，然后再执行表达式 3，进入下一轮循环，当 i≥10 时，表达式 2 为假，则结束循环。

3.4.4 break 语句和 continue 语句

1. break 语句的作用

1）只能在循环体内和 switch 语句体内使用 break 语句。

2）当 break 出现在循环体中的 switch 语句体内时，其作用只是跳出该 switch 语句体。

3）当 break 出现在循环体中，但并不在 switch 语句体内时，则在执行 break 后，跳出本层循环体。

4）在循环结构中，应用 break 语句使流程跳出本层循环体，从而提前结束本层循环。

2. continue 语句的作用

1）continue 语句的一般形式为：continue;

2）其作用是结束本次循环，即跳过本次循环体中余下尚未执行的语句，接着进行下一次循环的条件判定。

3）执行 continue 语句并没有使整个循环终止。在 while 和 do while 循环中，continue 语句使得流程直接跳到循环控制条件的测试部分，然后决定循环是否继续进行。

4）在 for 循环中，遇到 continue 后，跳过循环体中余下的语句，而去对 for 语句中的“表达式 3”求值，然后进行“表达式 2”的条件测试，最后根据“表达式 2”的值来决定 for 循环是否执行。在循环体内，不论 continue 作为何种语句中的何种成分，都将按上述功能执行，这点与 break 有所不同。

3.5　数组

C语言可以由用户定义一组有序数据，这组有序的数据就是数组。数组是具有相同类型的数据的有序集合。构成数组的各元素必须是同一类型的数据，而不允许同一数组中有不同类型的数据。数组的数据是用同一个名字不同下标来访问的，数组的下标是放在方括号中的。数组有一维、二维和多维之分。常用的有一维数组、二维数组和字符数组。

3.5.1　一维数组

1. 一维数组的定义

与变量的定义方式一样，在使用数组之前必须先定义数组，其一般形式为：

类型说明符　数组名［常量表达式］；

例如：

int　a［10］；

该语句定义了一个名为a的整型数组，数组中共有10个元素。

说明：

1）类型说明符：类型说明符定义了数组的类型。数组的类型也是该数组中各个元素的类型，在同一数组中，各个数组元素都具有相同的类型。

2）数组名：数组名的命名规则与变量名相同，即遵循标识符的命名规则。

3）常量表达式：数组名后面用方括号括起来的常量表达式，表示数组中元素的个数，即数组的长度。需要注意的是，常量表达式中可以包含常量或符号常量，但不能包含变量，也就是说，C语言中不允许对数组的大小做动态定义。

4）如果数组的长度为n，则数组中第一个元素的下标为0，最后一个元素的下标为n－1。

2. 一维数组元素的引用

一维数组元素引用的表示形式为：

数组名［下标］

说明：

1）引用数组元素时，下标可以是任何整型常量、整型变量或任何返回整型量的表达式。

2）如果一维数组的长度为n，则引用该一维数组的元素时，下标的范围为0～n－1。

3）对数组元素可以赋值，数组元素也可以参加各种运算。

3. 一维数组的初始化

数组在使用的时候如果没有对它进行初始化，默认的情况下数组中的元素值全是0。使用数组前，最好对数组进行初始化，也就是在定义数组的时候给数组赋值。

1）定义一维数组时，数组元素的初值依次放在一对花括号内，每个值之间用逗号间隔。

例如：　　int a［10］ = {0，1，2，3，4，5，6，7，8，9}；

2）可以只给一部分数组元素赋初值。

例如：　　int a［10］ = {87，35，12，54，60，58}；

这里，只给前面的6个数组元素（a [0] ~ a [5]）赋了初值，而后面4个没有赋初值的数组元素（a [6] ~ a [9]），则被自动初始化为0。

3）对全部的数组元素赋初值时，可以不指定数组的长度。

例如：　int a [10] = {0, 1, 2, 3, 4, 5, 6, 7, 8, 9};

可以写成：int a [ ] = {0, 1, 2, 3, 4, 5, 6, 7, 8, 9};

3.5.2 二维数组

1. 二维数组的定义

二维数组相对一维数组就复杂一些，二维数组根据定义的两个下标来确定数组的大小。

二维数组定义的方式为：

类型说明符　数组名 [常量表达式1] [常量表达式2];

例如：

int a [3] [4];

说明：

1）数组名后的常量表达式的个数称为数组的维数。每个常量表达式必须用方括号括起来。

2）二维数组中元素的个数为：常量表达式1 × 常量表达式2 。

3）如果常量表达式1的值为n，常量表达式2的值为m，则二维数组中第一个元素的下标为[0] [0]，最后一个元素的下标为 [n-1] [m-1] 。

4）一维数组通常用来表示一行或一列数据，而二维数组则通常用来表示呈二维表排列（即多行多列）的一组相关数据。

二维数组的存取顺序是，按行存取，先存取第一行的元素第0列，1列，2列，……，直到最后一列。然后返回从第二行开始，再存取第二行的第0列，第1列，……，直到最后一列。依次循环存取到最后一行最后一列。

数组A [2] [3] 的存取如下：

A [0] [0] →A [0] [1] →A [0] [2] →A [0] [3] →

A [1] [0] →A [1] [1] →A [1] [2] →A [1] [3] →

A [2] [0] →A [2] [1] →A [2] [2] →A [2] [3]

2. 二维数组初始化

（1）分组赋值

int a [3] [4] = { {1, 2, 3 , 4}, {5, 6, 7, 8}, {9, 10, 11, 12}};

（2）对数组中部分元素赋初值

int a [3] [4] = { {1}, {5}, {9}};

最后赋值的数组元素如下：

1 0 0 0

5 0 0 0

9 0 0 0

二维数组尽量在单片机中少用，能用一维的尽量用一维数组。

3.5.3 字符数组

基本类型为字符类型的数组称为字符数组，在字符数组中，一个元素存放一个字符，所以可以用字符数组来存储长度不同的字符串。字符数组的定义和其他的数组定义也是一样的。

定义字符数组的一般形式为：

char 数组名［常量表达式］；

例如：

char a［10］ = ｛‘B’，‘E’，‘I’，‘ ’，‘J’，‘I’，‘N’，‘G’，‘W’，‘Y’｝；

定义一个字符型数组a，有10个数组元素，并且将10个字符分别赋给a［0］~a［9］。

定义字符数组时，可以用字符串给数组赋值，采用如下两种方式均可：

char a［10］ = ｛“wang1jin”｝；

char a［10］ = “wang1jin”；

用双引号括起来的一串字符，称为字符串常量，C编译器会自动在字符末尾加上结束符‘\0’（NULL）。一个字符串可以用一维数组装入，但数组的元素数目一定要比字符个数多1，以便C编译器在其后面加上结束符‘\0’。

3.6 C51函数

在C51中，程序都是由“函数”构成的。主程序中的main（）函数可以根据不同需求来调用不同的函数。当函数执行完毕的时候，就会发出返回指令，若主程序中的语句执行完则整个程序也执行完毕。但在一般的设计中，为了让程序不停下来，主程序中常使用循环语句“while（1）；”，不断地重复执行。同一个函数可以在不同的地方被调用，并且函数可以重复使用。

在构成C语言程序的若个函数中，必须有一个主函数。在C语言中函数在定义时都是独立的，一个函数中不能再定义其他的函数。也就是说函数不能嵌套定义，但可以相互调用。主函数可以调用其他函数，其他的函数也可以互相调用。但其他的函数不能调用主函数。

函数分标准库函数和用户自定义函数。标准库函数是由C编译系统的函数库提供的，在进行程序设计的时候可以充分利用这些功能强大、内容丰富的标准库函数。用户自定义函数就是用户自己根据需要编写的函数。

1. 标准库函数

标准库函数是由C51的编译器提供的，用户不必定义这些函数，可以直接调用。Keil C51编译器提供了100多个库函数。常用的C51库函数包括一般I/O口函数、访问sfr地址函数等，在C51编译环境中，以头文件的形式给出。

2. 用户自定义函数

用户自定义函数是用户根据需要自行编写的函数，它必须先定义后被调用。

用户自定义函数可以分为两种形式：无参函数、有参函数。

（1）无参函数　无参函数的定义形式为：

类型标识符　函数名（）

{函数体语句;}

无参函数一般不带返回值，因此函数类型标识符可以省略。

例如：

```
void  pcb ( )                //也可以省略前面的 void
{
  unsigned char a = 0xFF;
  unsigned char b = 0x00;
  P3 = a;
  P2 = b;
}
```

(2) 有参函数　有参函数的定义形式为：

类型标识符　函数名（形式参数列表）

{函数体语句;}

例：

```
int time (int a, int b)     //定义返回类型和参数
{
if (a > b) return a;        //判断并返回
else return b;              //判断并返回
}
```

在本程序中 int time（int a，int b）就是一个典型的有参函数，其中 int 为返回值类型，time 为函数名，定义函数时的参数为形式参数，如括号中的 a 和 b 就是形式参数，而在判断语句 if 和 else 中 return 后的 a 和 b 则是返回值。

3. 函数调用

函数调用就是在一个函数体中引用另外一个已经定义的函数，前者称为主调用函数，后者称为被调用函数，函数调用的一般格式为：

函数名（实际参数列表）；

调用函数时的参数为实际参数，对于有参数类型的函数，若实际参数列表中有多个实参，则各参数之间用逗号隔开。实参与形参顺序对应，个数应相等，类型应一致。

在一个函数中调用另一个函数需要具备如下条件：

1）被调用函数必须是已经存在的函数（库函数或者用户已经定义的函数）。如果函数定义在调用之后，那么必须在调用之前（一般在程序头部）对函数进行声明。

2）如果程序使用了库函数，则要在程序的开头用#include 预处理命令将调用函数所需要的库函数信息包含在本文件中。

函数调用有如下三种形式：

(1) 函数语句　将被调用函数作为主调用函数的一条语句。

例如：

```
delay (1000);
```

此处不要求被调用函数有返回值，只要求函数完成一定的操作，实现特定的功能。

(2) 函数表达式　要求被调用函数有返回值，并以该值参与表达式的运算。

例如：

```
temp=2*max(a, b);
```

运行该语句时，调用max（ ）函数并得到一个返回值，将该值乘以2后得到的乘积赋给变量temp。

（3）函数参数　被调用函数作为另一个函数的实参。

例如：

```
c=max(a, f());
```

3.7　C51语言编程应用

任务3-1　分支结构程序设计应用

1. 目的与要求

通过分支程序设计，掌握C51数据类型的定义、分支结构控制语句的使用与函数的调用等C51语言的基础知识。

控制要求：单片机P2.0引脚接一开关，P1口接8个发光二极管，要求开关闭合时，8个发光二极管同时闪烁，开关断开时，序号分别为奇数和偶数的发光二极管交替点亮。

2. 电路原理图

本任务电路原理图如图3-13所示，开关闭合时，P2.0引脚输入低电平，开关断开时，P2.0引脚输入高电平。

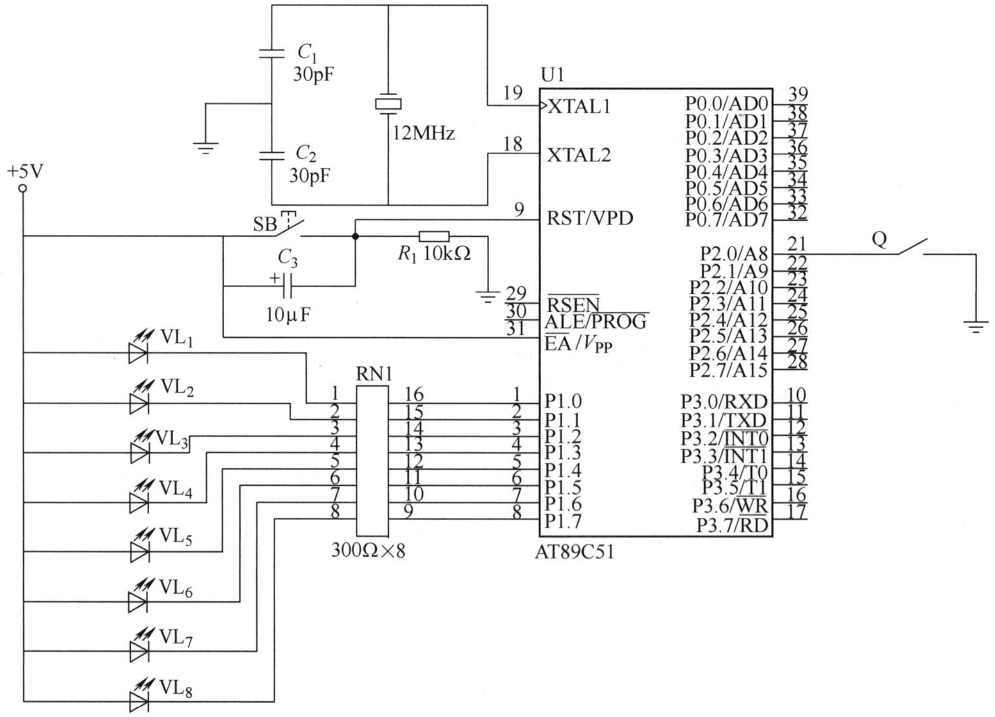

图3-13　任务3-1电路原理图

3. 流程图和源程序

流程图如图 3-14 所示。

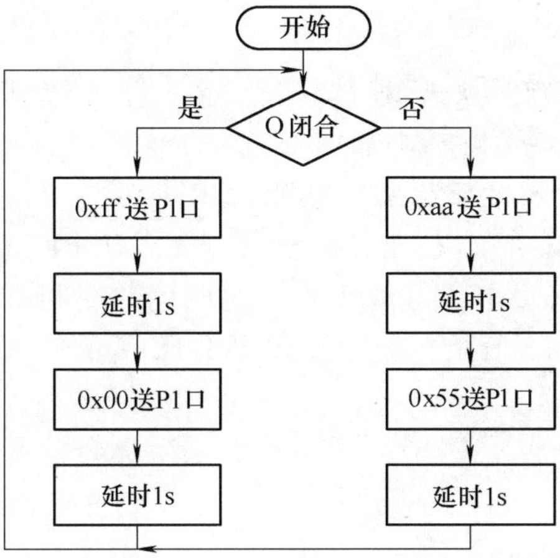

图 3-14　任务 3-1 流程图

源程序如下：

```
#include <reg51.h>                    //文件包含命令
#define uint unsigned int             //定义数据类型
sbit k = P2^0;                        //定义开关的位变量
void delay(uint t)                    //定义延时函数
{ uint m,n;
  for(n = 0;n < t;n ++)
      for(m = 0;m < 120;m ++);
}
void main()
{  while(1)
   { if(k == 0)                       //开关闭合,8 个发光二极管同时闪烁
          { P1 = 0xff;
            delay(1000);
            P1 = 0x00;
            delay(1000);
          }
        else                          //开关闭合,发光二极管交替点亮
          { P1 = 0xaa;
            delay(1000);
            P1 = 0x55;
            delay(1000);
          }
   }
}
```

任务3-2　循环结构程序设计应用

1. 目的与要求

通过循环程序设计，掌握C51数据类型的定义、循环控制语句的使用与函数的调用等C51语言的基础知识。

控制要求：P1口接8个发光二极管，输出低电平时对应的发光二极管点亮，输出高电平时对应的发光二极管灭，要求从P1口轮流输出0x00、0x01、0x02、…、0xff共256个数，每两个数之间有一定的延时。电路原理图如图3-13所示，流程图如图3-15所示。

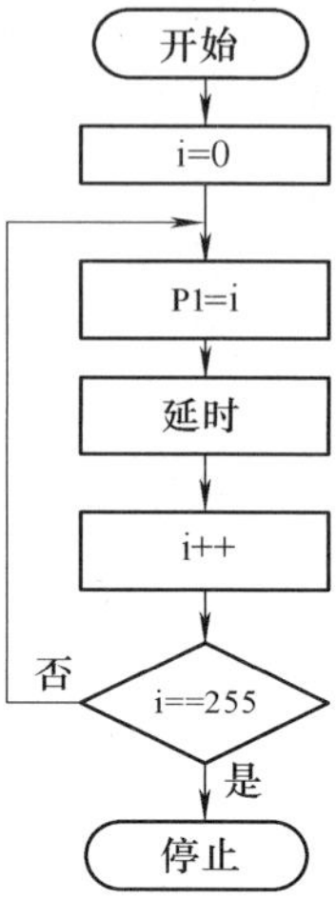

图3-15　任务3-2流程图

2. 源程序

```
#include <reg51.h>                    //文件包含命令
#define uint unsigned int             //定义数据类型
#define uchar unsigned char
void delay(uint t)                    //定义延时函数
{ uint m,n;
   for(n = 0;n < t;n + +)
    for(m = 0;m <120;m + +);
}
void main()
{  uchar i;
   for(i = 0;i < = 255;i + +)         //循环输出数据0~255
      { P1 = i;
        delay(500);
        if(i = = 255)break;           //输出255后结束循环
      }
while(1);                             //停止
}
```

本章小结

1. C语言程序由函数构成，函数是C语言程序的基本单位，函数有库函数和用户自定义函数。

2. C51语言数据类型多、运算符多，编程时要根据实际要求选择数据类型以节省存储空间和提高运算速度。

3. C语言程序由三种基本结构组成，分别为顺序结构、分支结构和循环结构。实现选择结构的语句有if和switch，实现循环结构的语句while、do　while和for语句。

4. 数组用于处理数据较多，且数据具有相同类型的场合，单片机应用系统中常用一维数组和字符数组处理数据。

5. 函数的定义与声明是两个不同的概念。函数定义是编写一段程序,让其完成特定的功能,而声明是一条语句,告诉编译系统程序中要用到该函数。

习 题

3.1 单选题

(1)______是C语言程序的基本单位。

A. 语句 B. 函数 C. 子程序 D. 主函数

(2)C语言程序是从______开始执行的。

A. 主程序 B. 函数 C. 子程序 D. 主函数 main( )

(3)在C51程序中,常用______作为循环体,达到延时的目的。

A. 赋值语句 B. 空语句 C. 表达式语句 D. 复合语句

(4)C语言中表达式值的真和假是用______来衡量的。

A. true 和 false B. 1 和 0 C. 非 0 和 0 D. 0 和 1

(5)关系表达式的值为______。

A. true 和 false B. 1 和 0 C. 非 0 和 0 D. 任意值

(6)在C51的数据类型中,unsigned char 型的数据长度和值域为______。

A. 单字节, -128 ~ 127 B. 双字节, -32768 ~ 32767

C. 单字节,0 ~ 255 D. 双字节,0 ~ 65535

(7)用于分支结构的语句是______语句。

A. break B. do while C. for D. if 和 switch

(8)循环体语句至少能执行一次的是______语句。

A. while B. goto C. for D. do while

(9)语句 for(i = 0;i < 10;i + +);执行的次数是______。

A. 1 次 B. 0 次 C. 9 次 D. 10 次

(10)执行 i = 8;m = + + i;语句后,i 和 m 的值分别为______。

A. i = 9,m = 9 B. i = 8,m = 8 C. i = 8,m = 9 D. i = 9,m = 8

3.2 编程题

(1)编一程序,将5位数 num 的万位、千位、百位、十位和个位分离出来分别送给变量 a、b、c、d 和 e。

(2)编一程序,输入变量 s1 的值,当其值分别为 0x01、0x02、0x04、0x08、0x10 和其他值时,变量 b 的值为 0x00,0xff,0x0f,0xf0,0x55 和 0x17。

第 4 章

并行输入/输出口

单片机上不仅集成了 CPU 和存储器,还包含接口电路,通过这些接口,单片机可以和一些外围设备连接,构成一个控制系统。51 系列单片机有 4 个 8 位的 I/O 口,当外围设备较多,I/O口不够用时,需采用外加的 I/O 接口芯片来扩展其接口功能。本章介绍 51 系列单片机的 4 个并行输入/输出接口的结构和应用。

4.1 51 系列单片机的并行输入/输出口

51 系列单片机含有 4 个 8 位并行 I/O 口 P0、P1、P2 和 P3。每一个 I/O 口都能用作输入或输出,所以称它们为双向 I/O 口。各 I/O 口的功能有所不同,其结构也有差别,但工作原理相似。下面分别叙述各个端口的结构、功能和使用方法。

4.1.1 P0 口

P0 口有两个用途,一是作为普通 I/O 口使用,另一用途是作为地址/数据总线使用。图 4-1所示的是 P0 口的位结构。它包含两个三态输入缓冲器、一个输出锁存器以及输出驱动电路、输出控制电路。输出驱动电路由两只场效应晶体管 V_1 和 V_2 组成,其工作状态受输出控制电路的控制。输出控制电路由与门、反相器和多路模拟开关 MUX 组成。

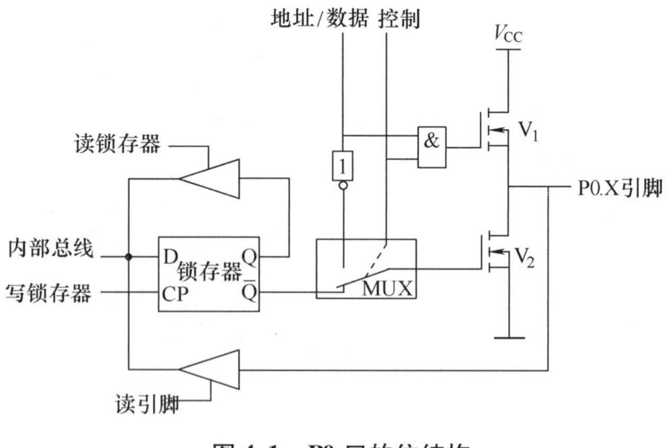

图 4-1 P0 口的位结构

1. 作为通用 I/O 口

P0 口作为通用 I/O 口使用时,CPU 令控制信号为低电平。这使多路模拟开关 MUX 接通输出锁存器的 $\overline{Q}$端,同时使与门输出低电平,场效应晶体管 V_1 截止,因而输出级为开漏极输出电路。

(1)作为输出口　当用 P0 口输出数据时,写脉冲信号加在锁存器的时钟端 CP 上,此时与内部总线相连的 D 端其数据经反相后出现在$\overline{Q}$端上,再经 V_2 反相,于是在 P0 口引脚上出现的数据正好是内部总线上的数据。由于输出级为开漏极电路，所以在用作输出口时应外接上拉电阻。

（2）作为输入口　当 P0 口作为输入口时，要使用端口中的两个三态门输入缓冲器之一，这时应区分读引脚和读端口锁存器两种情况。

所谓读引脚，就是读芯片引脚上的数据，这时使用图 4-1 中下面一个缓冲器，由读引脚信号将缓冲器打开，将引脚上的数据经缓冲器送到内部总线。

所谓读端口锁存器，是指通过图 4-1 中上面缓冲器读锁存器 Q 端上的数据。为什么有读引脚和读端口锁存器两种输入呢？这是为了适应对端口进行"读 - 修改 - 写"指令的需要。如下面的 C51 语句：

```
P0 = P0&0x0f;  //读 P0 口并将高 4 位清零输出
```

执行该语句时，先读 P0 口锁存器 Q 端的数据，再与 0x0f 进行逻辑与运算，然后把结果送回 P0 口。不直接读引脚而读端口锁存器是为了避免可能出现的错误，因为在端口处于输出的情况下，如果端口的负载是一个晶体管基极，导通的 PN 结就会把端口引脚的高电平拉低，而直接读引脚就会使原来的"1"误读为"0"。如果读锁存器的 Q 端，就不会产生这样的错误。

在 P0 口作为输入口使用时，必须首先向端口锁存器写入"1"。这是因为进行读引脚操作时，如果 V_2 是导通的，那么不论引脚上的输入状态如何，都会变为低电平。为了正确读入引脚上的逻辑电平，先要向端口锁存器写 1，使其 $\overline{Q}$ 端为 0，V_2 截止，使该引脚成为高阻抗输入端。

2. 作为分时复用的地址/数据总线

在实际应用中，P0 口大多数情况下作为地址/数据总线，供系统扩展使用。这时控制信号为高电平，多路模拟开关 MUX 接通上端即非门的输出端。有两种工作情况：一种是总线输出，另一种是外部数据总线输入。

作为总线输出时，从"地址/数据"端输入的地址或数据信号通过与门驱动 V_1，同时通过非门驱动 V_2，结果在引脚上得到地址或数据的输出信号。作为数据总线输入数据时，从引脚上输入的外部数据经过读引脚缓冲器进入内部数据总线。

4.1.2　P1 口

P1 口只用作通用 I/O 口，所以它没有转换开关，其位结构如图 4-2 所示。P1 口的驱动部分与 P0 口不同，P1 口内部有上拉电阻。当 P1 口输出高电平时，可以向外提供拉电流负载，因此不必再接上拉电阻。当输入数据时，应先向该位的端口锁存器写"1"，使场效应晶体管截止。

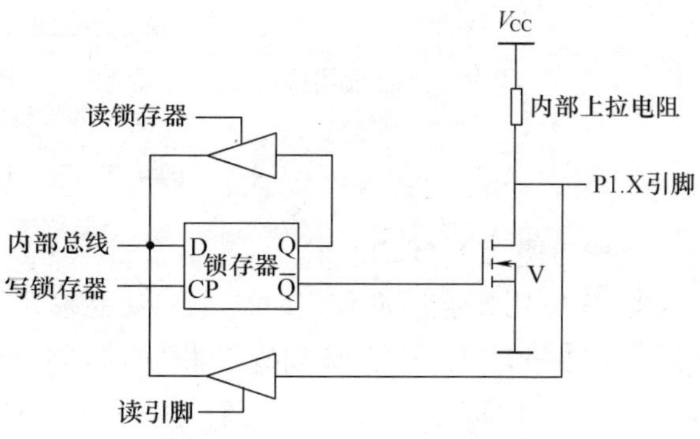

图 4-2　P1 口的位结构

4.1.3　P2 口

P2 口有两种用途：一是用作通用 I/O 口，二是作为高 8 位地址总线，其位结构如图 4-3 所示。

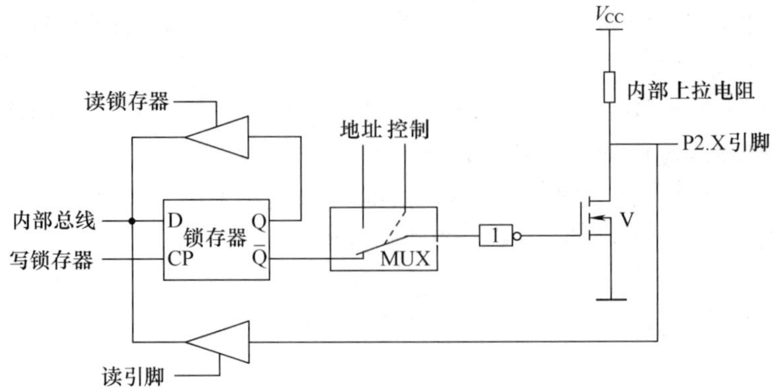

图 4-3 P2 口的位结构

1. 作为通用 I/O 口

当控制信号为低电平时,多路模拟开关接到锁存器的 $\overline{Q}$ 端,P2 口作为通用 I/O 口使用,其操作与 P1 口相同。

2. 作为地址总线

当控制端输出高电平时,多路模拟开关接到地址端,地址信号经反相器、场效应晶体管从引脚输出。这时 P2 口输出高 8 位地址总线,供系统扩展使用。

4.1.4 P3 口

P3 口能用作通用 I/O 口,同时每一引脚还有第二功能。P3 口的位结构如图 4-4 所示。

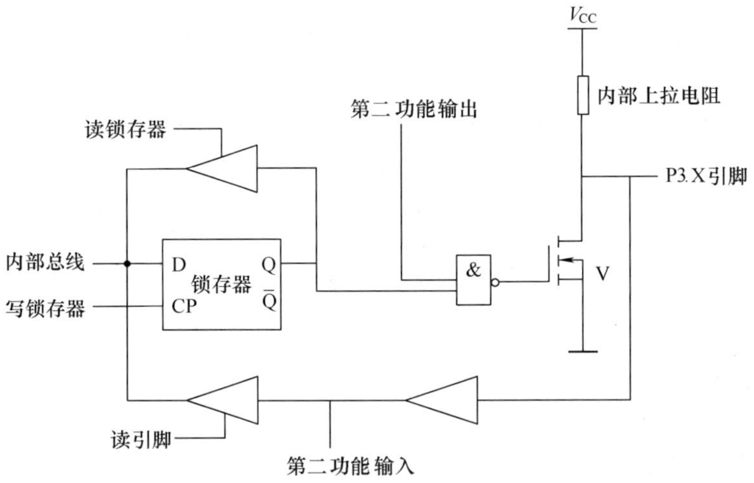

图 4-4 P3 口的位结构

1. 作为通用 I/O 口

当 P3 口用作通用 I/O 口时,“第二功能输出”端为高电平。这时与非门对于输入端 Q 来说相当于非门,位结构与 P2 口完全相同,因此 P3 口用作通用 I/O 口时的功能和使用方法与 P2 口、P1 口相同。

2. 用作第二功能

当 P3 口的某一位作为第二功能输出使用时,该位的锁存器自动置“1”,使与非门的输出状态只受"第二功能输出"端的控制。"第二功能输出"端的状态经与非门和场效应晶体管 V 输出到该位引脚上。

当 P3 口的某一位作为第二功能输入使用时,该位的"第二功能输出"端自动置"1",锁存器也置"1"。这样,该位引脚上的输入信号经缓冲器送入"第二功能输入"端。

4.1.5　并行 I/O 口

1. 负载能力

P0 口的输出能驱动 8 个 LSTTL 电路(1 个 LSTTL 电路的驱动电流,低电平时为 0.36mA,高电平时为 20μA),作为通用 I/O 口使用时应外接上拉电阻。P1、P2、P3 口的输出能驱动 4 个 LSTTL 电路。当实际负载超过并行 I/O 口的驱动能力时,应加接驱动器。

2. 端口输入/输出操作

P0 ~ P3 口作为通用 I/O 口使用,当作为输出口使用时,直接将要输出的数据写入相应的端口寄存器,该数据即出现在端口引脚上。作为输入口使用时,首先要向相应的端口寄存器写"1",然后再应用读指令将相应端口引脚上的数据读入 CPU。

将数据 0x55 从 P1 口输出的语句:

```
P1 =0x55;
```

将从 P1 口输入的数据送入变量 i:

```
P1 =0xff;              //先向端口锁存器写 0xff,即 8 个"1"
i =P1;
```

3. 位操作

P0 ~ P3 口的每一位都有位地址,也就是说对其每一位都能够实施位操作。利用位操作指令,可以对 P0 ~ P3 口每一位实现按位的传送、查询和逻辑运算等操作。

例如:要使 P1.0 = 1、P1.1 = 0,可用一条语句"P1 = 0x01;"实现,但是同时会使 P1.2 ~ P1.7 =0,这可能会产生不应有的影响。若采用位操作语句,则能避免这种缺点。

```
sbit  P1_0 =P1^0;
sbit  P1_1 =P1^1;
      P1_0 =1;
      P1_1 =0;
```

4.2　并行 I/O 口的应用

任务 4-1　流水灯设计

1. 目的与要求

通过用单片机 P1 口控制 8 个发光二极管流水灯系统的设计与制作,掌握单片机并行I/O口作输出口的使用方法。

2. 电路设计

流水灯电路图如图 4-5 所示。P1 口接 8 个共阳极的发光二极管,RN1 为排阻 8 × 300Ω,

起分压限流作用。I/O 口输出低电平时,对应的发光二极管点亮,I/O 口输出高电平时,对应的发光二极管熄灭。

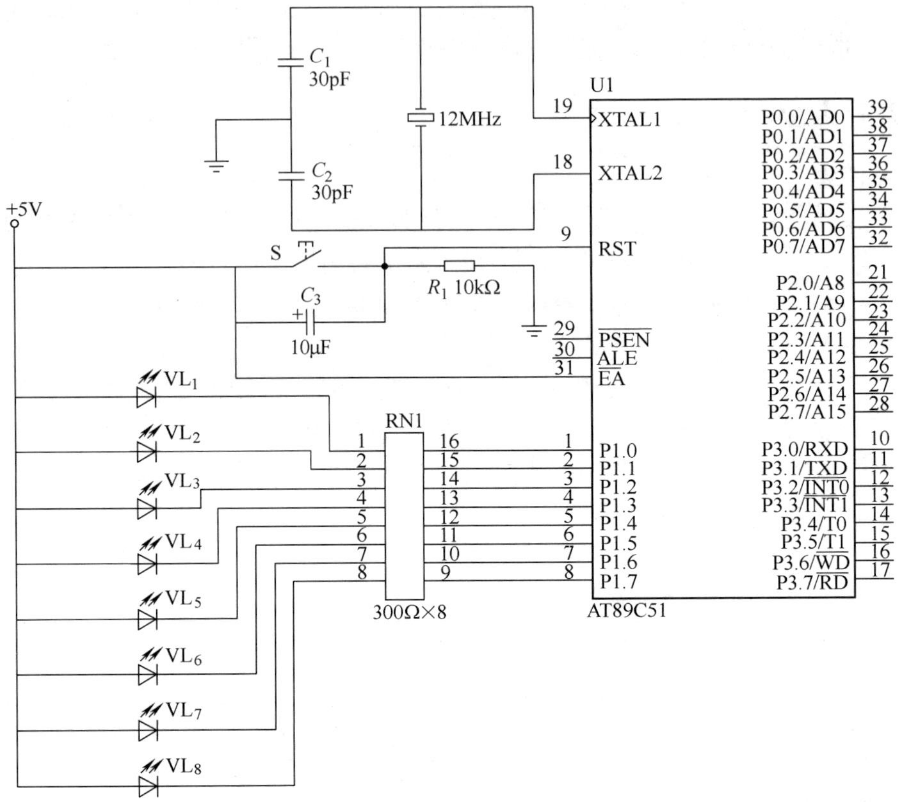

图 4-5 流水灯电路图

3. 现象一源程序

首先点亮连接到 P1.0 引脚的发光二极管,延时一段时间后熄灭,再点亮连接到 P1.1 引脚的发光二极管,如此依次轮流点亮每个发光二极管,直到点亮最后一个连接到 P1.7 引脚的发光二极管,再从头开始,循环不止,产生流水灯的动态效果。

源程序设计如下:

```
#include <reg51.h>             //包含 reg51.h 头文件,定义单片机特殊功能寄存器
#include <intrins.h>           //包含库函数,提供移位操作函数
#define uint unsigned int      //宏定义无符号整型数据类型
#define uchar unsigned char    //宏定义无符号字符型数据类型
void  delay(uint t)            //定义延时函数
{ uint i,j;
  for(i=0;i<t;i++)
   for(j=0;j<120;j++);         //空语句执行 t×120 次
}
void main()                    //主函数
```

```
{ uchar k;                     //定义变量
  k = 0xfe;                    //亮灯初始数据赋给 k
  while(1)
  { P1 = k;                    //亮灯数据从 P1 口输出
    delay(1000);               //调用延时函数
    k = _crol_(k,1);           //亮灯数据循环左移
  }
}
```

通过 P1 口输出一个 8 位二进制数来改变每个引脚输出电平的状态，从而控制 8 个发光二极管的亮灭。在源程序中，语句"k = 0xfe;"将 P1 口 8 位设置为 11111110，点亮 P1.0 引脚连接的发光二极管。将 P1 口的输出数据在 11111110、11111101、11111011、11110111、11101111、11011111、10111111、01111111 这 8 种状态之间循环转换，就可实现流水灯的效果。

4. 现象二源程序

首先 8 个灯全灭，然后点亮连接到 P1.0 引脚的发光二极管，1 个灯亮，延时一段时间后，再点亮连接到 P1.0 和 P1.1 引脚的发光二极管，2 个灯亮，如此依次点亮每个发光二极管，直到点亮最后一个连接到 P1.7 引脚的发光二极管，8 个灯全亮。然后依次熄灭，即先熄灭连接到 P1.7 引脚的发光二极管，1 个灯灭；再熄灭连接到 P1.6 引脚的发光二极管，2 个灯灭；依次增加，最后 8 个灯全灭。再从头开始，循环不止，产生流水灯的动态效果。

源程序设计如下：

```
#include <reg51.h>                 //包含 reg51.h 头文件
#include <intrins.h>               //包含库函数,提供移位操作函数
#define uint unsigned int          //宏定义无符号整型数据类型
#define uchar unsigned char        //宏定义无符号字符型数据类型
void  delay(uint t)                //定义延时函数
{ uint i,j;
  for(i = 0;i < t;i + +)
   for(j = 0;j <120;j + +);
}
void main()                        //主函数
{ uchar k,m;
  while(1)
  { k = 0xff;
  for(m = 0;m <9;m + +)            //循环 9 次,全灭 1 次,8 个灯依次点亮
   { P1 = k;
     delay(1000);
     k = k < <1;
   }
   k = 0x00;
  for(m = 0;m <9;m + +)            //循环 9 次,全亮 1 次,8 个灯依次熄灭
```

```
    { P1 = k;
      delay(1000);
      k = (k > >1) |0x80;
    }
  }
}
```

在源程序中,语句“k = 0xff;”将 P1 口 8 位设置为 11111111,8 个灯全灭,执行“k = k << 1;”语句 8 次时,P1 口的输出数据依次为 11111110、11111100、11111000、11110000、11100000、11000000、10000000、0000000 这 8 种状态,达到将 8 个灯依次点亮的效果。语句“k = 0x00;”将 P1 口 8 位设置为 00000000,8 个灯全亮。执行“k = (k >> 1) |0x80;”语句 8 次时,P1 口的输出数据依次为 10000000、11000000、11100000、11110000、11111000、11111100、11111110、11111111 这 8 种状态,达到将 8 个灯依次熄灭的效果。

任务 4-2　障碍物检测

1. 目的与要求

通过用单片机控制障碍物检测传感器来控制两个发光二极管,实现两种不同的亮灯现象,当检测到前方有障碍物时,传感器输出低电平,红灯闪烁 3 次;当检测到前方无障碍物时,传感器输出高电平,绿灯闪烁 3 次。通过本任务掌握单片机并行 I/O 口作输入/输出口的使用方法。

2. 电路设计

障碍物检测电路图如图 4-6 所示。传感器的输出接单片机的 P2.0 引脚,P1.0 和 P1.1 分别接红灯和绿灯。

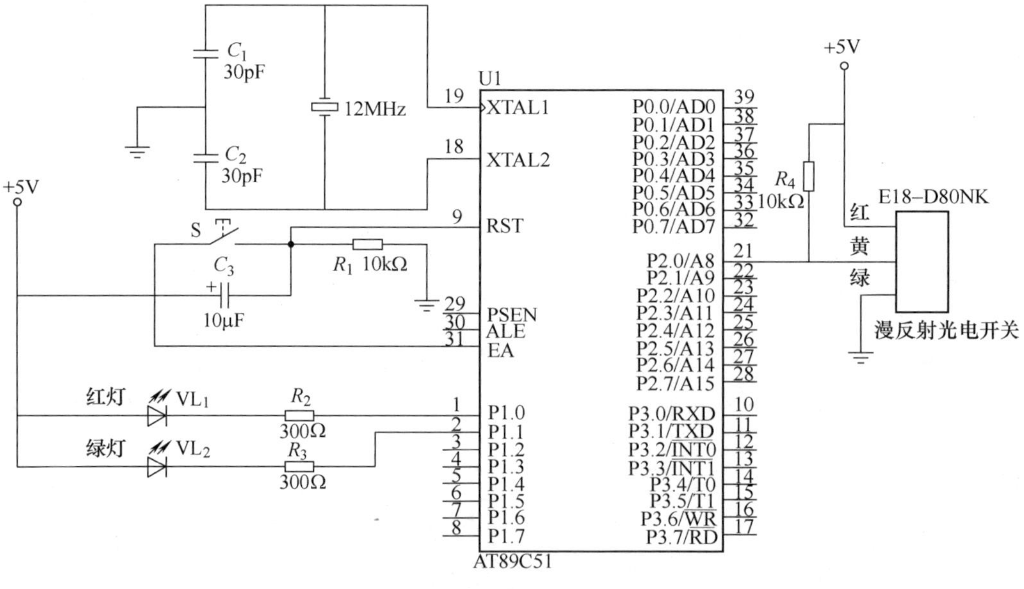

图 4-6　障碍物检测电路图

3. 流程图和源程序设计

流程图如图4-7所示。

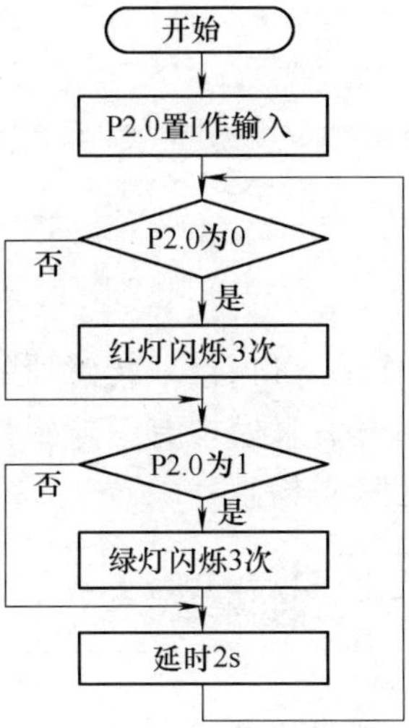

图4-7 任务4-2流程图

源程序如下：

```
#include <reg51.h>               //包含reg51.h头文件,定义单片机特殊功能寄存器
#define uchar unsigned char      //宏定义无符号字符数据类型
sbit P20 =P2^0;                  //定义传感器输出口
sbit D1 =P1^0;                   //设置控制红灯I/O口
sbit D2 =P1^1;                   //设置控制绿灯I/O口
void delay1ms(uint  t)           //定义延时函数
{ uint  i,j;
for(i =0;i <t;i + +)
for(j =0;j <120;j + +);
}
void main()
{uchar i;
 P20 =1;                         //P2.0作输入先置1
  while(1)
  { if(P20 = =0)                 //有障碍物,红灯闪烁3次
    { for(i =0;i <3;i + +)
     {D1 =0;delay1ms(200);
       D1 =1;delay1ms(200);
      }
   }
   if(P20 = =1)                  //无障碍物,绿灯闪烁3次
  { for(i =0;i <3;i + +)
```

```
        {D2 =0;delay1ms(200);
         D2 =1;delay1ms(200);
        }
    }
    for(i =0;i <20;i + +)      //延时2s后,进行下轮检测
    delay1ms(100);
  }
}
```

本实例中,单片机的P2.0引脚作输入口,读取传感器的输出数据,P1.0和P1.1接发光二极管作输出口。若无传感器,可采用开关来模拟有无障碍物,开关接通为低电平时表示检测到障碍物;开关断开为高电平时表示无障碍物。

本章小结

1. 51系列单片机的4个I/O口都可以用作输入/输出口,但大多数应用系统中,P2口用于输出高8位地址,P0口接锁存器输出低8位地址,P0口还作为数据口使用。

2. 51系列单片机的4个I/O口作为输入口使用时,需向端口锁存器相应位写"1",使场效应晶体管截止,保证从引脚上正确读入数据。

习　题

4.1 单选题

(1)单片机的4个并行I/O口中,用作输出口时需外接上拉电阻的是______。

A. P0　　B. P1　　C. P2　　D. P3

(2)单片机的4个并行I/O口中,驱动能力最强的是______。

A. P0　　B. P1　　C. P2　　D. P3

(3)将P1.0引脚定义成符号sw1,正确的语句是______。

A. sw1 =P1.0;　　B. P1.0 =sw1;　　C. sbit sw1 =P1.0;　　D. sbit sw1 =P1^0;

(4)将数据0x0f从P2口输出的语句是______。

A. P2 = = 0x0f;　　B. P2 =0x0f;　　C. sbit P2 =0x0f;　　D. sbit 0x0f =P2;

(5)判断P2口输入的数据和0x0f是否相等的表达式是______。

A. P2 = = 0x0f　　B. if(P2 = =0x0f)　　C. if(0x0f = =P2)　　D. P2 =0x0f

4.2 简答题

(1)简述51系列单片机4个I/O口的功能。

(2)简述P3口的第二功能。

4.3 编程题

(1)试编制程序从P1口轮流输出0x00、0x01、…、0xff这256个数,每两个数之间要有1s的时间间隔。

(2)从P1口输入一数据,若该数大于0x80,则P2口输出0x11;否则,P2口输出0x00。

(3)以图4-5所示流水灯电路图为系统硬件电路图,编一程序,产生如下亮灯效果:首先只有VL1和VL8两灯亮,其余灯灭,延时一段时间后,接着只有VL2和VL7两灯亮,延时一段时间;然后只有VL3和VL6两灯亮,延时一段时间;最后只有VL4和VL5两灯亮,延时一段时间。再按以上过程相反的顺序依次亮灯(即依次VL4、VL5亮→VL3、VL6亮→VL2、VL7亮→VL1、VL8亮),循环不止。

第 5 章 显示与键盘接口技术

在单片机控制系统中，显示器常用来显示系统的工作状态，监视系统的运行情况，键盘常用来输入命令和数据以控制系统的运行。单片机应用系统的类型各异，键盘和显示器的配置也不同。本章主要介绍 LED、LCD 两种显示器的结构、工作原理及与单片机的连接和应用，同时还介绍键盘的工作原理和应用。

5.1 LED 显示器及其接口

5.1.1 LED 显示器的结构及工作原理

在单片机应用系统中，显示的内容一般是数码和某些字符，使用的显示器有 LED（发光二极管）显示器和 LCD（液晶）显示器。这两种显示器成本低廉，配置灵活，与单片机连接方便，具有显示清晰、亮度高、使用电压低、寿命长的特点，因此使用非常广泛。

1. LED 显示器的结构与原理

LED 显示器是由发光二极管作为显示字段的数码型显示器，图 5-1a 为 LED 显示器的符号和引脚图。其中七只发光二极管（a ~ g 七段）构成字形“8”，另外还有一只发光二极管 dp 作为小数点。因此这种 LED 显示器称为七段数码管显示器或八段数码管显示器。

当显示器的某一段发光二极管通电时，该段发光。人为控制某几段发光二极管通电，就能显示出某个数码或字符。例如，使 b、c、f、g 这 4 段发光二极管通电，显示出数码“4”；使 a、b、e、f、g 这 5 段发光二极管通电，则显示字符“P”。

LED 显示器有共阴极和共阳极两种结构，如图 5-1b 和图 5-1c 所示。在共阴极结构中，各段发光二极管的阴极连在一起。当将此公共点接地，某一段发光二极管的阳极为高电平时，该段发光。在共阳极结构中，各段发光二极管的阳极连在一起。当将此公共点接 +5V，某一段发光二极管的阴极为低电平时，该段发光。

2. 字段码

当 LED 显示器与单片机连接时，一般是将 LED 显示器的各引脚 a、b、…、g、dp 顺序接到单片机的一个并行 I/O 口 D0、D1、…、D6、D7。当从这个 I/O 口输出某个特定的数据时，就能使 LED 显示器显示出某个字符。例如要使共阴极 LED 显示字符“0”，则要求 a、b、c、d、e、f 引脚为高电平，g 和 dp 引脚为低电平，I/O 口输出的数据位与对应的显示段位见表 5-1。

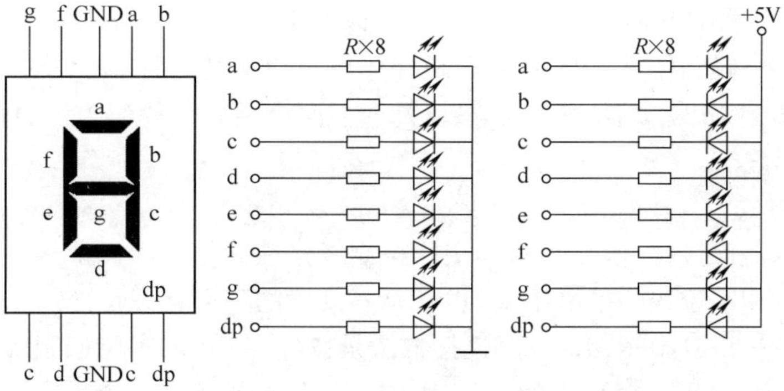

a) 符号和引脚图　　b) 共阴极　　c) 共阳极

图 5-1　LED 显示器

表 5-1　数据位与显示段位对照表

数据位	D7	D6	D5	D4	D3	D2	D1	D0
显示段位	dp	g	f	e	d	c	b	a

不计小数点的字段码称为七段码,包括小数点的字段码称为八段码,表 5-2 所示为共阴极 LED 和共阳极 LED 显示不同字符的字段码,此表为七段码。共阴极 LED 和共阳极 LED 的字段码互为反码。

表 5-2　LED 显示器的字段码(七段码)

字　形	共阳极字段码	共阴极字段码	字　形	共阳极字段码	共阴极字段码
0	0xc0	0x3f	9	0x90	0x6f
1	0xf9	0x06	A	0x88	0x77
2	0xa4	0x5b	b	0x83	0x7c
3	0xb0	0x4f	C	0xc6	0x39
4	0x99	0x66	d	0xa1	0x5e
5	0x92	0x6d	E	0x86	0x79
6	0x82	0x7d	F	0x8e	0x71
7	0xf8	0x07	熄灭	0xff	0x00
8	0x80	0x7f	P	0x8c	0x73

5.1.2　软件译码 LED 显示器接口

实际使用的 LED 显示器通常有多位,多位 LED 的控制包括字段控制(显示什么字符)和字位控制(哪一位或哪几位亮)。N 位 LED 显示器包括 8 × N 根字段控制线和 N 根字位控制线。

由 LED 显示原理可知,要使 N 位 LED 显示器的某一位显示出某个字符,必须要将此字符转换为相应的字段码,同时进行字位的控制,这要通过一定的接口电路来实现。N 位 LED 显示器的接口形式与字段、字位控制线的译码方式以及 LED 显示方式有关。字段、字位控制线的译码方式有软件译码和硬件译码两种。硬件译码可以简化程序,减少对 CPU 的依赖;而软件译码则能充分发挥 CPU 功能,简化硬件装置。下面介绍软件译码方式,LED 显示方式有静态显示和动态显示之分。

1. 静态显示方式

所谓静态显示,就是每一位显示器的字段控制线是独立的。当显示某一字符时,该数码管显示器的各字段线和字位线的电平不变,也就是各字段的亮灭状态不变。

静态显示方式下 LED 显示器的电路连接方法是:每位 LED 的字位控制线(即共阴极点或共阳极点)连在一起,接地或接 +5V;其字段控制线(a ~ dp)分别接到一个 8 位 I/O 口。

静态显示方式编程简单,但占用 I/O 口线较多,适合于显示器位数较少的场合。

2. 动态显示方式

当 LED 显示器位数较多时,为了简化电路,降低成本,将所有位的字段线对应并联,由一个 8 位 I/O 口控制,而共阴极点或共阳极点另由相应的 I/O 口线控制。每一个时刻只选通其中一个 LED,同时在段选口送出该位 LED 的字段码,并保持一段延时时间,然后选通下一位,直到所有位扫描完。这样用两个 8 位 I/O 口能控制 8 位 LED 显示器。

5.1.3 点阵 LED 显示接口

由于显示复杂图形需要大量的信息显示单元,而无论是单个 LED(发光二极管)还是 LED 七段(数码管)显示器,均没有足够的信息显示单元,因此都不能显示复杂的图形信息。LED 点阵显示是把很多的 LED 按矩阵方式排列在一起,通过对各 LED 发光与不发光的控制完成各种字符或图形的显示,最常见的 LED 点阵显示模块有 5×7(5 列 7 行),7×9,8×8 结构,前两种主要用于显示各种西文字符,后一种可用于大型电子显示屏的基本组建单元。下面将介绍 LED 大屏幕的显示原理及接口。

1. 8×8LED 点阵简介

8×8LED 点阵的外观及引脚图如图 5-2 所示,8×8 LED 点阵的等效电路图如图 5-3 所示。只要各 LED 处于正偏(Y 方向为 1,X 方向为 0)则该 LED 发光。如 Y7(0) =1,X7(H) =0 时,则其对应的右下角的 LED 会发光。各 LED 还需接上限流电阻,实际应用时,限流电阻既可接在 X 轴,也可接在 Y 轴。

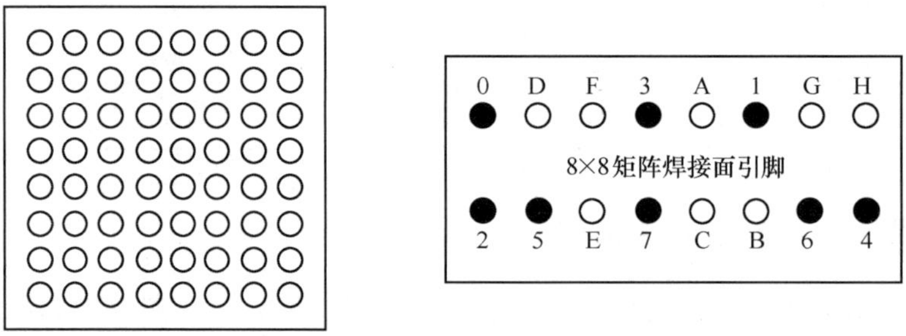

a) 外观　　b) 引脚图

图 5-2　8×8 LED 点阵的外观及引脚图

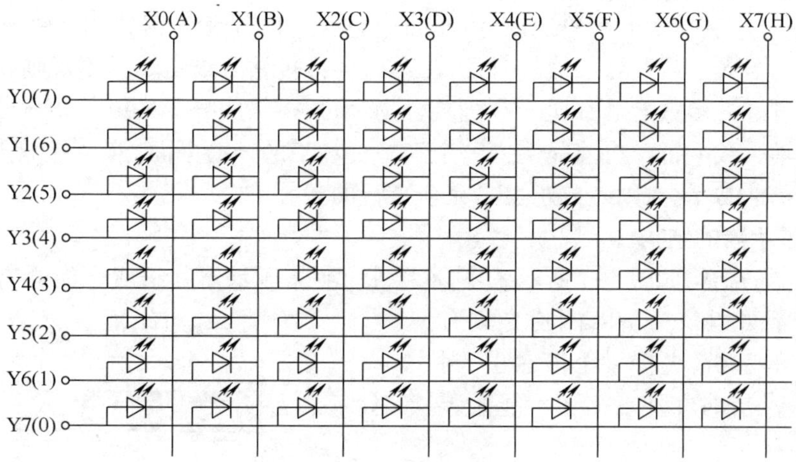

图 5-3　8×8 LED 点阵的等效电路图

2. LED 大屏幕显示器接口电路

LED 大屏幕显示器不仅能显示文字，还可以显示图形、图像，而且能产生各种动画效果，是广告宣传、新闻传播的有力工具。LED 大屏幕不仅有单色显示，还有彩色显示，其应用越来越广，已渗透到人们的日常生活之中。LED 大屏幕显示可分为静态显示和动态扫描显示两种。

静态显示每一个像素需要一套驱动电路，如果显示器为 n×m 个像素，则需要 n×m 套驱动电路；动态扫描显示则采用多路复用技术，如果是 P 路复用，则每 P 个像素需一套驱动电路，n×m 个像素仅需 n×m /P 套驱动电路。对动态扫描显示而言，P 越大驱动电路就越少，成本也就越低，引线也大大减少，更有利于高密度显示屏的制造。在实际使用的 LED 大屏幕显示器中，很少采用静态显示。

5.2　LCD 显示器及其接口

液晶显示器(LCD)具有显示信息丰富、功耗低、体积小、重量轻和超薄等许多其他显示器无法比拟的优点，近几年来被广泛用于单片机控制的智能仪器、仪表和低功耗电子产品中。LCD 可分为笔段型 LCD、字符型 LCD 和点阵图形型 LCD。其中笔段型 LCD 和字符型 LCD 只能用于字符和数字的简单显示，不能满足图形曲线和汉字显示的要求；而点阵图形型 LCD 不仅可以显示字符、数字，还可以显示各种图形、曲线及汉字，并且可以实现屏幕上下左右滚动、动画、分区开窗口、反转和闪烁等功能，用途十分广泛。

5.2.1　LCD 显示器的结构及工作原理

物质有固态、液态、气态三种形态。液体分子质心的排列虽然不具有任何规律性，但是如果这些分子是长形的(或扁形的)，它们的分子指向就可能有规律性。于是可将液态又细分为许多形态。分子方向没有规律性的液体直接称为液体，而分子具有方向性的液体则称之为“液态晶体”，简称“液晶”，英文全称为 Liquid Crystal。

液晶的物理特性是：当通电时导通，排列变得有秩序，使光线容易通过；不通电时排列混乱,阻止光线通过。从技术上简单地说,液晶面板包含了两片相当精致的无钠玻璃素材,中间夹着一层液晶。当光束通过这层液晶时,液晶本身会排排站立或扭转呈不规则状,因而阻隔或使光束顺利通过。大多数液晶都属于有机复合物,由长棒状的分子构成。在自然状态下,这些棒状分子的长轴大致平行。将液晶倒入一个经精良加工的开槽平面,液晶分子会顺着槽排列,所以假如那些槽非常平行,则各分子也是完全平行的。

1. LCD 显示器的结构

液晶显示器的结构如图 5-4 所示。不同类型的液晶显示器其组成可能会有不同,但是所有液晶显示器都可以认为是由两片光刻有透明导电电极的基板,夹持一个液晶层,封接成一个扁平盒,有时在外表面还可能贴装偏振片等构成。

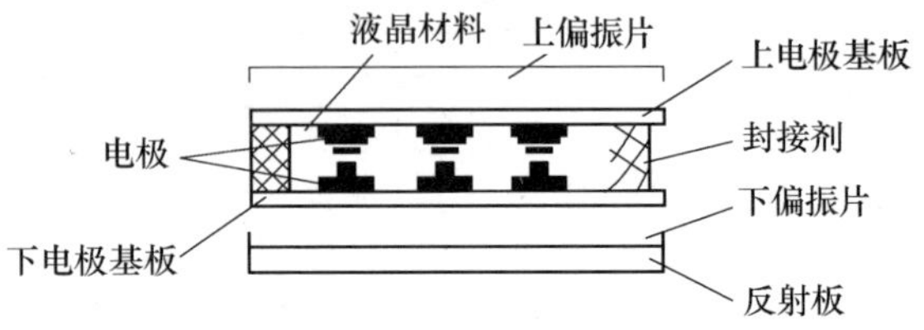

图 5-4　液晶显示器结构图

现将构成液晶显示器的三大基本部件和特点介绍如下:

(1)玻璃基板　这是一种表面极其平整的浮法薄玻璃片,其表面蒸镀有一层 In_2O_3 或 SnO_2 透明导电层,即 ITO 膜层,经光刻加工制成透明导电图形。这些图形由像素图形和外引线图形组成。因此,外引线不能进行传统的锡焊,只能通过导电橡胶条或导电胶带等进行连接。如果划伤、割断或腐蚀,则会造成器件报废。

(2)液晶　液晶材料是液晶显示器的主体。不同器件所用液晶材料不同,液晶材料大都是由几种乃至十几种单体液晶材料混合而成。每种液晶材料都有自己固定的清亮点 T_L 和结晶点 T_S。因此也要求每种液晶显示器必须使用和保存在 $T_S \sim T_L$ 之间的一定温度范围内,如果使用或保存温度过低,则结晶会破坏液晶显示器的定向层;而温度过高,液晶会失去液晶态,也就失去了液晶显示器的功能。

(3)偏振片　偏振片又称偏光片,由塑料膜材料制成。涂有一层光学压敏胶,可以贴在液晶盒的表面。偏振片表面还有一保护膜,使用时应揭去,偏振片怕高温、高湿,高温、高湿条件会使其退偏振或起泡。

2. LCD 显示器的特点

(1)低压、微功耗　工作电压只有 3 ~ 5V,电流密度只有几个 $\mu A/cm^2$。因此它成为便携式和手持式仪器仪表的显示屏幕。

(2)平板形结构　LCD 显示器内由两片平行玻璃组成的夹层盒,其面积可大可小,且适合于大批量生产,安装时占用体积小,减小了设备体积。

(3)被动显示　液晶本身不发光,而是靠调制外界光进行显示。因此适合人的视觉习惯,不会使人眼睛疲劳。

(4)显示信息量大　LCD 显示器的像素可以做得很小,相同面积上可容纳更多信息。

(5)易于彩色化。

(6)无电磁辐射　在其显示期间不会产生电磁辐射,对环境无污染,有利于人体健康。

(7)寿命长　LCD 器件本身无老化问题,寿命极长。

3. LCD 显示器的分类

通常可将 LCD 分为笔段型、字符型和点阵图形型。

(1)笔段型　笔段型是以长条状显示像素组成一位显示。该类型主要用于数字显示,也可用于显示西文字母或某些字符。这种段型显示通常有六段、七段、八段、九段、十四段和十六段等，在形状上总是围绕数字“8”的结构变化，其中以七段显示最常用，广泛用于电子表、数字仪表、计算机中。

（2）字符型　字符型液晶显示模块是专门用来显示字母、数字、符号等的液晶显示模块。在电极图形设计上，它是由若干个 5 × 8 或 5 × 11 点阵组成的，每一个点阵显示一个字符。这类模块广泛应用于寻呼机、电话、计算机等电子设备中。

（3）点阵图形型　点阵图形型是在一平板上排列多行和多列，形成矩阵形式的晶格点，晶格点的大小可根据显示的清晰度来设计。这类液晶显示器可广泛用于图形显示，如游戏机、计算机和彩色电视等设备中。

5.2.2　1602 液晶显示器

1602 液晶显示器的外形及引脚如图 5-5 所示。

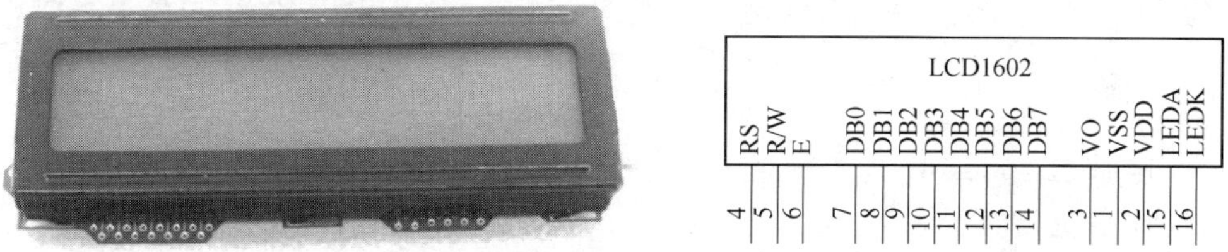

a) 外形　　b) 引脚

图 5-5　1602 液晶显示器的外形及引脚

1. 1602 液晶显示器的主要技术参数

显示容量：16 × 2 个字符

芯片工作电压：4.5 ~ 5.5V

工作电流：2.0mA(5.0V)。

模块最佳工作电压：5.0V。

字符尺寸(W × H)：2.95mm × 4.35mm。

2. 1602 液晶显示器引脚的功能

1602 液晶显示器采用标准的 14 脚（无背光）或 16 脚（带背光）接口，各引脚接口说明见表 5-3。

表 5-3　1602 液晶显示器引脚符号及说明

编号	引脚符号	引脚说明	编号	引脚符号	引脚说明
1	VSS	电源地	6	E	使能信号
2	VDD	电源正极	7	DB0	数据
3	VO	液晶显示偏压	8	DB1	数据
4	RS	数据/指令选择	9	DB2	数据
5	R/W	读/写选择	10	DB3	数据

(续)

编　　号	引脚符号	引脚说明	编　　号	引脚符号	引脚说明
11	DB4	数据	14	DB7	数据
12	DB5	数据	15	LEDA	背光源正极
13	DB6	数据	16	LEDK	背光源负极

1602 液晶显示器引脚说明:

第 1 脚:VSS 为电源地。

第 2 脚:VDD 接 5V 正电源。

第 3 脚:VO 为液晶显示器对比度调整端,接正电源时对比度最弱,接地时对比度最高,对比度过高时会产生“鬼影”,使用时可以通过一个 10kΩ 的电位器调整对比度。

第 4 脚:RS 为寄存器选择,高电平时选择数据寄存器,低电平时选择指令寄存器。

第 5 脚:R/W 为读/写信号线,高电平时进行读操作,低电平时进行写操作。当 RS 和 R/W 共同为低电平时,可以写入指令或者显示地址;当 RS 为低电平,R/W 为高电平时,可以读忙标志位 BF 信号;当 RS 为高电平,R/W 为低电平时,可以写入数据。

第 6 脚:E 端为使能端,当 E 端由高电平跳变成低电平时,液晶模块执行命令。

第 7 ~ 14 脚:DB0 ~ DB7 为 8 位双向数据线。

第 15 脚:背光源正极。

第 16 脚:背光源负极。

3. 1602 液晶显示器的指令说明及时序

1602 液晶显示器内部的控制器共有 11 条控制指令,见表 5-4。

表 5-4　1602 液晶显示器控制指令表

序　号	指　　令	RS	R/W	D7	D6	D5	D4	D3	D2	D1	D0
1	清显示	0	0	0	0	0	0	0	0	0	1
2	光标复位	0	0	0	0	0	0	0	0	1	*
3	光标和显示模式设置	0	0	0	0	0	0	0	1	I/D	S
4	显示开/关控制	0	0	0	0	0	0	1	D	C	B
5	光标或字符移位	0	0	0	0	0	1	S/C	R/L	*	*
6	功能设置	0	0	0	0	1	DL	N	F	*	*
7	字符发生器 RAM 地址设置	0	0	0	1	字符发生存储器地址					
8	DDRAM 地址设置	0	0	1	显示数据存储器地址						
9	读忙标志或地址	0	1	BF	计数器地址						
10	写数据	1	0	要写的数据内容							
11	读数据	1	1	读出的数据内容							

1602 液晶显示器的读写操作、屏幕和光标的操作都是通过指令编程来实现的(**说明**:1 为高电平、0 为低电平)。

指令 1:清显示。指令码 01H,光标复位到地址 00H 位置。

指令 2:光标复位。光标返回到地址 00H。

指令 3:光标和显示模式设置。I/D:光标移动方向,I/D 为高电平时光标右移,I/D 为低电平时光标左移。S:屏幕上所有文字是否左移或者右移,S 为高电平表示文字左移或右移有效,S 为低电平表示文字左移或右移无效。

指令 4:显示开/关控制。D:控制整体显示的开与关,高电平表示开显示,低电平表示关显示。C:控制光标的开与关,高电平表示有光标,低电平表示无光标。B:控制光标是否闪烁,高电平闪烁,低电平不闪烁。

指令 5:光标或字符移位。S/C:高电平时移动显示的文字,低电平时移动光标。R/L:高电平时表示右移,低电平时表示左移。

指令 6:功能设置。DL:高电平时为 4 位总线,低电平时为 8 位总线。N:低电平时为单行显示,高电平时双行显示。F: 低电平时显示 5 ×7 的点阵字符,高电平时显示 5 ×10 的点阵字符。

指令 7:字符发生器 RAM 地址设置。

指令 8:DDRAM 地址设置。

指令 9:读忙标志或地址。BF:忙标志位,高电平表示忙,此时模块不能接收命令或者数据,如果为低电平则表示不忙。计数器地址表示当前数据指针的地址值。

指令 10:写数据。

指令 11:读数据。

1602 液晶显示器时序表见表 5-5。

表 5-5　1602 液晶显示器时序表

读状态	输入	RS = L,R/W = H,E = H	输出	DB0 ~ DB7 为状态字
写指令	输入	RS = L,R/W = L,D0 ~ D7 = 指令码,E = 高脉冲	输出	无
读数据	输入	RS = H,R/W = H,E = H	输出	DB0 ~ DB7 为数据
写数据	输入	RS = H,R/W = L,D0 ~ D7 = 数据,E = 高脉冲	输出	无

5.3　键盘及其接口

在微机应用系统中,为了输入数据、查询和控制系统的工作状态,一般都设置有键盘,包括数字键、复位键和各种功能键。键盘是微机应用系统中主要的输入设备。

按键按照结构原理可分为两类:一类是触点式开关按键,如机械式开关、导电橡胶式开关等;另一类是无触点开关按键,如电气式按键、磁感应按键等。相对而言,触点式开关按键造价低,无触点开关按键寿命长。微机系统中最常用的是触点式开关按键。

微机所用的键盘又分为编码键盘和非编码键盘两种。编码键盘采用硬件线路来实现键盘编码,每按下一个键,键盘能自动生成按键代码,还有去抖动等功能,因此使用方便,但其硬件较复杂。非编码键盘仅提供键开关状态,其他工作都是用软件来完成的,即依靠程序来识别闭合键,去抖动,产生相应的代码,转入执行该键的功能程序。这种非编码键盘一般键的数量较少,称为小键盘,其硬件简单,在单片机应用系统中广泛使用。本节介绍非编码键盘及其与 51 系列单片机的接口。

5.3.1 键的状态输入及去抖动

键在电路中的连接如图5-6a所示。当操作键时,对触点闭合或断开,引起A点电压的变化。A点电压就用来向单片机输入键的通断状态。

由于机械触点的弹性作用,触点在闭合和断开瞬间的电接触情况不稳定,造成了电压信号的抖动现象,如图5-6b所示。键的抖动时间一般为5~10ms,这种现象会引起单片机对一次键操作进行多次处理,因此必须设法消除键通断时的抖动现象。去抖动的方法有硬件和软件两种。在键数较少时,可采用硬件去抖动,而当键数较多时,采用软件去抖动。

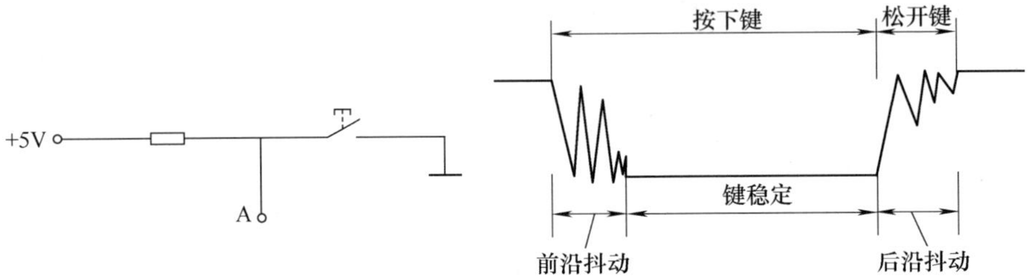

a) 键输入电路　　b) 电压抖动

图5-6　键输入电路和电压抖动

在硬件上可采用在键输出端加RS触发器(双稳态触发器)或单稳态触发器构成去抖动电路。图5-7是一种由RS触发器构成的去抖动电路,触发器一旦翻转,触点抖动不会对其产生任何影响。电路工作过程如下:按键未按下时,a = 0,b = 1,输出Q = 1;按键按下时,因按键的机械弹性作用的影响,使按键产生抖动,当开关没有稳定到达b端时,因与非门2输出的0反馈到与非门1的输入端,封锁了与非门1,双稳态电路的状态不会改变,输出保持为1,输出Q不会产生抖动的波形;当开关稳定到达b端时,因a=1,b = 0,使Q=0,双稳态电路状态发生翻转;当释放按键时,在开关未稳定到达a端时,因Q=0,封锁了与非门2,双稳态电路的状态不变,输出Q保持不变,消除了后沿的抖动波形,当开关稳定到达a端时,因a = 0,b = 1,使Q = 1,双稳态电路状态发生翻转,输出Q重新返回原状态。由此可见,键盘输出经双稳态电路之后,输出已变为规范的矩形波。

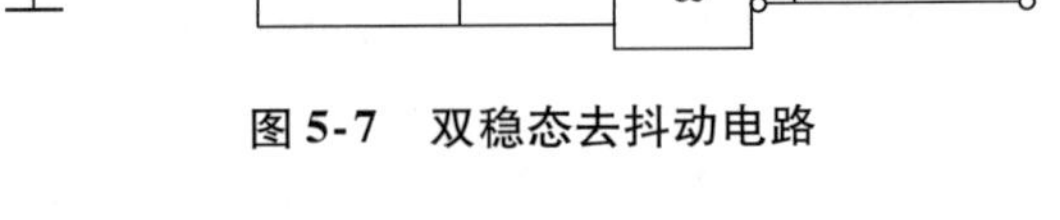

图5-7　双稳态去抖动电路

软件上采取的措施是:在检测到有按键按下时,执行一个10ms左右(具体时间应视所使用的按键进行调整)的延时程序后,再确认该键电平是否仍保持闭合状态电平,若仍保持闭合状态电平,则确认该键处于闭合状态;同理,在检测到该键释放后,也应采用相同的步骤进行确认,从而可消除抖动的影响。

5.3.2 独立式键盘及其接口

1. 独立式键盘结构

独立式键盘的结构如图5-8所示,这是最简单的键盘结构形式,每个按键的电路是独立的，都有单独一根数据线输出键的通断状态。图中当按键断开时，相应的数据线为 1；当按键闭合时，相应的数据线为 0。单片机通过检测各数据线的状态，就能知道有无键闭合以及哪个键闭合。图中按键输入均采用低电平有效，上拉电阻保证了按键断开时，I/O 口线有确定的高电平。当 I/O 口内部有上拉电阻时，外电路可不接上拉电阻。

2. 独立式键盘与单片机的连接

独立式键盘与单片机的连接如图 5-8 所示，独立式键盘是直接用 P1 口构成的单个按键电路，其特点是每个按键单独占用一根 I/O 口线，每根 I/O 口线上按键的工作状态不会影响其他 I/O 口线的工作状态，按键识别简单，电路配置灵活，但占用较多 I/O 口线。因此，在按键较多时，I/O 口线浪费较大，不宜采用，一般适合 8 键以下使用。

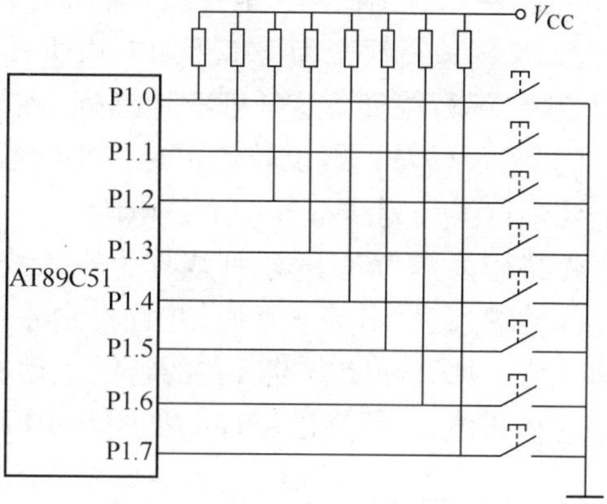

图 5-8　独立式键盘的结构及其与单片机的连接

5.3.3　矩阵式键盘及其接口

1. 矩阵式键盘的结构

矩阵式键盘又叫行列式键盘，其结构如图 5-9 所示。图中有 4 根行线和 4 根列线，行线经限流电阻接至 +5V 电源上。按键跨接在行线和列线上。4×4 的行列结构可构成 16 个键的键盘，与独立式键盘相比，键数相同时其引出线数少，因此适用于键数较多的场合。

行列式键盘的行线和列线接到单片机的 I/O 口线上，图中 4 根行线接到 MCS-51 的 P1.0 ~ P1.3 上（作为输入），4 根列线接到 P1.4 ~ P1.7 上（作为输出）。

矩阵式键盘中，行线、列线分别连接到按键开关的两端，行线通过上拉电阻接到 +5V 上。当无键按下时，行线处于高电平状态；当有键按下时，行线、列线将导通，此时，行线电平将与此行线相连的列线电平决定。这是识别按键是否按下的关键。然而，矩阵键盘中的行线、列线和多个键相连，各按键按下与否均影响该键所在行线和列线的电平，各按键间将相互影响，因此，必须将行线、列线信号配合起来做适当处理，才能确定闭合键的位置。

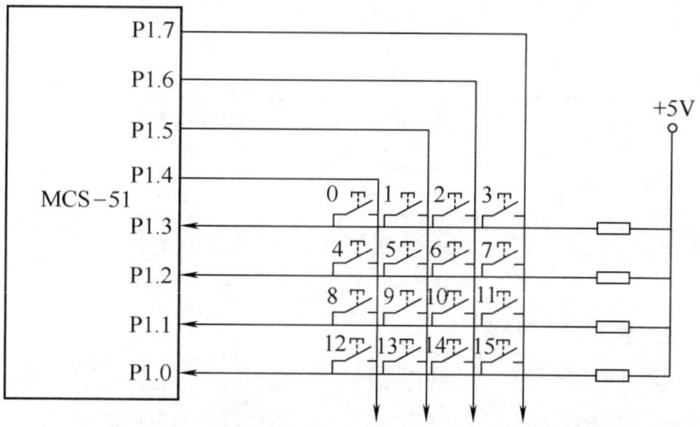

图 5-9　矩阵式键盘及其与 MCS-51 单片机的连接

检测键盘有无键闭合以及查找闭合键的键号，常用方法有：扫描法与线反转法。

（1）扫描法

1）使列线都输出 0，检测行线的电平，如无键闭合，行线全为 1，如果有键闭合，就会使某一根行线变为0,从而使行线不全为1。

2)如果有键闭合,再进行逐列、逐行的扫描,以查找闭合键的键号。先使列线P1.4=0,P1.5~P1.7都为1,分别检测4根行线。如果P1.3=0,则是0号键闭合;如果P1.1=0,则是8号键闭合;如果4根行线全为1,说明P1.4所在的列线上无键闭合。再使P1.5=0,P1.4、P1.6和P1.7为1,逐行检查。这样依次地逐列、逐行扫描,直到查找到闭合键为止。

(2)线反转法　线反转法也是识别闭合键的一种常用方法,该法比行扫描速度快,但在硬件上要求行线与列线都外接上拉电阻。

先将行线作为输出线,列线作为输入线,行线输出全"0"信号,读入列线的值,然后将行线和列线的输入、输出关系互换,并且将刚才读到的列线值从列线所接的端口输出,再读取行线的输入值。那么在闭合键所在的行线上值必为0。这样,当一个键被按下时,必定可读到一对唯一的行列值,线反转法原理图如图5-10所示。

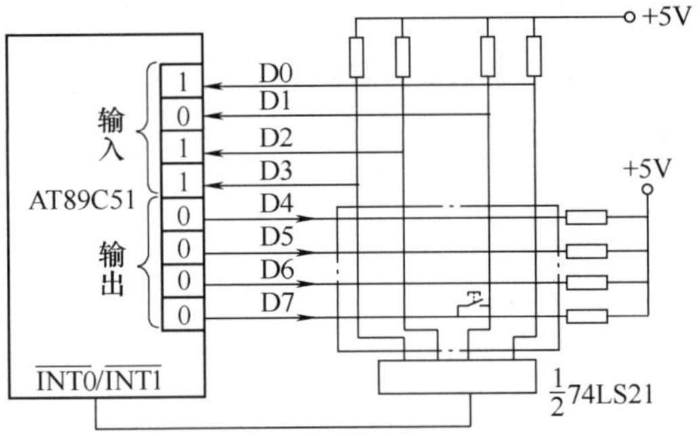

a) 线反转法第1步

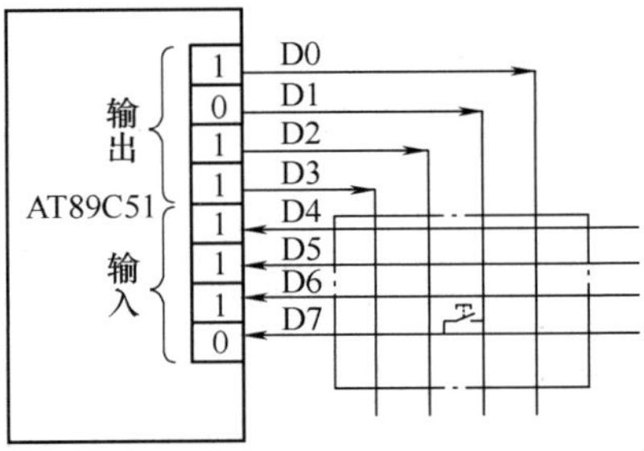

b) 线反转法第2步

图5-10　线反转法原理图

5.4　显示及键盘接口技术的应用

任务5-1　静态显示方式的应用

1. 目的与要求

通过静态显示电路的设计与制作,掌握静态显示方式的特点、共阳极字段码的确定方法、单片机与数码管的连接方式以及控制程序的编写。

设计要求:在两位数码管上同时显示不同的字符,循环显示0F、1E、2d、3C、4b、5A、69和78字符。每两个字符的延时时间为1s左右。

2. 电路设计

如图5-11所示电路,单片机P0口和P3口分别接一位共阳极数码管,RN1和RN2为排阻,阻值为300Ω×8,两位数码管的公共端连接在一起,接上+5V电源。

3. 源程序设计

源程序如下:

```
#include <reg51.h>                          //文件包含命令
```

```
#define uint unsigned int                          //定义无符号整型数据类型
#define uchar unsigned char                        //定义无符号字符型数据类型
uchar code tab[ ] = {0xc0,0xf9,0xa4,0xb0,0x99,0x92,0x82,
0xf8,0x80,0x90,0x88,0x83,0xc6,0xa1,0x86,0x8e};
                                                   //字段码数组
void delay(uint t)                                 //延时函数定义
{ int i,j;
  for(i = 0;i < t;i + +)
  for(j = 0;j <120;j + +);
}
void main()
{ uchar m;                                         //定义循环控制变量 m
  while(1)
  { for(m = 0;m < 8;m + +)                         //循环 8 次,每次显示 2 个字符
    { P0 = tab[m];
      P3 = tab[15 - m];
      delay(1000);
    }
  }
}
```

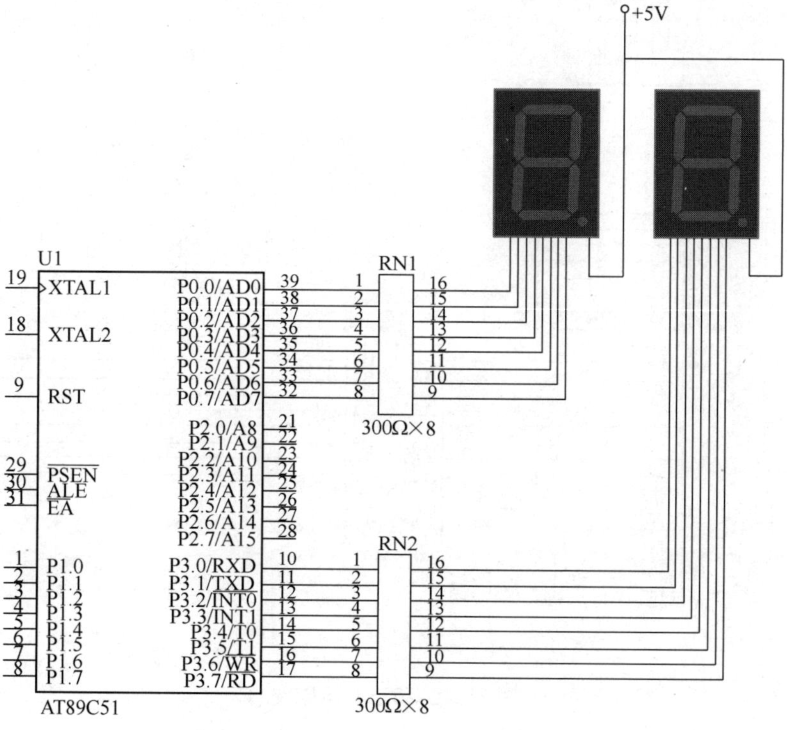

图 5-11　静态显示电路

任务 5-2 动态显示方式的应用

1. 目的与要求

通过动态显示电路的设计与制作,掌握动态显示方式的特点,字段码与字位码的确定方法,单片机与多个数码管的连接方式以及控制程序的编写。

设计要求:利用单片机控制 8 个共阳极数码管,采用动态显示方式稳定地显示不同的字符 1 ~8。显示效果为“12345678”。

2. 电路设计

如图 5-12 所示,P0 口接排阻分压限流,并输出字段码,P2 口接驱动电路 74LS245 后输出字位码,程序运行后,在 8 个数码管上稳定地显示数字 1 ~8(数码管为共阳极结构)。

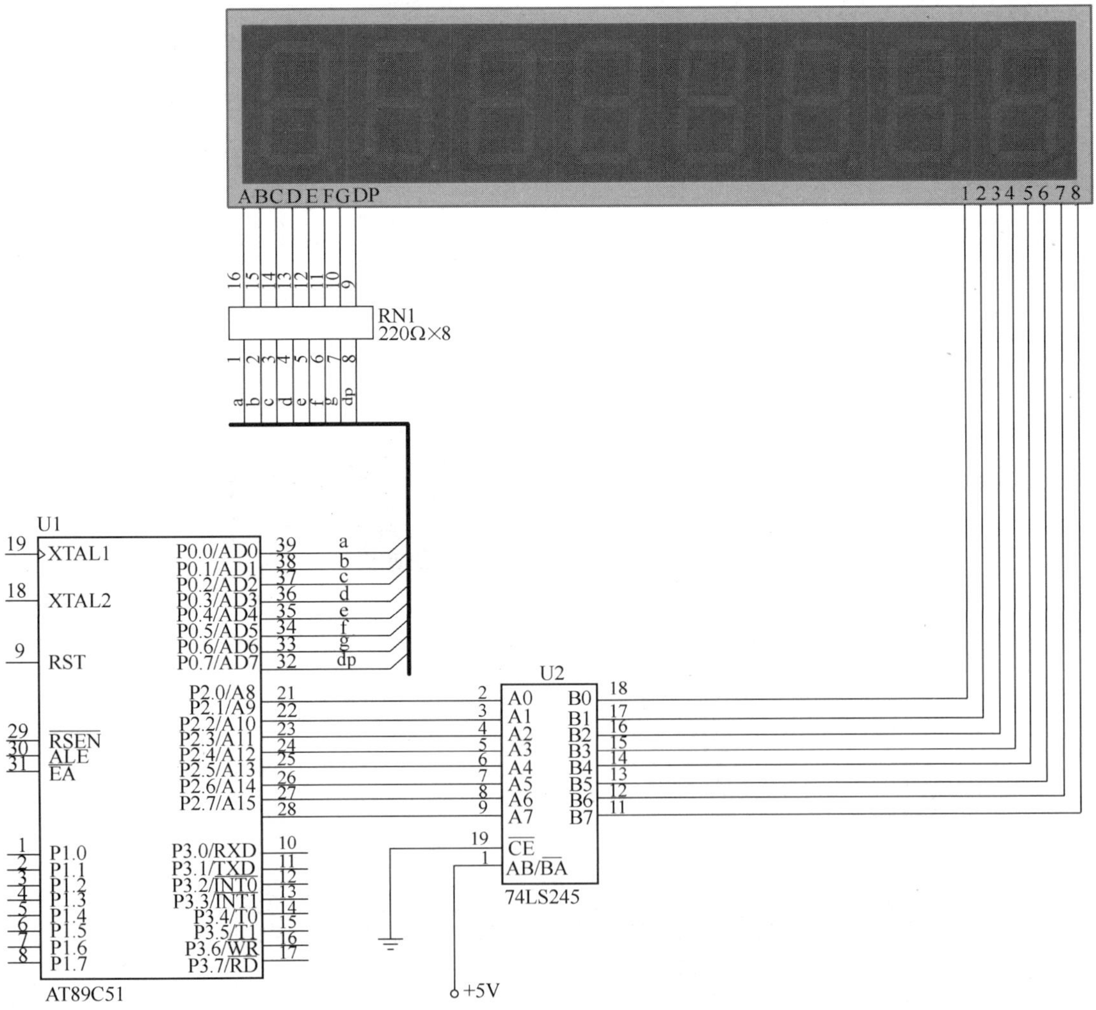

图 5-12 动态显示电路

3. 流程图和源程序设计

流程图如图 5-13 所示。

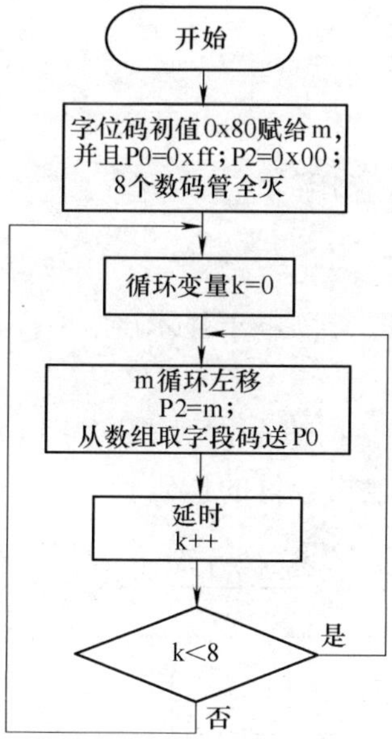

图 5-13　任务 5-2 流程图

源程序如下：

```
#include <reg51.h>                 //文件包含命令
#include <intrins.h>
#define uchar unsigned char        //定义数据类型
#define uint unsigned int
uchar code dis[] = {0xc0,0xf9,0xa4,0xb0,0x99,0x92,0x82,0xf8,0x80,
0x90};
void delayms(uint x)               //定义延时函数
{uchar i;
  while(x--)
for(i =0;i <120;i + +);
}
main()
{ uchar k,m =0x80;                 //定义变量,m 为字位码初值
  P0 =0xff;                        //8 个数码管全灭
  P2 =0x00;
while(1)
{for(k =0;k <8;k + +)
  {m =_crol_(m,1);                 //字位码循环左移
     P2 =m;                        //字位码送 P2 口
```

```
        P0 =dis[k +1];                //字段码送 P0 口
        delayms(3);                   //延时
    }
  }
 }
```

任务 5-3 LED 点阵的应用

1. 目的与要求

利用单片机控制一块 8 ×8 LED 点阵电子显示屏,将字符 0 ~9 以特定的方式显示出来。

2. 电路设计

如图 5-14 所示,单片机控制 8 ×8 的 LED 点阵,P0 口外接上拉电阻 RP_1 后接驱动电路 74LS245 输出字符的字形码,P3 口输出字符的位码。

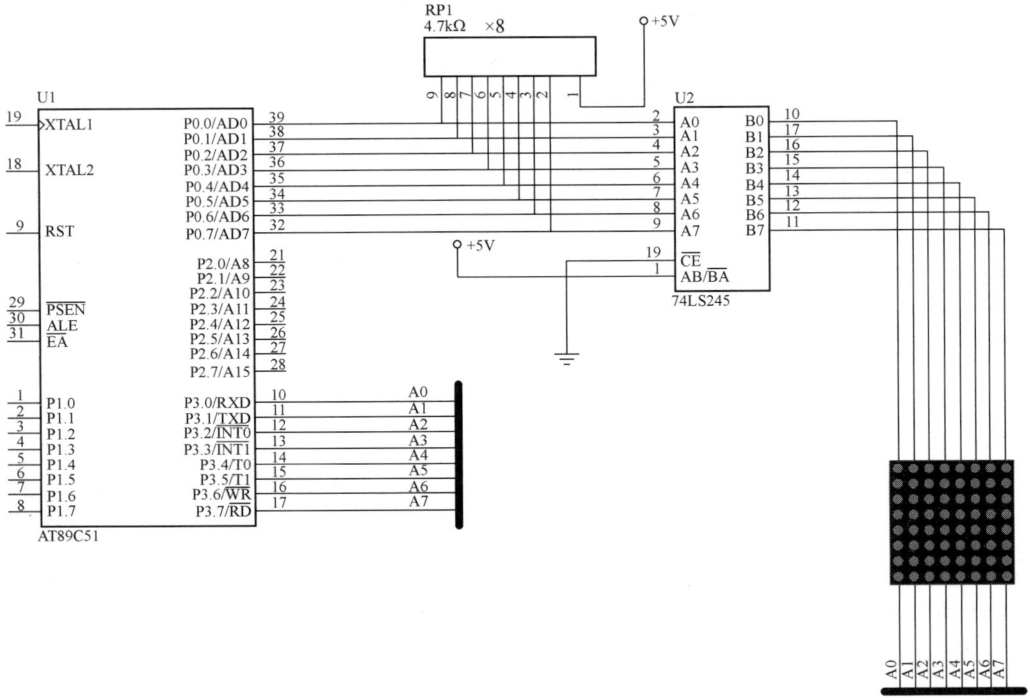

图 5-14 8 ×8 LED 点阵的应用

3. 源程序设计

```
#include <reg51.h>                          //文件包含
#define uchar unsigned char                 //定义数据类型
#define uint unsigned int
uchar code dis[80] ={
 0xff,0xff,0xc3,0xbd,0xbd,0xc3,0xff,0xff,     //字符0 的字形码
 0xff, 0xff, 0xff, 0x81, 0xff, 0xff, 0xff, 0xff, //字符1 的字形码
```

```
0xff, 0xff, 0xdb, 0xcd, 0xd5, 0xdb, 0xff, 0xff,  //字符2的字形码
0xff, 0xfb, 0x6d, 0x6d, 0x91, 0xff, 0xff, 0xff,  //字符3的字形码
0xff, 0xff, 0xe7, 0xeb, 0xc1, 0xef, 0xff, 0xff,  //字符4的字形码
0xff, 0xff, 0xb1, 0xb5, 0xb5, 0xcd, 0xff, 0xff,  //字符5的字形码
0xff, 0xff, 0xc3, 0xb5, 0xb5, 0xcd, 0xff, 0xff,  //字符6的字形码
0xff, 0xff, 0xfd, 0xfd, 0x81, 0xfd, 0xff, 0xff,  //字符7的字形码
0xff, 0xff, 0xc9, 0xb6, 0xb6, 0xc9, 0xff, 0xff,  //字符8的字形码
0xff, 0xff, 0x73, 0x6d, 0x6d, 0x83, 0xff, 0xff}; //字符9的字形码
uchar code wei [8] = {0x01, 0x02, 0x04, 0x08, 0x10, 0x20, 0x40, 0x80};
                                                 //行线控制字
void delay1ms (uint t)                           //定义延时函数
{ uint i, j;
 for (i=0; i<t; i++)
  for (j=0; j<120; j++);
}
 void main ()
{ uchar m, n, k;                                 //定义变量
  while (1)
    { for (m=0; m<10; m++)                       //外循环控制显示0~9共10个字符
        for (k=0; k<65; k++)                     //中间循环控制每个字符显示的时间
          for (n=0; n<8; n++)                    //内循环控制显示一个字符
            { P3=wei [n];
              P0=dis [8*m+n];
              delay1ms (2);
            }
      if (m==10) { while (1);}                   //10个字符显示完毕，停止
    }
}
```

任务 5-4　1602 液晶显示器的应用

1. 目的与要求

通过本任务，掌握 1602 液晶显示器与单片机的接口方法，理解 LCD 显示控制程序的设计思路。

设计要求：用单片机控制 1602 液晶显示器，在第一行中间显示字符“hunanchangsha”。

2. 电路设计

电路图如图 5-15 所示，单片机 P0 口接 1602 液晶显示器的数据线 D0 ~ D7，P2.0 ~ P2.2 分别接控制引脚 RS、R/W、E。

3. 流程图和源程序设计

流程图如图 5-16 所示。

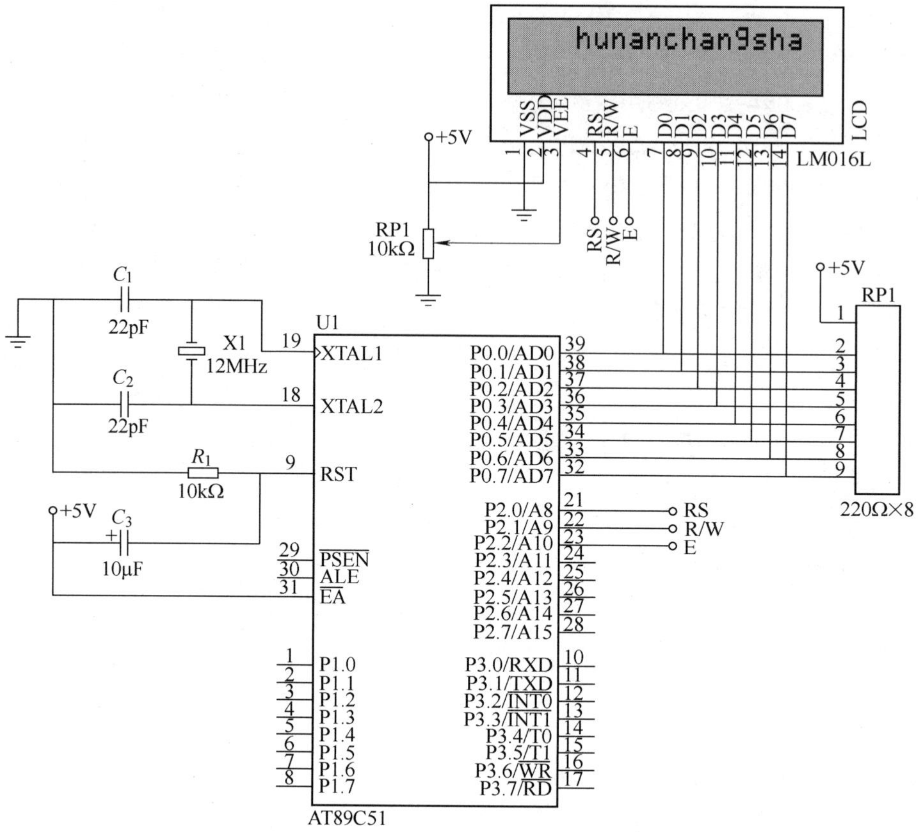

图 5-15　1602 液晶显示器显示字符电路图

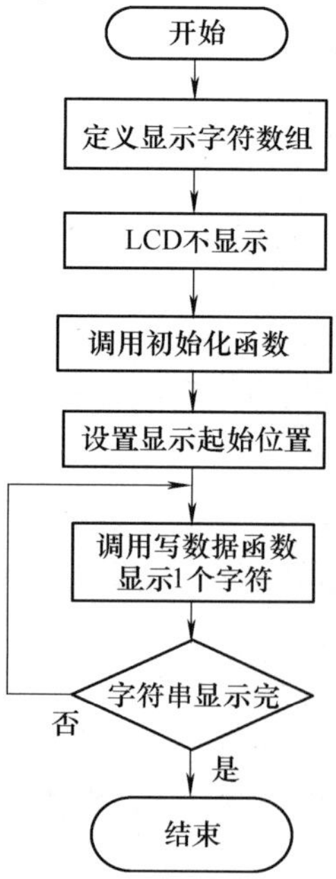

图 5-16　任务 5-4 流程图

源程序如下：

```
#include <reg51.h>                          //文件包含
#define uchar unsigned char                 //定义数据类型
#define uint unsigned int
sbit  rs = P2^0;                            //定义控制信号的 I/O 口
sbit rw = P2^1;
sbit en = P2^2;
void delay(uint ms)                         //定义延时函数
{uchar i;
 while(ms--)
  for(i = 0;i <120;i + +);
}
uchar busycheck()                           //1602 忙检测函数
{ uchar status;
  rs = 0;
  rw = 1;
  en = 1;
  delay(1);
  status = P0;
  en = 0;
  return(status);
}
void write_lcd_cmd(uchar cmd)               //写命令字函数
{ while((busycheck()&0x80) = = 0x80);
  rs = 0;
  rw = 0;
  en = 0;
  P0 = cmd;
  en = 1;
  delay(1);
  en = 0;
}
void write_lcd_dat(uchar dat)               //写数据函数
{ while((busycheck()&0x80) = = 0x80);
  rs = 1;
  rw = 0;
  en = 0;
  P0 = dat;
  en = 1;
```

```
    delay(1);
    en =0;
  }
  void init_lcd()                          //1602液晶显示器初始化函数
  { write_lcd_cmd(0x38);
    delay(1);
    write_lcd_cmd(0x01);
    delay(1);
    write_lcd_cmd(0x06);
    delay(1);
    write_lcd_cmd(0x0c);
    delay(1);
  }
  void main()
  { uchar lcd[] ="hunanchangsha";           //定义显示字符数组
    uchar i;
    P0 =0xff;                               //LCD不显示
    init_lcd();                             //调用初始化函数
    delay(10);
    write_lcd_cmd(0x83);                    //设置显示起始位置
    delay(10);
    for(i =0;lcd[i]! =' \0';i + +)
    { write_lcd_dat(lcd[i]);
      delay(20);
    }
    while(1);
  }
```

任务5-5 独立式键盘的应用

1. 目的与要求

通过对具有8个按键和1个数码管显示电路的设计与制作，掌握独立式键盘与单片机的接口电路设计和控制程序设计方法。

设计要求：单片机接8个按键和一位共阳极数码管，要求每按一个键，数码管上显示对应的数字。

2. 电路设计

电路原理图如图5-17所示，单片机P1口接8个按键SB_1 ~ SB_8，P2口接一位共阳极数码管，要求每按一个键，显示对应的数字，如按SB_1键，显示字符“1”，按SB_2键，显示字符“2”，依次按SB_8键时，显示字符“8”。

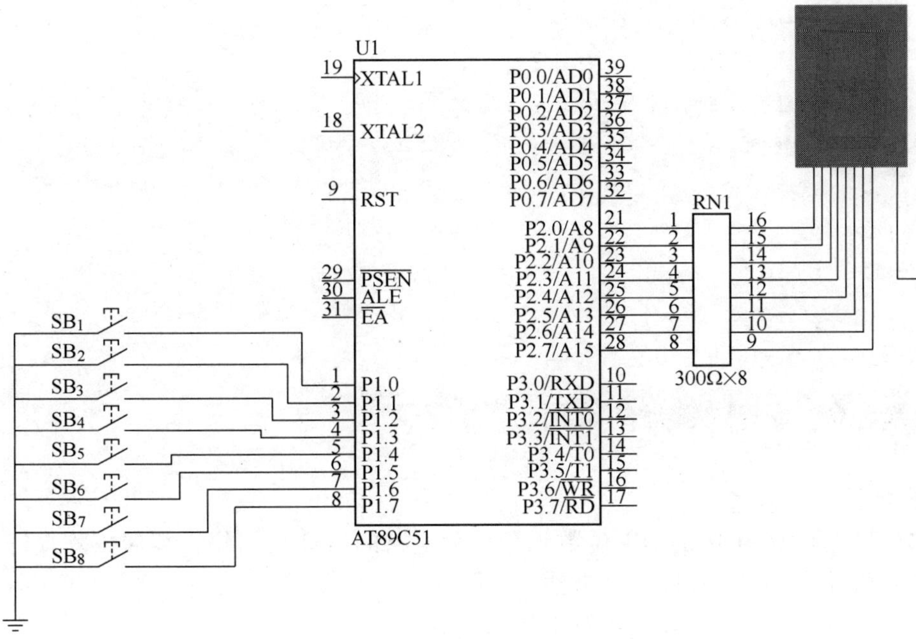

图 5-17　任务 5-5 电路原理图

3. 源程序设计

```
#include <reg51.h>
#define uchar unsigned char
uchar code dis[] = {0xc0,0xf9,0xa4,0xb0,0x99,0x92,0x82,0xf8,0x80,
0x90,0xff};
void delay(int t)                      //定义延时函数
{ int i,j;
  for(i=0;i<t;i++)
   for(j=0;j<120;j++);
}
main()
{uchar key,flag=10;                    //定义 key 读取按键数据,flag 为标志位
  P2=0xff;                             //数码管灭
  while(1)
  { if(P1!=0xff)                       //有键按下
  { delay(10);                         //延时去抖动
     key=P1;                           //读取按键数据
     switch(key)
    { case 0xfe:flag=1;break;
      case 0xfd:flag=2;break;
      case 0xfb:flag=3;break;
      case 0xf7:flag=4;break;
```

```
        case 0xef:flag =5;break;
        case 0xdf:flag =6;break;
        case 0xbf:flag =7;break;
        case 0x7f:flag =8;break;
        }
    }
      P2 =dis[flag];                    //显示数据
  }
}
```

任务5-6 矩阵式键盘的应用

1. 目的与要求

通过单片机控制16个按键与1位数码管显示电路的设计与制作，掌握矩阵式键盘与单片机的接口电路设计与控制程序设计方法。

设计要求：每按一次键，在数码管上显示其对应的数字。

2. 电路设计

电路原理图如图5-18所示，P1口接矩阵式键盘，低4位为行线，高4位为列线，16个按键的编号分别为0～F，P0口接一位共阳极数码管，当某一键按下时，在数码管上显示对应的编号。

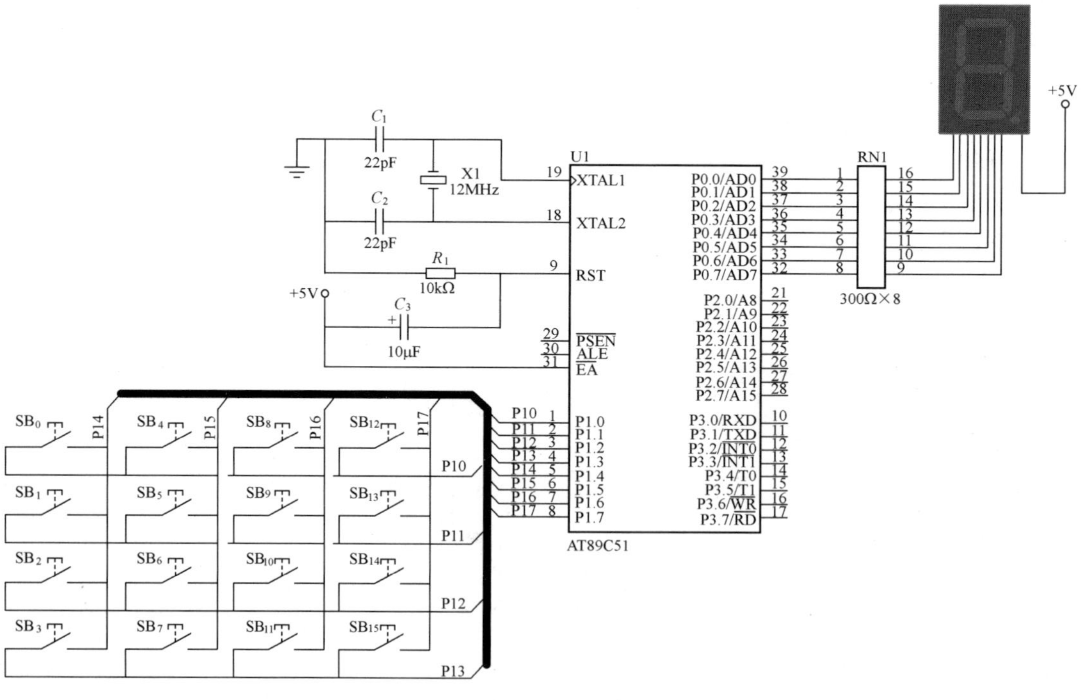

图5-18 任务5-6电路原理图

3. 源程序设计

```
#include <reg51.h>
#include <intrins.h>
#define uchar unsigned char
#define uint unsigned int
uchar code dsy[]={0xc0,0xf9,0xa4,0xb0,0x99,0x92,0x82,0xf8,0x80,
                  0x90,0x88,0x83,0xc6,0xa1,0x86,0x8e,0xff};
                                        //共阳极字码段,最后一个为黑屏
uchar code keycode[]={0x11,0x12,0x14,0x18,0x21,0x22,0x24,0x28,
                      0x41,0x42,0x44,0x48,0x81,0x82,0x84,0x88};
                                        //定义 SB0 ~ SB15 的键值
void delay()                            //定义延时函数
{uint i;
  for(i=0;i<1200;i++);
}
uchar key_scan()                        //定义按键扫描函数
{ uchar i,k,kcode,scode;
  P1=0xf0;
  if((P1&0xf0)!=0xf0)
{ delay();
  if((P1&0xf0)!=0xf0)
    {scode=0xfe;
      for(k=0;k<4;k++)
       {P1=scode;
        if((P1&0xf0)!=0xf0)
        { kcode=~P1;
          for(i=0;i<16;i++)
           if(kcode==keycode[i])return i;
        }
        else scode=_crol_(scode,1);
       }
    }
}
   return(16);
}
void main()
{ uchar keyno,keypr;
while(1)
 {keyno=key_scan();
```

```
    if(keyno! =16)
    { keypr =keyno;
      P0 =dsy[keypr];
     }
  }
}
```

本章小结

1. 单片机常用显示器分为 LED 和 LCD 两大类。LED 显示器中七段数码管显示器和点阵显示器（大屏幕显示）应用较多；LCD 显示可分为笔段型、字符型和点阵图形型。

2. 按键按结构原理可分为触点式开关按键和无触点开关按键。使用机械式按键时，应注意去抖动。多个按键组合在一起可构成键盘，键盘可分为独立式键盘和矩阵式（也叫行列式）键盘两种，MCS-51 可方便地与这两种键盘连接。

3. 独立式键盘配置灵活，软件结构简单，但占用 I/O 口线多，不适合较多按键的键盘。矩阵式键盘占用 I/O 口线少，节省资源，软件相对复杂。矩阵式键盘一般采用扫描方式识别按键。

习　题

5.1　单选题

（1）LED 数码管的结构有______。

A. 共阳极　　B. 共阴极　　C. 共阴极与共阳极　　D. 点阵

（2）数码管显示的字符由______决定。

A. 字段码　　B. 字位码　　C. 高电平　　D. 低电平

（3）多个数码管构成的动态显示电路由______决定哪位数码管显示。

A. 字段码　　B. 字位码　　C. 高电平　　D. 低电平

（4）用多个数码管显示时，每个数码管的字段线是独立的，是______显示方式。

A. 静态　　B. 动态　　C. 静态与动态　　D. 查询

（5）LED 数码管显示若用动态显示，须______。

A. 将各位数码管的位选线并联　　B. 将各位数码管的段选线并联

C. 只能字位线加驱动电路　　D. 字段线和字位线均不需加驱动电路

（6）共阴极数码管，若只显示小数点，则对应的字段码是______。

A. 0xff　　B. 0x80　　C. 0x7f　　D. 0x00

（7）一单片机应用系统用 LED 数码管显示字符“8”的字段码是 0x80，可以断定该显示系统用的是______。

A. 不加反相驱动的共阴极数码管　　B. 加同相驱动的共阴极数码管

C. 不加反相驱动的共阳极数码管　　D. 加反相驱动的共阳极数码管

（8）一单片机应用系统需设置 16 个按键，采用______方式较好。

A. 独立式按键　B. 矩阵键盘　C. 编码键盘　D. 非编码键盘

(9) 若定义数组 uchar code dis [ ] = {0xc0, 0xf9, 0xa4, 0xb0, ox99}; 表示将数组元素放在______中。

A. 片内 RAM　B. 片外 RAM　C. ROM　D. 存储器

(10) 单片机应用系统中，一般采用______方式去抖动。

A. 硬件　B. 软件　C. RS 触发器　D. 单稳态电路

5.2 简答题

(1) 机械式按键有哪几种去抖动办法?

(2) 独立式键盘与矩阵式键盘各有什么优缺点?

(3) 液晶显示器有什么优点?

5.3 编程题

(1) 单片机 P1 口接一共阳极数码管，公共端已接高电平，请编写程序使数码管循环显示字符 0 ~ F，每个字符的显示时间为 1s。

(2) 1602 液晶显示器从第二行第四个位置开始显示字符串“student”，请设计硬件电路并编写程序。

第 6 章

51 系列单片机的中断系统及定时器

中断技术是单片机中一个很重要的技术，它既与硬件有关，又与软件有关。正因为有了中断才使单片机应用系统的工作更加灵活、效率更高。在控制系统中，常有一些定时或延时控制，如定时输出、定时检测等；也往往要求有计数功能，来对外部事件计数。本章主要介绍 51 系列单片机的中断系统结构、中断处理过程，以及内部两个定时器/计数器的结构、原理、工作方式和应用。

6.1 中断系统

6.1.1 中断系统概述

1. 中断的概念

在 CPU 与外设交换信息时，存在着一个快速的 CPU 与慢速的外设之间的矛盾，以及在同一时刻同时发生两件以上的任务需要 CPU 处理，后发生的任务也许比 CPU 正在处理的任务更重要，需要马上处理。为解决这些问题，发展了中断的概念。中断系统是计算机的重要组成部分。实时控制、故障自动处理往往采用中断系统，计算机与外围设备间传送数据及实现人机联系也常采用中断方式。中断系统的应用使计算机的功能更强，效率更高，使用更加方便灵活。

所谓中断，用计算机语言来描述就是，当 CPU 正在处理某项事务的时候，如果外界或者内部发生了紧急事件，要求 CPU 暂停正在处理的工作而去处理这个紧急事件，待处理完后，再回到原来中断的地方，继续执行原来的程序，这个过程称为中断。

从中断的定义我们可以看到，中断应具备中断源、中断响应、中断返回三个要素。中断源发出中断请求，单片机对中断请求进行响应，当中断响应完成后应进行中断返回，返回被中断的地方继续执行原来的程序。

“中断”之后所执行的相应的处理程序通常称之为中断服务程序或中断处理子程序，原来正常运行的程序称为主程序。主程序被断开的位置（或地址）称为“断点”。引起中断的原因，或能发出中断申请的来源，称为“中断源”。中断源向 CPU 提出要求服务的请求称为“中断请求”（或中断申请）。中断流程图如图 6-1 所示。

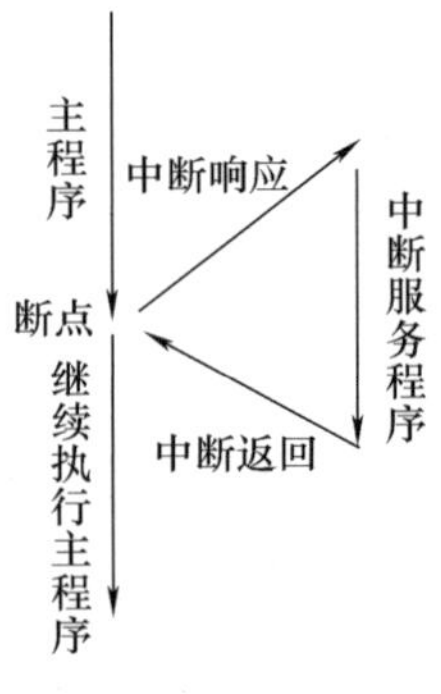

图 6-1　中断流程图

2. 中断的作用

（1）分时操作　中断可以解决快速的 CPU 与慢速的外设之间的矛盾，使 CPU 和外设同时工作。CPU 在启动外设工作后继续执行主程序，同时外设也在工作，当外设做完一件事就发出中断申请，请求 CPU 中断它正在执行的程序，转去执行中断服务程序（一般情况是处理输入/输出数据），中断处理完之后，CPU 恢复执行主程序，外设也继续工作。这样，CPU 可启动多个外设同时工作，大大地提高了 CPU 的效率。

（2）实时处理　在实时控制中，现场的各种参数、信息均随时间和现场而变化。这些外界变量可根据要求随时向 CPU 发出中断申请，请求 CPU 及时处理，如中断条件满足，CPU 马上就会响应并进行相应的处理，从而实现实时处理。

（3）故障处理　针对难以预料的情况或故障，如掉电、存储出错、运算溢出等，可通过中断系统由故障源向 CPU 发出中断请求，再由 CPU 转到相应的故障处理程序进行处理。

6.1.2　中断系统的结构

中断过程是在硬件基础上再配以相应的软件而实现的，不同计算机的硬件结构和软件指令是不完全相同的，因此，中断系统也是不相同的。51 单片机中断系统的结构框图如图 6-2 所示。

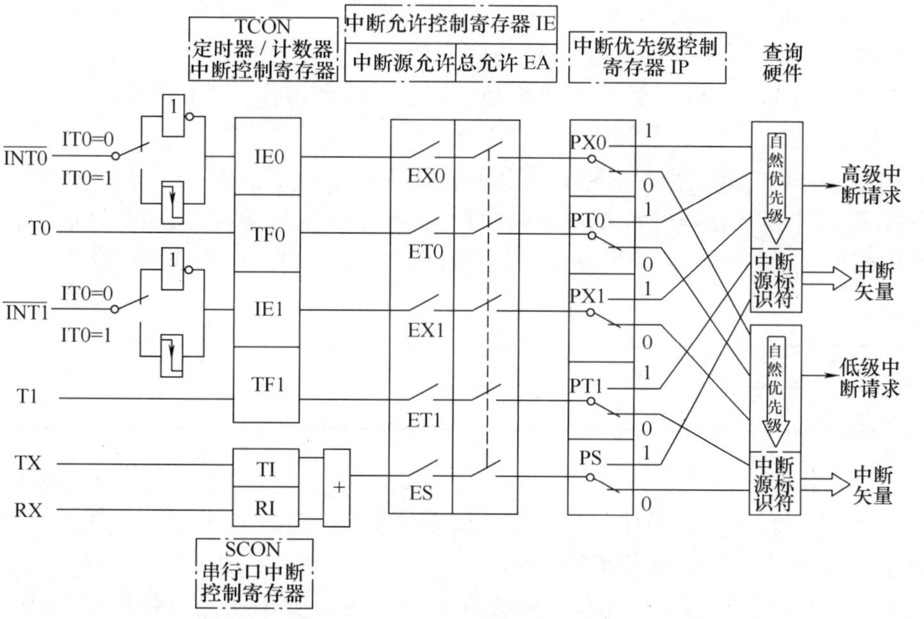

图 6-2　51 单片机中断系统的结构框图

1. 中断源

51 单片机有 5 个中断源，分为两类，它们分别是：外部中断源和内部中断源。

（1）外部中断源

1）外部中断 0（$\overline{\text{INT0}}$）：来自 P3.2 引脚，采集到低电平或者下降沿时，产生中断请求。

2）外部中断 1（$\overline{\text{INT1}}$）：来自 P3.3 引脚，采集到低电平或者下降沿时，产生中断请求。

（2）内部中断源

1）定时器/计数器 0（T0）：定时功能时，计数脉冲来自片内；计数功能时，计数脉冲来自片外 P3.4 引脚。发生溢出时，产生中断请求。

2）定时器/计数器 1（T1）：定时功能时，计数脉冲来自片内；计数功能时，计数脉冲来自片外 P3.5 引脚。发生溢出时，产生中断请求。

3）串行口：为完成串行数据传送而设置。单片机完成接收或发送一组数据时，产生中断请求。

2. 中断控制专用寄存器

51 单片机有四个中断控制专用寄存器来控制单片机的中断系统。

（1）定时器控制寄存器（TCON）　该寄存器用于保存外部中断请求以及定时器的计数溢出。进行字节操作时，寄存器地址为 0x88。按位操作时，各位的地址为 0x88～0x8F。寄存器的内容及位地址表示如下：

TCON	D7	D6	D5	D4	D3	D2	D1	D0
	TF1	TR1	TF0	TR0	IE1	IT1	IE0	IT0

IT0：外部中断 0（$\overline{INT0}$）触发方式控制位，由软件置位或复位。IT0 = 1，外部中断 0 为负跳变（下降沿）触发方式；IT0 = 0，外部中断 0 为低电平触发方式。

IE0：外部中断 0 中断请求标志位。当引脚$\overline{INT0}$上出现中断请求信号时，由硬件置位 IE0，表示外部中断 0 请求中断。当 CPU 响应中断后，由硬件将 IE0 清零。

ITl：外部中断 1（$\overline{INT1}$）触发方式控制位，其功能和操作情况同 IT0。

IE1：外部中断 1 中断请求标志位。其功能和操作情况同 IE0。

TCON 的高 4 位与定时器的中断有关，将在 6.3.2 中介绍。

（2）串行口控制寄存器（SCON）　SCON 是串行口控制寄存器，低二位是串行口的发送和接收中断标志，字节地址为 0x98，按位操作时，各位的地址为 0x98～0x9F，SCON 的格式如下：

SCON	D7	D6	D5	D4	D3	D2	D1	D0
	X	X	X	X	X	X	TI	RI

RI：串行口接收中断请求标志位。在串行口方式 0 中，每当接收到第 8 位数据时，由硬件置位 RI；在其他方式中，当接收到停止位时置位 RI。注意当 CPU 转入串行口中断服务时不复位 RI，必须由用户用软件将 RI 清零。

TI：串行口发送中断请求标志位。在方式 0 中，每当发送完 8 位数据时由硬件置位 TI；在其他方式中，在停止位开始时置位。TI 也必须由软件复位。串行中断请求由 TI 和 RI 的逻辑或得到，就是说，无论是发送标志还是接收标志，都会产生串行口中断请求。

（3）中断允许控制寄存器（IE）　51 单片机对中断的开放和屏蔽是由中断允许寄存器 IE 控制实现的。进行字节操作时，寄存器地址为 0xA8；按位操作时，各位的地址为 0xA8～0xAF。寄存器的内容及位地址表示如下：

IE	D7	D6	D5	D4	D3	D2	D1	D0
	EA	—	—	ES	ET1	EX1	ET0	EX0

EA：CPU 中断允许标志位。EA = 0 时，表示 CPU 禁止所有中断，即所有的中断请求被屏蔽；EA = 1，表示 CPU 开放中断，但每个中断源的中断请求是允许还是被禁止，还需由各自的允许位确定（见 D4 ~ D0 位说明）。

EX0：外部中断 0 中断允许位。EX0 = 0，禁止外部中断 0 中断；EX0 = 1，允许外部中断 0 中断。

ET0：定时器/计数器 0（T0）的中断允许位。ET0 = 0，禁止 T0 中断；ETO = 1，允许 T0 中断。

EX1：外部中断 1 中断允许位，其功能同 EX0。

ET1：定时器/计数器 1（T1）中断允许位，其功能同 ET0。

ES：串行口中断允许位。ES = 0，禁止串行口中断；ES = 1，允许串行口中断。

中断允许控制寄存器中各相应位的状态，可根据要求用指令置位或清零，从而实现对于该中断源的允许中断或禁止中断。当 CPU 复位时，IE 被清零。

可见，51 单片机通过中断允许控制寄存器对中断的允许（开放）实行两级控制。即以 EA 位作为总控制位，以各中断源的中断允许位作为分控制位。当总控制位为禁止时，关闭整个中断系统，不管分控制位状态如何，整个中断系统为禁止中断状态；当总控制位为允许时，开放中断系统，这时才能由各分控制位设置各自中断的允许与禁止。

51 单片机复位后（IE = 0x00），中断系统处于禁止状态。单片机在中断响应后不会自动关闭中断，因此在转中断服务程序后，应根据需要使用有关指令禁止中断，即以软件方式关闭中断。

（4）中断优先级控制寄存器（IP）　51 单片机的中断优先级控制比较简单，因为系统只定义了高、低 2 个优先级。高优先级用“1”表示，低优先级用“0”表示。各中断源的优先级由中断优先级寄存器（IP）进行设定。IP 寄存器地址为 0xB8，位地址为 0xBF ~ 0xB8。寄存器的内容及位地址表示如下：

IP	D7	D6	D5	D4	D3	D2	D1	D0
	X	X	X	PS	PT1	PX1	PT0	PX0

PX0：外部中断 0 中断优先级控制位。

PT0：定时器/计数器 0 中断优先级控制位。

PX1：外部中断 1 中断优先级控制位。

PT1：定时器/计数器 1 中断优先级控制位。

PS：串行口中断优先级控制位。

以上各位设置为“0”时，则相应的中断源为低优先级；设置为“1”时，相应的中断源为高优先级。中断优先级控制寄存器（IP）中的各个控制位都可由编程来置位或复位。单片机复位后，IP 中各位均被清零。

51 系列单片机中断系统的两级优先级遵循以下两条基本原则：

1）低优先级中断可被高优先级中断请求所中断，反之则不能。

2）某个中断（不管是高优先级还是低优先级）一旦得到响应，与它同级的中断请求不能再中断它。

为了实现上述两条原则，中断系统内部含有两个不可寻址的优先级激活触发器。其中一个触发器用来指示某个高优先级的中断正在得到服务，并阻止对所有其他中断的响应；另一个触发器用来指示某个低优先级的中断正在得到服务，所有同级的中断都被阻止，但不阻止高优先级的中断。

当同时收到几个同一优先级的中断请求时，响应哪一个中断请求取决于内部规定的顺序。这个顺序表明同级中断源之间的中断优先权，见表 6-1。

表 6-1　同一优先级中断源的中断优先权

中　断　源	同级内的中断优先权
外部中断 0	最高
定时器/计数器 0	↓
外部中断 1	
定时器/计数器 1	
串行口	最低

6.2　中断处理过程

CPU 响应中断请求后，就立即转入执行中断服务程序。不同的中断源、不同的中断要求可能有不同的中断处理方法，但它们的处理流程一般都如下所述。

1. 现场保护和现场恢复

中断是在执行任务的过程中转去执行临时的任务。为了在执行完中断服务程序后，返回执行原来的程序，知道程序原来在何处打断的，各有关寄存器的内容如何，就必须在转入执行中断服务程序前，将这些内容和状态进行备份（即保护现场）。中断开始前需将有关寄存器的内容压入堆栈进行保存，以便在恢复原来程序时使用。

中断服务程序完成后，继续执行原来的程序，就需把保存的现场内容从堆栈中弹出，恢复寄存器和存储单元的原有内容，这就是现场恢复。

如果在执行中断服务时不是按上述方法进行现场保护和恢复现场，就会使程序运行紊乱，程序跑飞，使单片机不能正常工作。

2. 中断打开和中断关闭

在中断处理进行过程中，可能又有新的中断请求到来，这里规定，现场保护和现场恢复的操作是不允许打扰的，否则保护和恢复的过程就可能使数据出错，为此在进行现场保护和现场恢复的过程中，必须关闭总中断，屏蔽其他所有的中断，待这个操作完成后再打开总中断，以便实现中断嵌套。

3. 中断服务程序

既然有中断产生，就必然有其具体需执行的任务，中断服务程序就是执行中断处理的具体内容，一般以子程序的形式出现，所有的中断都要转去执行中断服务程序，进行中断服务。

4. 中断返回

执行完中断服务程序后，必然要返回，中断返回就是程序运行从中断服务程序转回到原工作程序上来。在 51 单片机中，中断返回是通过一条专门的指令实现的，这条指令是中断服务程序的最后一条指令。

6.2.1　中断响应条件和时间

CPU 在每个机器周期的 S_5P_2 时刻采样各中断源的中断请求信号，并将它锁存在 TCON 或 SCON 寄存器的相应位。在下一个机器周期 S_6 期间对采样到的中断请求标志进行查询。如果查询到中断请求标志，则按优先级高低进行中断处理，中断系统将现行程序转入相应的中断服务程序。

CPU 响应中断的条件有：

1）有中断源发出中断请求。

2）中断总允许位 EA = 1。

3）申请中断的中断源允许。

同时满足以上 3 个条件时，CPU 一般会响应中断。

6.2.2　中断响应过程

中断响应过程包括保护断点和将程序转向中断服务程序的入口地址。首先，中断系统通过硬件自动生成长调用指令（LACLL），该指令将自动把断点地址压入堆栈保护（不保护累加器 A、状态寄存器 PSW 和其他寄存器的内容），然后，将对应的中断入口地址装入程序计数器 PC（由硬件自动执行），使程序转向该中断入口地址，执行中断服务程序。51 系列单片机各中断源的入口地址和编号由硬件事先设定，分配见表 6-2。

表 6-2　中断源的入口地址

中　断　源	入 口 地 址	编 号
外部中断 0	0x0003	0
定时器/计数器 0 中断	0x000B	1
外部中断 1	0x0013	2
定时器/计数器 1 中断	0x001B	3
串行口中断	0x0023	4

由于各中断区只有 8 个单元，一般情况下（除非中断程序非常简单），都不可能放下一个完整的中断服务程序，因此编写中断服务程序时，通常是在这些入口地址区放置一条无条件转移指令，使程序转移到用户安排的中断服务程序的实际地址去执行真正的中断服务程序。

CPU 响应中断请求后即进入中断服务程序，在中断返回前，应撤除该中断请求，否则会重复引起中断而导致错误。51 单片机各中断源中断请求撤消的方法各不相同。

1. 定时器/计数器中断请求的撤除

对于定时器/计数器 0 或 1 的溢出中断，CPU 在响应中断后即由硬件自动清除其中断标志位 TF0 或 TF1，无须采取其他措施。

2. 串行口中断请求的撤除

对于串行口中断，CPU 在响应中断后，硬件不能自动清除中断请求标志位 TI、RI，必须在中断服务程序中用软件将其清除。

3. 外部中断请求的撤除

外部中断可分为边沿触发型和电平触发型。

对于边沿触发的外部中断，CPU 在响应中断后由硬件自动清除其中断标志位 IE0 或 IE1，无须采取其他措施。

对于电平触发的外部中断，其中断请求撤除方法较复杂。因为对于电平触发中断，CPU 在响应中断后，硬件不会自动清除其中断请求标志位 IE0 或 IE1，同时，也不能用软件将其清除，所以，在 CPU 响应中断后，应立即撤除$\overline{\text{INT0}}$或$\overline{\text{INT1}}$引脚上的低电平。否则，就会引起重复中断而导致错误。而 CPU 又不能控制$\overline{\text{INT0}}$或$\overline{\text{INT1}}$引脚的信号，因此，只有通过硬件再配合相应软件才能解决这个问题。

4. 中断返回

中断返回是指中断服务完后，程序返回原来断开的位置（即断点），继续执行原来的程序。中断返回由中断返回指令来实现。

6.3 定时器/计数器

在检测和控制系统中，常常需要有时钟以实现定时、延时控制，也常需要有计数功能以实现对外部脉冲（事件）进行计数。51 单片机内部提供了两个定时器/计数器，它们可以用于定时或对外部脉冲计数，还可以作为串行口的波特率发生器使用。定时器达到规定定时时间或者计数器计满数时，相应的溢出标志位置位，产生内部中断。

6.3.1 定时器/计数器的结构及工作原理

1. 定时器/计数器的结构

8051 单片机内部有两个 16 位的可编程定时器/计数器（为了描述方便，下面统一称为定时器），称为定时器 0（T0）和定时器 1（T1），可以通过编程选择其作为定时器用或作为计数器用。此外，工作方式、定时时间、计数值、启动、中断请求等都可以由程序设定，其逻辑结构如图 6-3 所示。

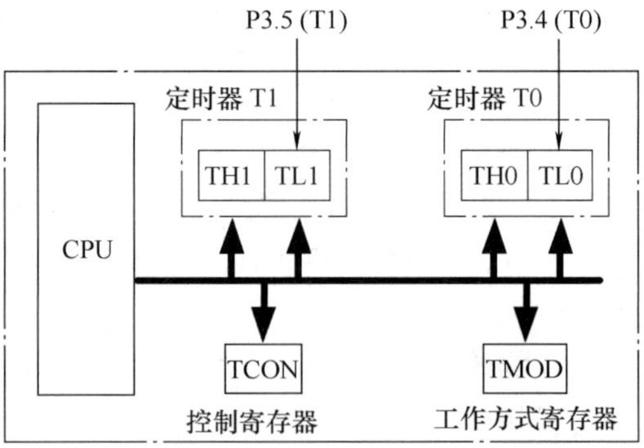

图 6-3 定时器/计数器的结构

定时器由低 8 位 TL 和高 8 位 TH 组成，分别是 TL0、TL1、TH0、TH1；它们的访问地址依次为 0x8A、0x8B、0x8C、0x8D，每个寄存器均可单独访问。T0 或 T1 用作计数器时，对芯片引脚 T0（P3.4）或 T1（P3.5）上输入的脉冲计数，每输入一个脉冲，加法计数器加 1；其用作定时器时，对内部机器周期脉冲计数，由于机器周期是定值，故计数值一定时，时间也随之确定。当记数满时，定时器发出溢出信号。

2. 定时器/计数器的工作原理

定时器/计数器用作定时器时，输入的时钟脉冲是由晶体振荡器的输出经 12 分频后得到的，所以定时器也可看作是对单片机机器周期的计数器（因为每个机器周期包含 12 个振荡周期，故每一个机器周期使定时器加 1，可以把输入的时钟脉冲看成机器周期信号，由于机器周期是定值，故计数值一定时，时间也随之确定）。故定时器的频率为晶振频率的 1/12。如果晶振频率为 12MHz，则定时器每接收一个定时脉冲的时间为 1μs。

定时器/计数器用作计数器时，脉冲接相应的外部输入引脚 T0（P3.4）或 T1（P3.5）。在这种情况下，当检测到输入引脚上的电平由高跳变到低时，计数器就加 1。

6.3.2　定时器的专用寄存器

定时器 T0、T1 在使用前先要进行初始化编程，即根据需要适当设定专用寄存器的内容。对定时器进行控制的寄存器共有三个，它们分别是工作方式寄存器（TMOD）、控制寄存器（TCON）、中断允许控制寄存器（IE），这里主要介绍 TMOD 和 TCON 寄存器，IE 寄存器在 6.1 节中断系统中已介绍过。

1. 定时器工作方式寄存器（TMOD）

TMOD 的功能是确定定时器的工作方式以及功能选择，字节地址为 0x89，不能位寻址，各位定义如下：

D_7	D_6	D_5	D_4	D_3	D_2	D_1	D_0
GATE	$C/\overline{T}$	M1	M0	GATE	$C/\overline{T}$	M1	M0
T1				T0			

GATE：门控位。当 GATE = 0 时，软件控制位 TR0 或 TR1 置 1，即可启动定时器；当 GATE = 1 时，软件控制位 TR0 或 TR1 须置 1，同时还须（P3.2）或（P3.3）为高电平方可启动定时器，即还需要外部中断启动定时器。

C/T：功能选择位。$C/\overline{T}$ = 0 时，设置为定时工作方式；$C/\overline{T}$ = 1 时，设置为计数工作方式。

M1、M0：工作方式选择位。工作方式共有 4 种，见表 6-3。

表 6-3　定时器工作方式及功能说明

M1　M0	工 作 方 式	功 能 说 明
0　0	方式 0	13 位计数器
0　1	方式 1	16 位计数器
1　0	方式 2	初值自动重新装入 8 位计数器
1　1	方式 3	T0 分成两个 8 位计数器，T1 停止计数

2. 定时器控制寄存器（TCON）

TCON 的作用是控制定时器的启动、停止，标志定时器的溢出和中断情况，可以位寻址。

各位定义如下：

TCON	D7	D6	D5	D4	D3	D2	D1	D0
	TF1	TR1	TF0	TR0	IE1	IT1	IE0	IT0

1）TF1：T1 溢出标志位。当 T1 计数满产生溢出时，由硬件自动置 TF1 = 1。在中断允许时，向 CPU 发出 T1 的中断请求，进入中断服务程序后，由硬件自动清 0。在中断屏蔽时，TF1 可作查询测试用，此时只能由软件清 0。

2）TR1：T1 运行控制位。由软件置 1 或清 0 来启动或关闭定时器 1。当 GATE = 1，且 $\overline{INT1}$为高电平时，TR1 置 1 启动定时器 1；当 GATE = 0 时，TR1 置 1 即可启动定时器 1。

3）TF0：T0 溢出标志位。其功能及操作情况同 TF1。

4）TR0：T0 运行控制位。其功能及操作情况同 TR1。

TCON 中的低 4 位用于控制外部中断，与定时器/计数器无关。当系统复位时，TCON 的所有位均清 0。

6.3.3 定时器的工作方式

通过对 TMOD 寄存器中 M0、M1 位进行设置，51 单片机的定时器共有 4 种工作方式：方式 0、方式 1、方式 2 和方式 3，T0 和 T1 的定时、计数原理相同。现先以 T0 为例介绍前 3 种工作方式，最后介绍方式 3。

1. 方式 0（M1M0 = 00）

方式 0 构成一个 13 位定时器，由 TH0 全部 8 位和 TL0 的低 5 位构成，TL0 高三位弃之不用，当 TL0 低 5 位计满时向 TH0 进位，TH0 计满时将 T0 的溢出标志 TF0 置 1（硬件自动置位），并申请中断。图 6-4 是定时器 0 在方式 0 时的逻辑电路结构，定时器 1 的结构和操作与定时器 0 完全相同。

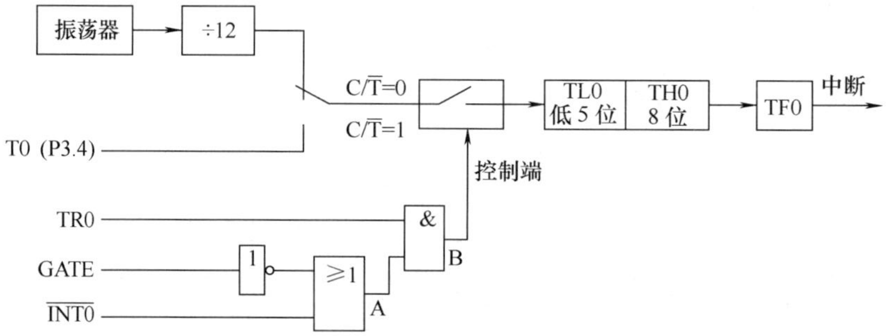

图 6-4 定时器 0 在方式 0 时的逻辑电路结构

从图中可以看出，当 C/$\overline{T}$ = 0 时，脉冲输入端的开关接到振荡器 12 分频信号端，这时作为定时器工作。当 C/$\overline{T}$ = 1 时，脉冲输入端的开关接到 T0 引脚，这时作为计数器工作。

另外还可以看出，记数脉冲在进入计数器之前要经过一个运行开关，这个开关受 TR0、GATE 和$\overline{INT0}$的控制。若 GATE = 0，则 A = 1，B = TR0，此时开关只受运行控制位 TR0 的控制。当 TR0 = 0 时，禁止 T0 运行；TR0 = 1，允许 T0 运行。若 GATE = 1，则 A = $\overline{INT0}$，B = TR0 × $\overline{INT0}$，此时运行开关受 TR0 和$\overline{INT0}$的双重控制。只有当 TR0 = 1，同时$\overline{INT0}$ = 1 时，T0 才能运行。

要使用定时器/计数器，必须熟悉定时器/计数器的定时、计数范围，以及相关计算公式。

其中定时时间公式为

$$t = (2^n - N) \times 12/f_{osc}$$

式中，t 为定时时间；N 为计数初值；n 由工作方式决定（方式0时，$n=13$；方式1时，$n=16$；方式2和3时，$n=8$）；f_{osc} 为单片机的晶振频率。应用时，常为已知定时时间 t 求N，即

$$N = 2^n - (t \times f_{osc})/12$$

计数公式为

$$N = 2^n - M$$

其中，N 为计数初值，M 为计数值。

例如：T0工作于方式2时，计100个外部脉冲，此时 $M=100$，$2^n=2^8=256$，$N=256-100=156$。

2. 方式1（M1M0＝01）

方式1是16位定时结构的工作方式，其定时器由TH0全部8位和TL0的全部8位构成。其逻辑电路结构和工作情况与方式0完全相同。其逻辑电路结构如图6-5所示，所不同的只是计数器的位数。51单片机之所以设置几乎完全一样的方式0和方式1，是出于与MCS-48单片机兼容的要求，因为MCS-48单片机的定时器/计数器是13位的计数结构。

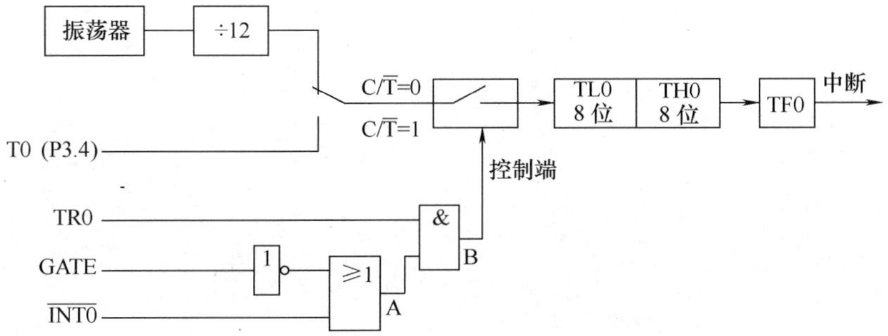

图6-5　定时器0在方式1时的逻辑电路结构

例题6.1　**使定时器T1工作于方式1，在P1.0引脚上输出周期为1s的连续方波。分别用中断方式和查询方式编程（f_{osc}＝12MHz）。**

编程思想：周期为1s的方波，高电平和低电平各占500ms，当定时器工作于方式1时，最大定时时间 $t_{max}=65536\mu s \approx 65ms$；可采用定时器定时50ms，对其统计10次，即 $50ms \times 10 = 500ms = 0.5s$。根据公式 $N=2^n-(t \times f_{osc})/12$，计算得 $N=15536=0x3cb0$。

（1）中断方式编程

```
#include <reg51.h>
#define uchar unsigned char
sbit P10 = P1^0;                    //定义位
uchar  count = 0;                   //定义中断统计次数变量count
void main()
{TMOD = 0x10;                       //设置T1工作于方式1,定时
```

```
 TH1 =0x3c;                    //计数初值送计数器
TL1 =0xb0;
EA =1;                         //开总中断
ET1 =1;                        //T1开中断
TR1 =1;                        //启动T1工作
while(1);
}
void  time1_int( )interrupt 3//T1中断程序
{ TH1 =0x3c;                   //重装计数初值
  TL1 =0xb0;
  + +count;                    //中断次数加1
  if(count = =10)              //500ms到
  {count =0;                   //中断次数变量清0
  P10 =! P10;                  //P1.0引脚取反
  }
}
```

（2）查询方式编程

```
#include <reg51.h>
#define uchar unsigned char
sbit P10 =P1^0;
uchar  count =0;
void main()
{TMOD =0x10;
 TH1 =0x3c;
 TL1 =0xb0;
 TR1 =1;
 while(1)
 {
  while(TF1 = =0);             //定时50ms未到,等待
  TF1 =0;                      //溢出标志位清0
  count + +;
  if(count = =10)              //定时500ms到
  {count =0;
  P10 =! P10;                  //P1.0引脚取反
  }
TH1 =0x3c;                     //重装计数初值
TL1 =0xb0;
}
}
```

3. 方式 2（M1M0 = 10）

方式 2 为能自动重新装入时间常数的 8 位定时器，这与方式 0、方式 1 有很大区别。定时器工作于方式 2 时，TL 作为 8 位定时器，TH 存放计数初值 N。当 TL 计满溢出时，在将溢出标志 TF 置 1 的同时，还将 TH 中的 N 重新装入 TL，使 TL 从该初值再次开始计数。定时器 0 工作在方式 2 时的逻辑电路结构如图 6-6 所示。

在需要重复定时的场合，应用方式 2 可以省去在程序中重装时间常数。不过由于定时器的位数减少，本身的定时或计数范围也相应减小。当振荡频率分别为 12MHz 和 6MHz 时，方式 2 的最大定时相应为 256μs 和 512μs。

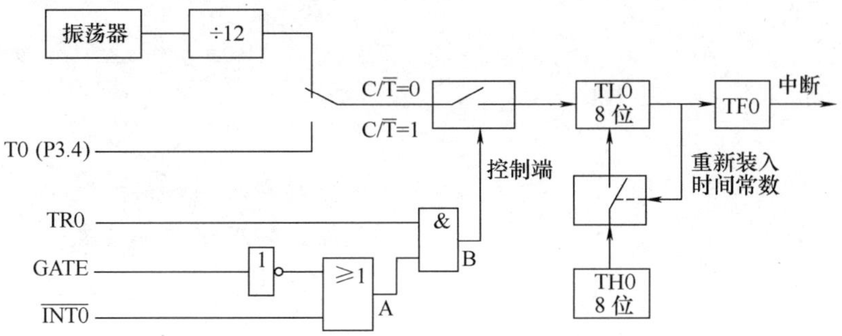

图 6-6　定时器 0 在方式 2 时的逻辑电路结构

例题 6.2　**已知单片机的 f_{osc} = 12MHz，使定时器 0 工作于方式 2，在 P1.0 引脚上输出周期为 200μs 的连续方波。用中断方式和查询方式编程。**

编程思想：周期为 200μs 的方波，高电平和低电平各占 100μs，当定时器工作于方式 2 时，最大定时时间 t_{max} = 256μs；可采用定时器定时 100μs，根据公式 $N = 2^n - (t \times f_{osc})/12$，计算 N = 156。

（1）中断方式编程

```
#include <reg51.h>
sbit P10 = P1^0;                    //定义 P1.0 引脚
void main()
{TMOD = 0x02;                       //设置 T0 工作于方式 2,定时
 TH0 =156;                          //计数初值送计数器
 TL0 =156;
 EA =1;                             //开总中断
 ET0 =1;                            //T0 开中断
 TR0 =1;                            //启动 T0 工作
 while(1);
}
 void  time0_int( )interrupt 1     //T0 中断程序
 {
```

```
    P10 = ! P10;                    //P1.0 引脚取反
  }
```

(2) 查询方式编程

```
#include <reg51.h>
sbit P10 = P1^0;
void main()
{TMOD = 0x02;
 TH0 = 156;
 TL0 = 156;
 TR0 = 1;
 While(1)
 {
   while(TF0 = = 0);               //定时时间未到,等待
   {TF0 = 0;                       //对溢出标志位软件清零
   P10 = ! P10;                    //P1.0 引脚取反
}
  }
}
```

例题 6.3 使 T1 工作于方式 2，对外部 1Hz 的脉冲计数，每计 12 个脉冲，连接在 P1.0 引脚上的发光二极管闪烁 3 次。电路原理图如图 6-7 所示。

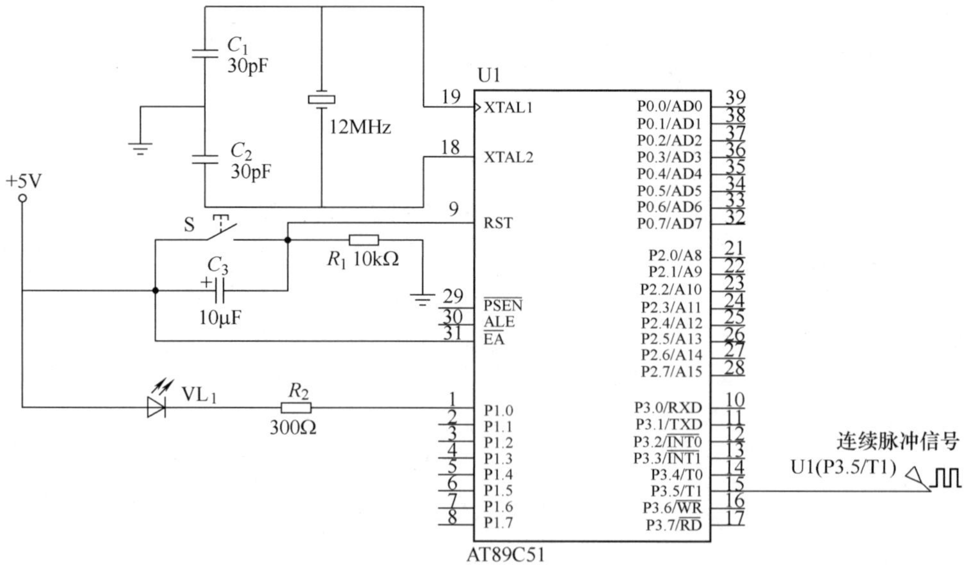

图 6-7　例题 6.3 电路原理图

编程思想：定时器工作于方式 2 计数时，最大计数值为 256。根据公式 $N = 2^n - M$，可得 $N = 2^8 - 12 = 244$。

```
#include <reg51.h>
#define uchar unsigned char
sbit P10 = P1^0;                 //定义 P1.0 引脚
uchar  i;                        //定义循环变量
void delay(int t)                // 定义延时函数
{ int m,n;
    for(n = 0;n < t;n ++)
       for(m = 0;m <120;m ++);
}
void main()
{
  P10 =1;                        //发光二极管灭
  TMOD = 0x60;                   //设置 T1 工作于方式 2 计数
  TH1 =244;                      //计数初值送计数器
  TL1 =244;
  EA =1;                         //开总中断
  ET1 =1;                        //T1 开中断
  TR1 =1;                        //启动 T1 工作
  while(1);                      //等待中断
}
void  time1_int(  )interrupt 3   //T1 中断程序
{ TR1 =0;                        //T1 停止计数
  for(i =0;i <3;i ++)            //指示灯闪烁 3 次
{ P10 =0;
  delay(50);
  P10 =1;
  delay(50);
}
  TR1 =1;                        //再次启动 T1 工作
}
```

4. 方式 3（M1M0 = 11）

上面介绍的三种方式对 T0、T1 而言，工作原理是完全一样的。方式 3 只适用于 T0，不适用于 T1。

（1）工作于方式 3 下的 T0　在方式 3 下，T0 被拆为两个独立的 8 位的计数器 TL0 和 TH0。其中 TL0 既可以作为计数器使用，又可以作为定时器使用，享用定时器/计数器 0 的运行控制位 TR0 和溢出标志位 TF0。对于 TH0，只能作为定时器使用，由于 T0 的运行控制位 TR0 和溢出标志位 TF0 已被 TL0 占用，因此 TH0 占用了 T1 的运行控制位 TR1 和溢出标志位 TF1，即定时的启动和停止受 TR1 的状态控制，计数溢出时则置位 TF1。定时器 0 在方式 3 时的逻辑电路结构如图 6-8 所示。

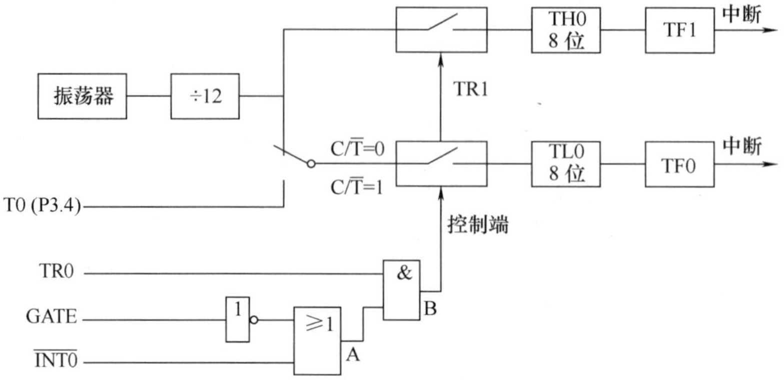

图 6-8　定时器 0 在方式 3 时的逻辑电路结构

（2）工作于方式 3 下的 T1　当 T0 工作在方式 3 时，T1 只能工作在方式 0、方式 1 和方式 2，在这种情况下 T1 只能作为波特率发生器使用，以确定串行通信的速率。

6.3.4　定时器应用总结

从上面内容可以看出单片机的定时器/计数器主要有两种用途：定时和计数。

1. 定时器应用

前面在对定时器工作的方式介绍中已经多次举例说明了定时器的应用，这里把定时器应用的要点总结如下：

1）根据所要求的定时长短、定时重复性以及定时脉冲的波形，合理选择定时器工作的方式，确定实现方法。

2）利用定时时间以及单片机系统工作频率来计算出定时器的计数初值。

3）编写定时器的初始化程序，包括定义 TMOD、写入计数初值、设置中断系统和启动定时器等。

4）编写定时器的中断服务程序，注意是否要恢复定时器的计数初值。

2. 计数器应用

单片机的定时器/计数器用作计数器时，就是记录从外部引入到 T0 脚或 T1 脚的输入脉冲数。每当外部脉冲出现一次由高电平“1”到低电平“0”的负跳变时，计数器加 1。单片机在每个机器周期的 S5P2 期间对外部输入信号采样，如果在第 1 个周期采样值为高电平“1”，在第 2 个机器周期采样值为低电平“0”，则在第 3 个机器周期的 S3P1 期间把计数器加 1，所以 CPU 确认一次脉冲跳变需要两个机器周期（即 24 个振荡器周期），因此外部脉冲的最高频率不能超过振荡频率的 1/24。对于外部输入脉冲信号的占空比没有特殊限制，但是为了保证某一给定的电平在变化前至少被采样一次，则外部输入脉冲信号的宽度不应小于一个机器周期。

3. 门控位 GATE 的功能和应用

在专用寄存器 TMOD 中有门控位 GATE，它的功能是使 T0、T1 的运行受外部中断请求信号、电平的控制。当 GATE = 1，TR1 = 1 时，只有 $\overline{INT1}$ 引脚上出现高电平，T1 才可以运行；当 GATE = 1，TR0 = 1 时，只有 $\overline{INT0}$ 引脚上出现高电平，T0 才可以运行。利用该功能可以测试引脚 P3. 2 或 P3. 3 上正脉冲的宽度。

6. 4　中断及定时器应用

任务 6-1　外部中断 0 的应用

1. 目的与要求

通过开关的断开与闭合来设置外部中断的禁止与允许，掌握中断系统的主程序与中断程序的编写。

设计要求：外部中断 0 无中断产生时，8 只发光二极管同时闪烁，有中断产生时，8 只发光二极管依次点亮。

2. 电路设计

如图 6-9 所示，P1 口接 8 只发光二极管，输出低电平时发光二极管点亮。P3. 2 引脚接开关，开关断开无中断产生时，8 只发光二极管同时闪烁；开关闭合时产生中断，8 只发光二极管依次点亮。

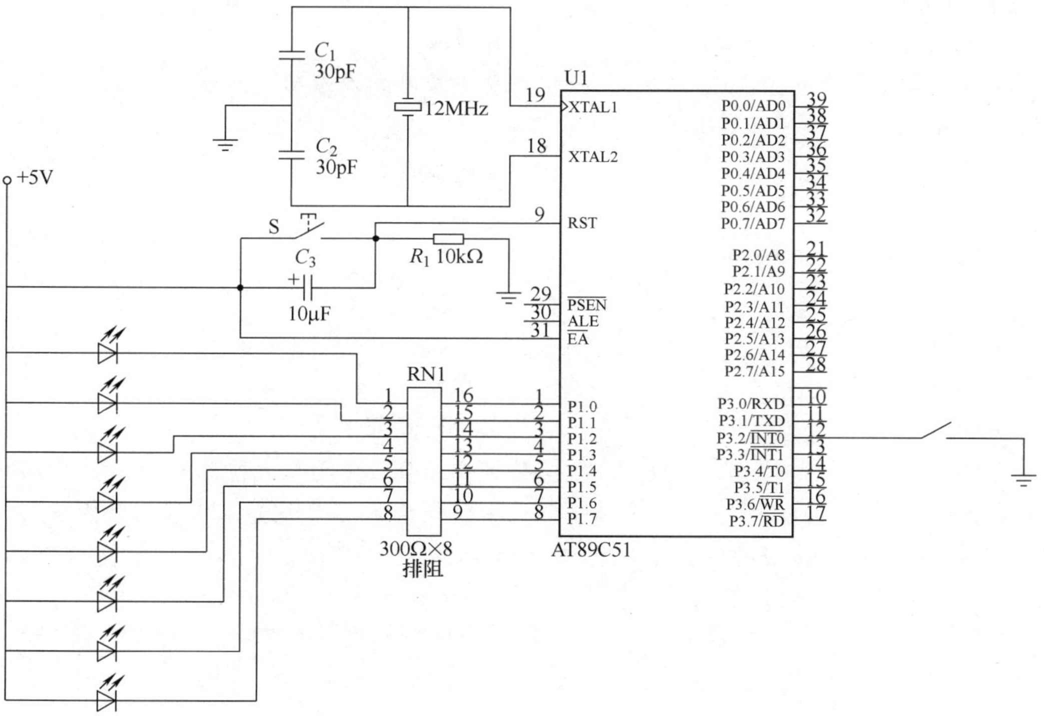

图 6-9　外部中断 0 应用

3. 流程图和源程序设计

流程图如图6-10所示。

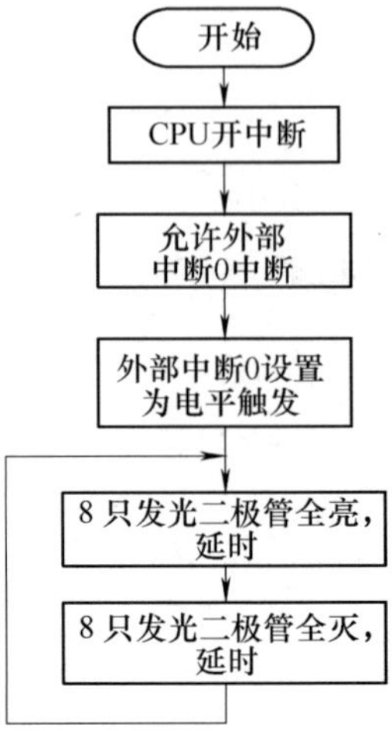

图6-10　任务6-1流程图

源程序如下：

```
#include <reg51.h>                    //文件包含
#define uchar unsigned char           //定义无符号字符型数据类型
void delay(int t)
{ int m,n;                            //定义延时函数
  for(n=0;n<t;n++)
   for(m=0;m<120;m++);
}
main()
{ EA=1;                               //开总中断
  EX0=1;                              //外部中断0开中断
  IT0=0;                              //外部中断0设置为低电平触发
  while(1)                            //无中断产生时,8只发光二极管同时闪烁
  { P1=0x00;delay(400);
  P1=0xff;delay(400);
  }
}
void ex0_int()interrupt 0             //外部中断0中断服务程序
{uchar i,k;
  k=0xff;
  for(i=0;i<9;i++)                    //循环9次,全灭1次,8只发光二极管依次点亮
```

```
  { P1 = k;
    delay(200);
    k = k < <1;
  }
}
```

任务 6-2　测频仪的设计

1. 目的与要求

通过测频仪系统的设计与制作，能根据控制要求选择定时器/计数器的工作方式，计算计数初值，掌握定时器/计数器和中断系统的应用程序的编写方法。

设计要求：能测试 0 ~ 255Hz 低频数字信号的频率，并把结果显示在数码管上。

2. 电路设计

电路原理图如图 6-11 所示，低频数字信号从单片机的 P3.5（T1）引脚输入，采用动态显示方式显示频率值，P0 口接锁存器 74LS373 作为驱动电路，输出显示字符的字段码；P2 口低 3 位作字位码，数码管为共阴极结构。

3. 源程序设计

编程思路：采用定时器 0（T0）工作于方式 1，定时 1s，定时器 1（T1）工作于方式 2 计数，T0 定时 1s 的过程中，T1 的计数值便为输入数字信号的频率值。将频率值的百位、十位和个位分离出来，以动态方式显示，流程图如图 6-12 所示。

源程序如下：

```
#include < reg52.h >                    //头文件定义
#define uint unsigned int
#define uchar unsigned char
uchar str[3],Time0_num = 0,Hz,k;        //记录定时器 0 中断次数
bit  Time0_bit;                         //定义 1s 时间到否的标志位
uchar code  dis[10] = {0xc0,0xf9,0xa4,0xb0,0x99,0x92,0x82,0xf8,
0x80,0x90};
void  delay1ms(uchar t)                 //1ms 延时程序
{ uchar m,n;
  for(n = 0;n < t;n + +)
  for(m = 0;m < 120;m + +);
}
void main( )
{  uchar i;
   EA = 1;                              //开中断
   ET0 = 1;                             //开定时器 0 中断
   TMOD = 0x61;                         //定时器 0 工作于方式 1,定时;定时器 1 工
                                          作于方式 2,计数
```

```
    TL1 = 0;                          //计数寄存器清零
    TL0 = (65536-50000)% 256;         //定时 50ms,对应的计数初值送 T0 计数器
    TH0 = (65536-50000)/256;
    TR0 = 1;
    TR1 = 1;                          //定时器,计数器启动
 while(1)
 {
   k = 0xfe;                          //动态方式显示频率值
   for(i = 0;i < 3;i + +)
       { P2 = k;
         P0 = ~dis[str[i]];
         delay1ms(2);
         P0 = 0x00;
         k = k < <1 |0x01;
       }
 if(Time0_bit = =1)                   //1s 到
 {  Time0_bit = 0;
    for(i = 0;i < 3;i + +)            //频率值分解出百、十、个位存于数组中
    {  str[i] = Hz% 10;
       Hz /=10;
    }
 }
    }
 }
 void Time0()interrupt 1              //定时器 0 中断程序
 {
   TH0 = 0x3c;                        //重装计数初值
   TL0 = 0xb0;
   Time0_num + +;
   if(Time0_num = =20)                //1s 到,读计数器值
   {  Time0_num = 0;
      TR1 = 0;                        //T1 停止工作
      Hz = TL1;                       //读频率值送变量 Hz
      TL1 = 0;                        //计数器清零
      Time0_bit = 1;                  //1s 到,标志位置 1
      TR1 = 1;                        //再次启动 T1 工作
   }
 }
```

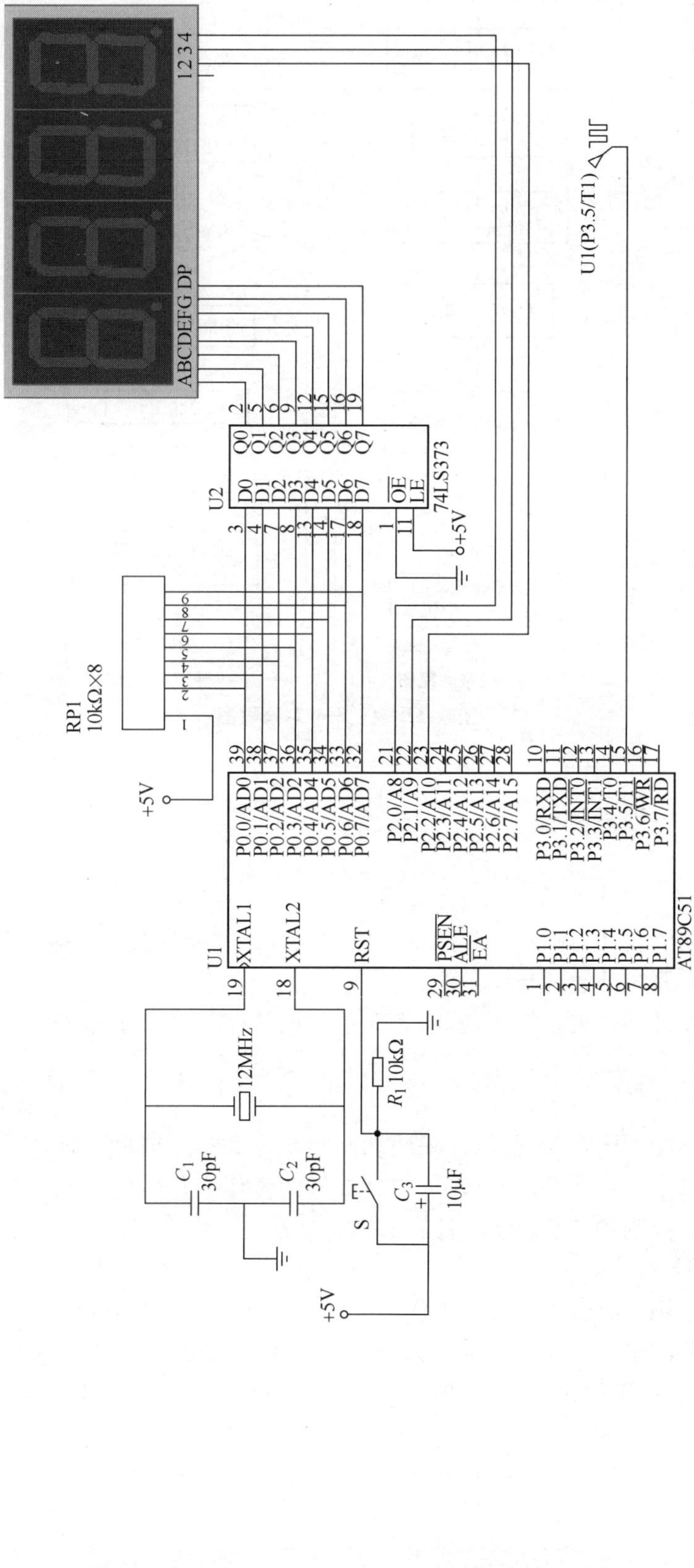

图 6-11　任务 6-2 电路原理图

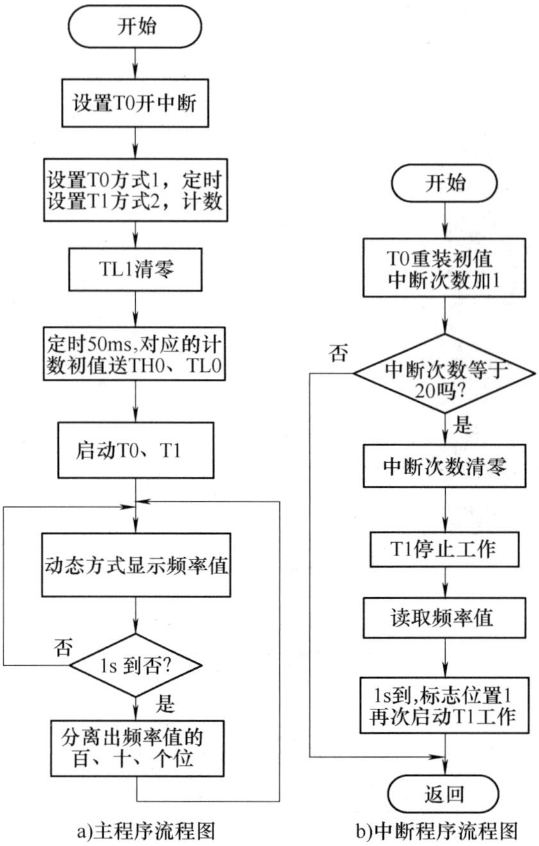

图 6-12　任务 6-2 流程图

任务 6-3　秒表的设计

1. 目的与要求

通过秒表电路的设计与制作，掌握定时器的应用，并能和按键、显示模块综合应用，提高小型单片机应用系统的设计与调试能力。

设计要求：设计一秒表，能实现 0 ~ 59s 范围内计时，并要求秒表具有启动、停止和清零功能。

2. 电路设计

秒表电路原理图如图 6-13 所示，采用动态显示方式显示时间，P0 口接锁存器 74LS373 作为驱动电路，输出显示字符的字段码。P2 口低两位作字位码，数码管为共阴极结构。P1 口低 3 位接按键，控制秒表的启动、停止和清零功能。

3. 源程序设计

编程思路：采用定时器 1（T1）工作于方式 1，定时 1s，中断方式编程，1s 到后，将时间的个位与十位分离出来，编写显示函数以动态方式显示时间。编写按键函数，若按下启动键，则 TR1 = 1；若按下停止键，则 TR1 = 0；若按下清零键，则 TR1 = 0，并且时间及个位和十位值均清零。

流程图如图 6-14 所示。

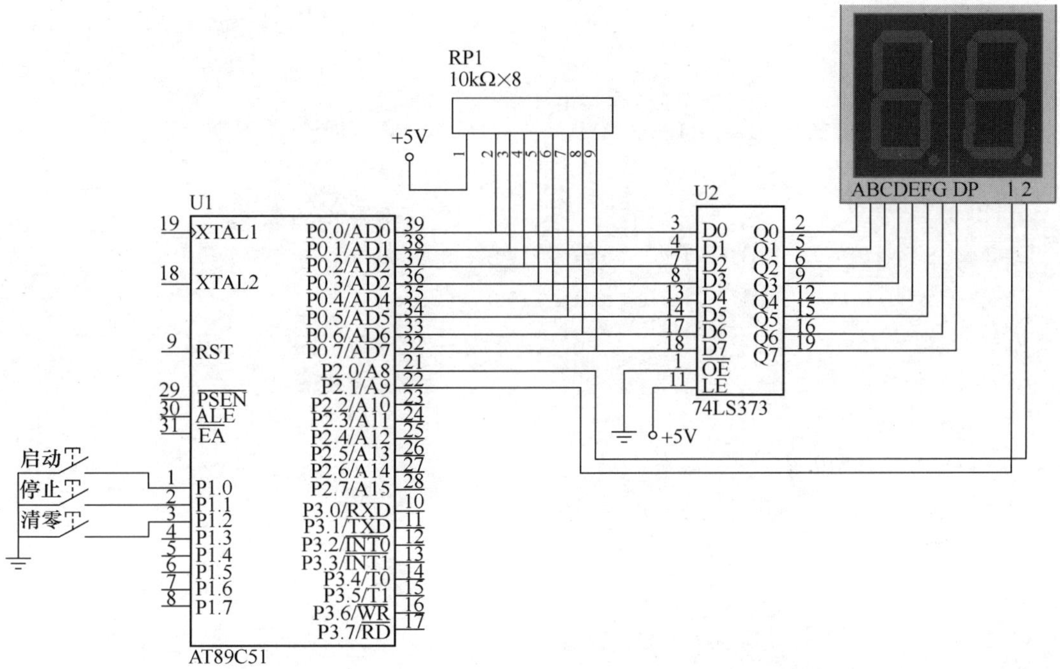

图 6-13　秒表电路原理图

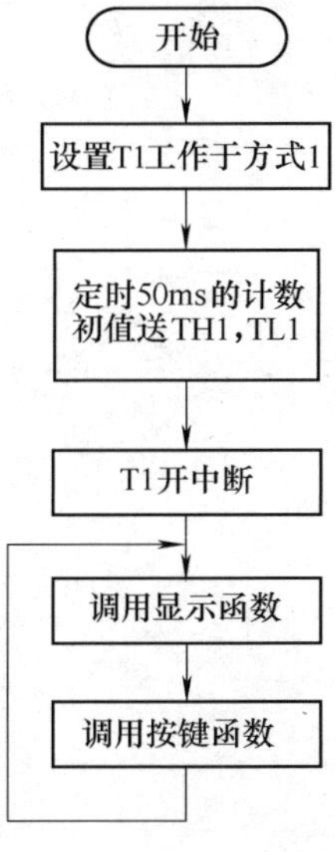

图 6-14　任务 6-3 流程图

源程序如下:

```
#include <reg51.h>
#define uchar unsigned char
uchar code  tab[10] = {0xc0,0xf9,0xa4,0xb0,0x99,0x92,0x82,0xf8,
0x80,0x90};
```

```
uchar i =0,j =0,count =0,time =0,key;
void delay(uchar x)                          /*延时函数*/
{ uchar t;
  while(x--)
  for(t =0;t <120;t + +);
 }
void display()                               /*显示函数*/
{ P2 =0xfe;P0 = ~tab[j];delay(2);P0 =0x00;
  P2 =0xfd;P0 = ~tab[i];delay(2);P0 =0x00;
}
void anjian()                                /*按键函数*/
{ P1 =0xff;
  if(P1! =0xff)
  {delay(10);
   key = P1;
   switch(key)
   {case 0xfe:TR1 =1;break;
    case 0xfd:TR1 =0;break;
    case 0xfb:time = i = j =0;TR1 =0;break;
   }
  }
}
main()                                       /*主函数*/
{ TMOD =0x10;
  TH1 =0x3C;
  TL1 =0xB0;
  EA =1;
  ET1 =1;
  while(1)
    { display();
      anjian();
    }
}
void time1_int()interrupt  3                 /*50ms 中断函数*/
{TH1 =0x3C;
 TL1 =0xB0;
 count + +;
 if(count = =20)
 { count =0;
```

```
    time++;
    if(time==60)time=0;
    i=time/10;
    j=time%10;
  }
}
```

本章小结

1. 中断是单片机中的一个重要概念。51 单片机提供了 5 个中断源：外部中断 0、外部中断 1、定时器/计数器 0、定时器/计数器 1 和串行口。中断请求的优先级由用户编程和内部默认优先级共同确定。

2. 中断应用编程包括主程序和中断服务程序的编写。

3. 51 单片机内部有两个可编程定时器/计数器 0 和 1，每个定时器/计数器有四种工作方式：方式 0 ~ 方式 3。定时器/计数器的工作方式通过 TMOD 寄存器设置，运行许可受 TCON 寄存器控制。

4. 定时器/计数器的编程包括设置工作方式寄存器、计算初值及控制寄存器（可位寻址）。初值由定时时间及定时器/计数器的位数决定。

习　题

6.1　单选题

（1）单片机的定时器/计数器工作于定时方式是______。

A. 对内部脉冲计数，一个机器周期加 1　B. 对内部脉冲计数，一个机器周期减 1

C. 对外部脉冲计数，一个机器周期加 1　D. 对外部脉冲计数，一个机器周期减 1

（2）单片机的定时器/计数器 0 工作于计数方式时，脉冲是______。

A. 外部脉冲由 P3.5 引脚输入　B. 外部脉冲由 P3.4 引脚输入

C. 内部脉冲　D. 外部脉冲由 P3.7 引脚输入

（3）若单片机的定时器/计数器 1 用作定时方式，工作于方式 1，则工作方式控制字为______。

A. 0x01　B. 0x10　C. 0x20　D. 0x02

（4）若单片机的定时器/计数器 0 用作计数方式，工作于方式 2，则工作方式控制字为______。

A. 0x01　B. 0x10　C. 0x60　D. 0x06

（5）启动 T0 开始工作的语句是______。

A. TR0=0;　B. TR0=1;　C. TR1=0;　D. TR1=1;

（6）停止 T1 工作的语句是______。

A. TR0=0;　B. TR0=1;　C. TR1=0;　D. TR1=1;

（7）CPU 响应外部中断 0 的中断请求后，程序计数器 PC 的值是______。

A. 0x0003　　B. 0x000B　　C. 0x0013　　D. 0x001B

（8）复位后，下列中断源优先级的级别最低的是______。

A. 外部中断0　　B. 定时器/计数器0

C. 定时器/计数器1　　D. 串行口

（9）关闭CPU中断的语句是______。

A. EA =1;　　B. EA =0;　　C. EX0 =0;　　D. ET0 =1;

（10）定时器/计数器工作于方式1的最大计数值是______。

A. 8192　　B. 65536　　C. 256　　D. 1000

6.2　填空题

（1）51单片机的中断源有______个。

（2）定时器/计数器0的中断序号是______。

（3）定时器/计数器1的两个8位计数器分别是______和______。

（4）若晶振频率为6MHz，定时器/计数器工作于方式2的最大定时时间为______。

（5）定时器/计数器的工作方式由特殊功能寄存器______设定。

（6）定时器/计数器1的中断请求标志位TF1在特殊功能寄存器______中。

6.3　简答题

（1）说明51单片机定时器/计数器的定时和计数功能有什么不同？分别应用在什么场合？

（2）简述51单片机定时器/计数器四种工作方式的特点，以及如何选择和设定。

（3）说明定时器/计数器中两个专用寄存器各位的功能。

（4）什么叫中断？中断有什么特点？

（5）51单片机有哪几个中断源？如何设定它们的优先级？

（6）说明中断允许控制寄存器（IE）各位的功能。

（7）说明CPU响应中断的过程。

6.4　编程题

（1）使定时器/计数器1工作于方式1，在P2.0引脚上输出周期为2s的连续方波，$f_{osc}=12MHz$。

（2）使定时器/计数器0工作于方式2，在P2.0引脚上输出周期为100μs的连续方波，$f_{osc}=12MHz$。

（3）使T0对外部脉冲计数，每计100个脉冲后，P1.0引脚上的发光二极管闪烁3次。

第 7 章

串行输入/输出接口

随着微机网络技术的发展，通信功能越来越重要。通信是计算机与外部设备之间，也可以是计算机与计算机之间的信息交换，有两种基本的通信方式：并行通信和串行通信。并行通信通过并行输入/输出接口来实现，具有传输速度快等优点，但成本较高。串行通信利用串行输入/输出接口实现，具有使用传输线少，成本低的优点，但传输速度慢。本章介绍串行通信的基本概念和串行通信中常采用的几种总线标准，并介绍51系列单片机串行口的结构、工作方式和单片机之间的双机通信。

7.1 串行通信概述

7.1.1 串行通信的基本方法

串行通信是数据一位一位地按先后顺序在一根传输线上传送。串行通信有两种基本的通信方式：异步通信和同步通信。

1. 异步通信

在异步通信中，每个数据都是以特定的帧的形式传送，数据在通信线上一位一位地串行传送，每一帧按先后顺序由以下几部分组成：

1）起始位，表示传送一个数据的开始，用低电平表示，占一位。

2）数据位，要传送的数据的具体内容，数据的位数可以是5、6、7或8位，一般为8位，数据从低位开始传送 。

3）奇偶校验位，为了保证数据传输的正确性，在数据位之后紧跟一位奇偶校验位，该位可用于有限差错检测，微机在通信时双方约定一致的奇偶校验方式。

4）停止位，表示发送一个数据的结束，用高电平表示，占一位、一位半或两位，用于向接收端表示一帧字符的信息已发送完。

由以上可知，一帧数据可由10位、10.5位或11位组成。

在发送的间隙，即线路空闲时，线路处于逻辑“1”状态，我们称逻辑“1”为传号（MARK），称逻辑“0”为空号（SPACE）。异步通信中数据传送的格式如图7-1所示。

2. 同步通信

在异步通信中，由于每个数据都包含起始位和停止位，它们占用了传送的时间，当数据量较大时，这一点更为突出，所以在大量数据传输时常采用同步通信方式来传送数据。同步通信（Synchronous Communication）依靠同步字符在每个数据块传送开始时使收发双方同步，同步字符可由用户选定的某个特殊的 8 位二进制代码来表示，收发双方必须使用相同的同步字符，当线路空闲时不断发送同步字符。同步通信中数据传送的格式如图 7-2 所示。

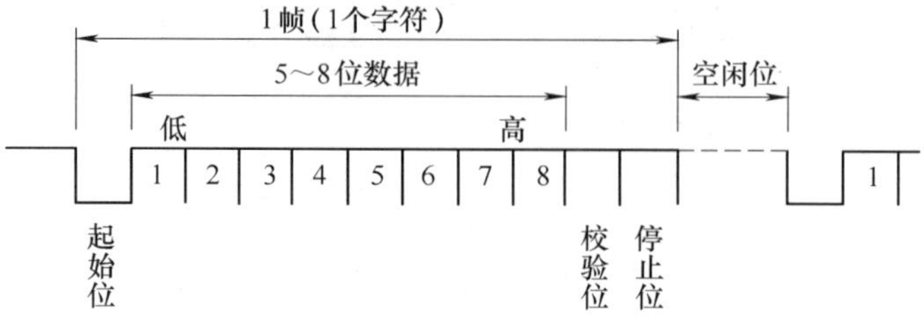

图 7-1　异步通信中数据传送的格式

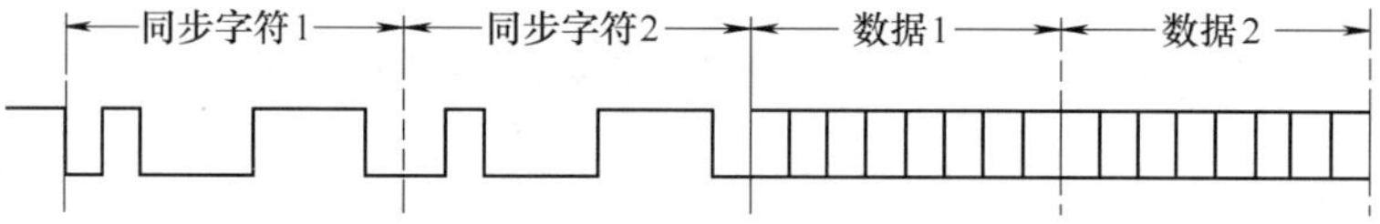

图 7-2　同步通信中数据传送的格式

同步通信的特点是以同步字符为发送数据的开始标志，每个数据占一定长度，数据之间不留空隙。当线路空闲时不断发送同步字符。

同步通信要求有准确的时钟来保证发送端和接收端的严格同步，所以硬件成本较高。实际应用中异步通信常用于少量数据的传送且传送速度要求较低的场合；同步通信常用于大量数据的传送且传送速度要求较高的场合。

7.1.2　串行通信中的几个问题

1. 波特率

每秒传送的位数称为波特率，用它可以体现通信的快慢程度。

1 波特 =1 位/s（1bit/s）

例如，微型打印机最快的传送速率为 30 字符/s，每个字符为 10 位，则波特率为

10 位/字符 ×30 字符/s =300 位/s（300bit/s）

可算出传送一位所需时间为

t =1/波特率 =（1/300）s =3. 3ms

2. 接收/发送时钟

接收/发送时钟用于控制通信设备接收/发送数据的速度，通常由外部时钟电路产生时钟信号。在异步通信方式下，发送端发送数据时在发送时钟的下降沿将移位寄存器的数据串行移位输出，而接收端在接收时钟的上升沿采样接收数据线，当接收数据线上为低电平时则认为可能是数据的起始位。发送时钟和接收时钟分别如图 7-3 和图 7-4 所示。

接收/发送时钟频率与波特率的关系如下：波特率 = 接收/发送时钟频率/n（n 称为波特率因子，n =1，16，64）。通过上述方法，可以排除接收线上的噪声干扰，识别假起始位，并且每次都能精确地确定起始位的中间点，从而提供了一个时间基准，保证接收能正确进行。

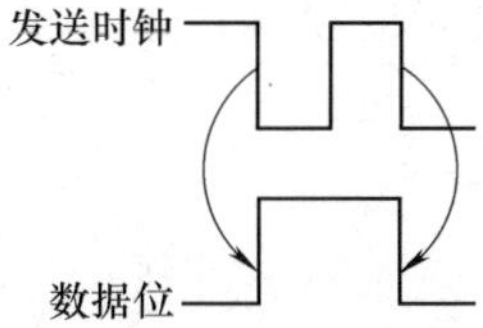

图 7-3　发送时钟

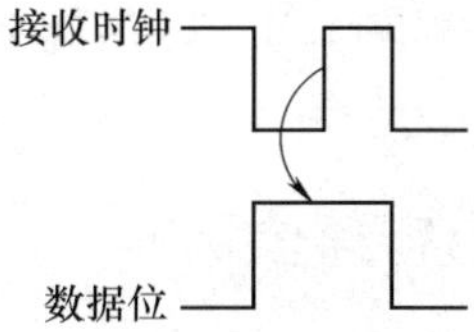

图 7-4　接收时钟

3. 单工、半双工、全双工通信方式

在串行通信中，按照数据传送的方向，可分为单工，半双工和全双工三种。

（1）单工（Simplex）方式　单工方式如图 7-5 所示，该方式只允许数据按照一个固定的方向传送。图中 A 只能发送，B 只能接收。

图 7-5　单工方式

（2）半双工（Half-Duplex）方式　半双工方式如图 7-6 所示，这种方式允许数据从 A 站发到 B 站，也能从 B 站发送到 A 站，但由于只有一根传输线，在同一时刻只能有一个站发送，另一个站接收。

（3）全双工（Full-Duplex）方式　全双工方式如图 7-7 所示，这种方式允许数据同时双向传送。在实际应用中，尽管许多串行通信接口电路具有全双工通信能力，但大多数情况下只工作于半双工方式，这样并不会产生混乱反而使设计工作简单、实用。

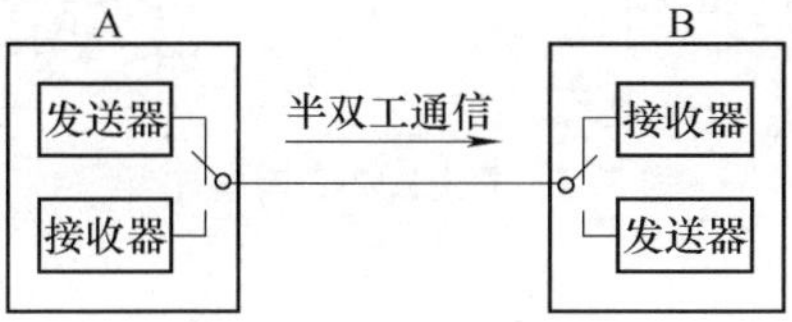

图 7-6　半双工方式

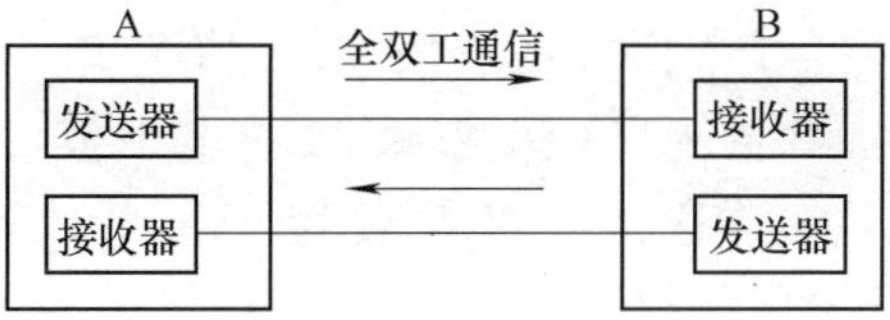

图 7-7　全双工方式

4. 数据的校验方法

在通信当中，不可避免会有干扰、线路故障等因素的存在。为了保证数据传送的正确性，对数据进行校验是通信中非常重要的环节。常用的校验方法有奇偶校验、校验和、循环冗余码校验。接收端能用这三种方法检测错误，但不能更正错误，如果要使接收端既能检测出错误又能发现错误在什么地方并加以更正，则可采用海明码校验或交叉奇偶校验。

奇偶校验只能提供简单的错误检测，通常用于异步通信中。采用奇偶校验方法时，发送时在每个数据的最高位之后附加一个奇偶校验位。这个校验位可以是“1”或“0”，以保证整个数据（包括校验位）的“1”的个数为偶数（偶校验）或为奇数（奇校验），接收时接收端在接收完一帧数据之后，对每个数据也进行校验，如满足事先约定的奇偶性，则表明数据传输正确，否则就表示传输出现了错误。

7.2　串行通信标准

在微机测控系统中，有时采用多机互连才能达到测控要求。各微机之间的传送主要采用串行通信方式，常用的串行通信接口有 RS-232C，RS-422A 和 RS-485 等，RS 表示推荐标准（Recommended Standard）。

7.2.1 RS-232C 串行通信标准

RS-232C 是美国电子工业协会 EIA（Electronic Industries Association）公布的最早的串行总线标准，它于 1969 年被国际组织认可。RS-232C 用于微机与微机之间，微机与外部设备之间的数据通信，RS-232C 适用于通信距离一般不大于 15m、传输速率小于 20kbit/s 的场合。但事实上，现在的应用早已远超过这个速度范围。RS-232C 可说是相当简单的一种通信标准，若不使用硬件控制，则最少只需利用三根信号线，便可实现全双工通信。

1. 电气特性及电平转换

微机中的信号电平是 TTL 电平，即 2.4 ~ 5V 为高电平“1”，0 ~ 0.4V 为低电平“0”。如果在 DTE（Data Terminal Equipment，数据终端设备）和 DCE（Data Communication Equipment，数据通信设备）之间仍采用 TTL 电平传送数据，那么在长距离通信时可能会使信号源点的逻辑“1”电平在达到目地点时衰减到 0.4V 以下，从而使通信失败，为了提高数据通信的可靠性和抗干扰能力，RS-232C 标准中规定：RS-232C 采用负逻辑，信号源点的逻辑“0”（空号）电平范围为 +5 ~ +15V，逻辑“1”（传号）电平范围为 -5 ~ -15V，目地点的逻辑“0”电平范围为 +3 ~ +15V，逻辑“1”电平范围为 -3 ~ -15V，噪声容限为 2V。RS-232C 信号电平如图 7-8 所示。

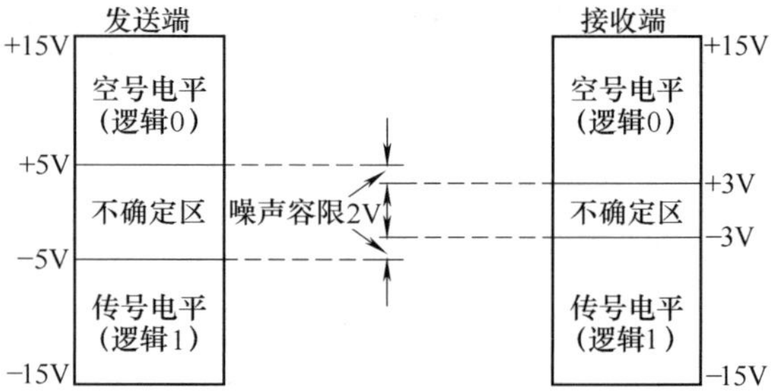

图 7-8 RS-232C 信号电平

通常 RS-232C 总线的逻辑“0”用 +12V 表示，逻辑“1”用 -12V 表示。

常用专门集成电路实现上述的电平转换，如 MC1488 可将 TTL 电平转换为 RS-232C 电平；MC1489 可将 RS-232C 电平转换为 TTL 电平；MAX232A 兼有这两种功能。

2. RS-232C 总线连接系统的方法

（1）微机与终端的远程连接　微机与终端之间的距离大于 15m 时，微机与终端都必须使用 MODEM 来实现通信。

（2）近程连接　终端与微机之间的简单连接如图 7-9 所示，微机与计算机之间的简单连接如图 7-10 所示。

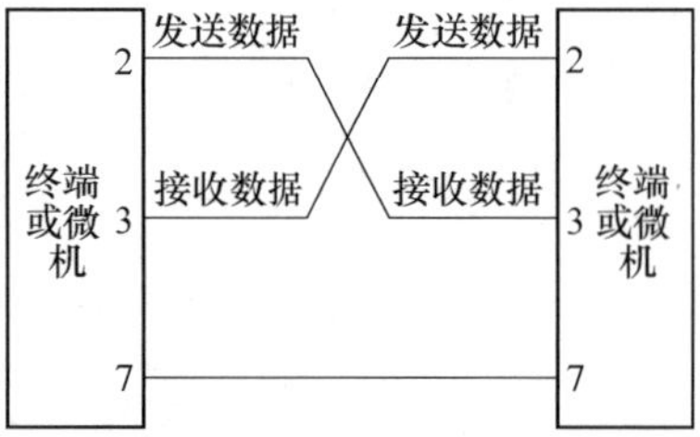

图 7-9 终端与微机之间的简单连接

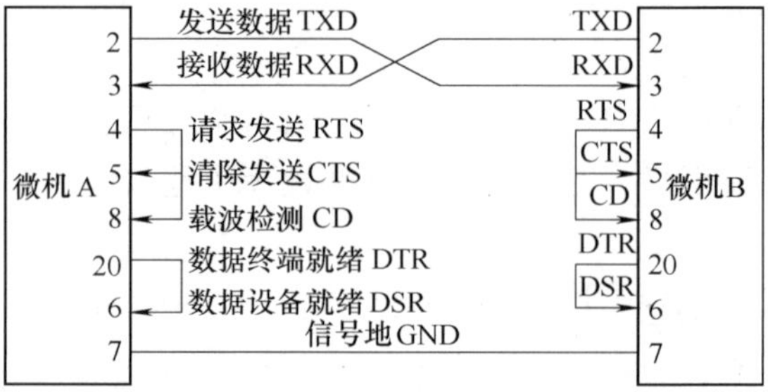

图 7-10 微机与微机之间的简单连接

7.2.2　RS-422A 与 RS-485 串行通信标准

RS-232C 的定义包括电气特性（如电压值）、机械特性（如接头形状）及功能特性（如引脚信号）等。但 RS-232C 的电气特性是属于非平衡传输方式，抗干扰能力较弱，故传输距离较短，约为 15m；RS-232C 也没有明确规定连接器，因而出现了互不兼容的 25 芯连接器；其原始规范的最大传输速度为 20kbit/s。由于以上缺点使得 RS-232C 在应用中受到限制。EIA（美国电子工业协会）根据以上缺点做了改进，于 1977 年制定了 RS-449、RS-422A 和 RS-423A 串行通信标准。RS-422A 和 RS-423A 实际上是 RS-449 标准的子集；RS-485 串行通信标准于 1983 年制订，RS-485 实际上是 RS-422A 的变形。

1. RS-422A 串行通信标准

RS-422A 标准只定义电气特性，它并没有规范引脚定义或接线头的形状等，所以 RS-422A 接线时，可能会觉得比较乱，因为各家 RS-422A 的引脚、接头各自不同。RS-422A 与 RS-232C 最大的差异点在于它的电气特性是采用平衡式差分发送、接收传输方式，利用两条线来传送信号，如果其中的一条线为逻辑“1”状态（+0.2 ~ +6V），则另一条线就为逻辑“0”状态（−0.2 ~ −6V），该方式抗干扰能力较强，故其传输距离较远，它可以在 1200m 距离内把速率提高到 100kbit/s，或在较近距离（12m）内提高到 10Mbit/s。实际上，差分接收器可以区分 0.2V 以上的电位差，因此，可不受地参考电平波动及共模电磁干扰的影响。RS-422A 通常应用于点对点的传输，可做硬件流控，通常是用 RTS 及 CTS 两组信号线来完成硬件流控。但 RS-422A 也允许广播（Broadcast）方式的通信功能，即一个 RS-422A 发送设备可同时广播数据给多个接收设备（最多达 10 个）。与 RS-232C 类似，RS-422A 也是一个单端的、双极性电源的电路标准，但它提高了通信设备的传送速率。RS-422A 也是负逻辑且参考电平为地，但不同的是 RS-232C 规定为 −15 ~ +15V，而 RS-422A 标准规定为 −6 ~ +6V。图 7-11 为 RS-232C/RS-423A/RS-422A 电气接口电路。

在图 7-11a 中 RS-232C 采用单端驱动单端接收电路，该电路的特点是传送信号只用一根导线，对于多根信号线，其地线是公共的。因此，它是最简单的连接结构。但它的缺点是驱动电路无法区分有用信号及干扰信号。图 7-11b 中 RS-423A 由于采用了差分电路接收器，接收器的另一端接发送端的信号地，因而大大地减少了地线的干扰；图 7-11c 中 RS-422A 则更进一步采用了平衡驱动和差分接收方法，从根本上消除了地线干扰。这种驱动器相当于两个单端驱动器，它们的输入是同一个信号，而一个驱动器的输出正好与另一个反相。当干扰信号作为共模信号出现时，接收器则接收差分输入电压。只要接收端

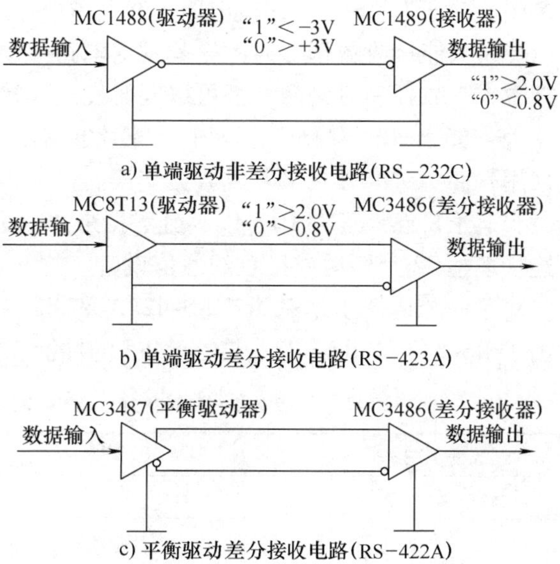

a) 单端驱动非差分接收电路(RS−232C)

b) 单端驱动差分接收电路(RS−423A)

c) 平衡驱动差分接收电路(RS−422A)

图 7-11　RS-232C/RS-423A/RS-422A 电气接口电路

具有足够的抗共模电压工作范围，它就能识别这两种信号而正确接收传送信号。

RS-423A/RS-422A 的另一个优点是允许传送线上连接多个接收器。虽然在 RS-232C 系统中可以使用多个接收器循环工作，但它每一时刻只允许一个接收器工作，RS-423A/RS-422A 可允许 10 个接收器同时工作，关于多站连接方法将在 RS-485 通信中介绍。

2. RS-485 串行通信标准

在许多工业过程控制中，往往要求用最少的信号线来完成通信任务。目前广泛应用的 RS-485 串行接口总线就是为适应这种需要应运而生的。它实际就是 RS-422A 总线的变形，RS-485 与 RS-422A 标准极为类似，也只有电气特性的定义。RS-485 利用平衡驱动、差分接收的方法，从根本上消除了信号地线，有很强的抗干扰能力，适用于高速、长距离的通信场合。在 RS-485 总线上，信号可以分为两种：地址或数据。使用时，可预先设定各通信站的地址号，各通信站的地址号不能相同，在通信时先传送地址，然后再进行命令与数据的双向传送。一般而言，在 RS-422A 的环境下，可以很容易以一个 RS-485 的元件设备来取代原先的 RS-422A 元件设备，二者不同之处在于：RS-422A 为全双工，而 RS-485 为半双工；RS-422A 采用两对平衡差分信号线，RS-485 只需其中的一对。RS-485 更适合于多站互连，一个发送驱动器最多可连接 32 个负载设备。负载设备可以是被动发送器、接收器或组合收发器。电路结构是在平衡连接电缆两端接有终端电阻，在平衡电缆上挂发送器、接收器或组合收发器。RS-422A 和 RS-485 两种总线的连接方法如图 7-12所示。

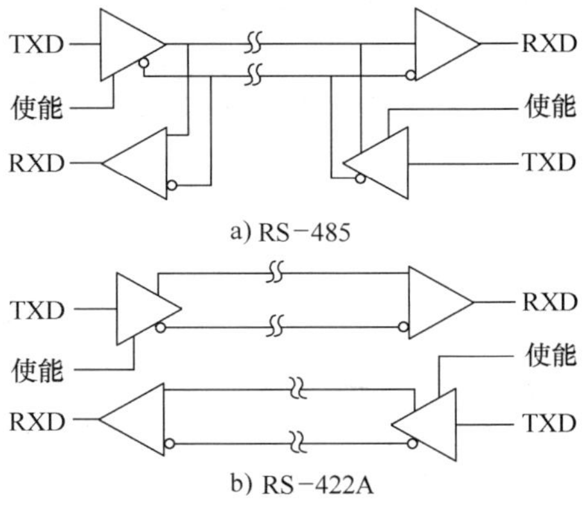

图 7-12　RS-422A/RS-485 总线的连接方法

图 7-12a 为 RS-485 连接电路。在此电路中，某一时刻只能有一个站可以发送数据，而另一个站只能接收数据。因此，其发送电路必须由使能站加以控制。而图 7-12b 由于是双工连接方式，故任一时刻两站都可以同时发送和接收数据。

RS-485 与 RS-422A 这两种标准最大的不同在于 RS-485 很少使用硬件流控，大部分都是采用软件协定的方式来完成数据交换。在一个 RS-485 的通信环境中，每个独立的设备都有一个属于自己地址的 ID，以区分数据来源或去处。在一个 RS-485 的网络中，用一对线便可连接多达 32 个传送或接收的通信设备。

对于一个通信子站来讲，RS-422A 和 RS-485 的驱动/接收电路没有多大差别，表 7-1 给出了 RS-232C、RS-422A 与 RS-485 的性能指标。

表 7-1　RS-232C、RS-422A 与 RS-485 的性能指标

性能指标	RS-232C	RS-422A	RS-485
驱动方式	单端	差动方式	差动方式
可连接的台数	1 台驱动器 1 台接收器	1 台驱动器 10 台接收器	32 台驱动器 32 台接收器
最大传送距离	15m	1200m	1200m

（续）

性能指标	RS-232C	RS-422A	RS-485
最大传送速率	20kbit/s	10Mbit/s	10Mbit/s
驱动器输出电压（开路）	±25V	±5V	±5V
驱动器输出电压（加载）	±5 ~ ±15V	±2V	±1.5V
驱动器负载电阻	3 ~ 7kΩ	100Ω	54Ω
接收器输入电压	−25 ~ +25V	−7 ~ +7V	−7 ~ +12V
接收器输入阈值	−3 ~ +3V	±0.2V	±0.2V
接收器输入电阻	3 ~ 7kΩ	>4kΩ	>12kΩ
通信结构	点对点	点对点或广播	一点对多点

7.3　单片机的串行 I/O 口

51 单片机内部有一个全双工串行通信接口，具有通用异步接收与发送器（UART）功能。该串行口除了用于数据通信外，还可作为同步移位寄存器使用。图 7-13 为单片机串行口结构示意图。用于控制串行口工作方式和波特率的特殊功能寄存器有 SCON 和 PCON。

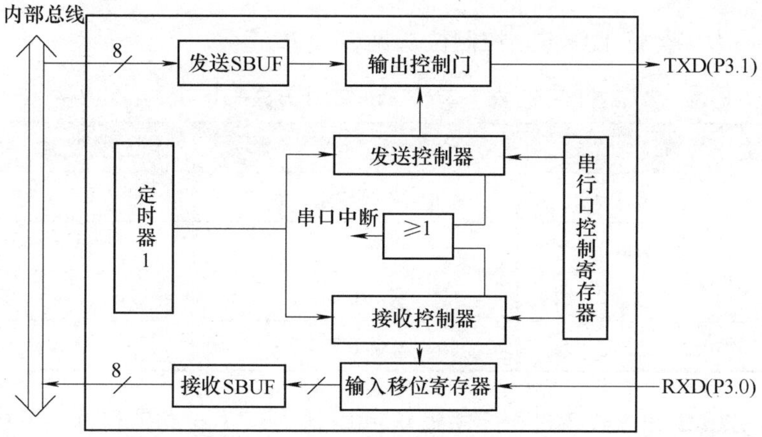

图 7-13　单片机串行口结构示意图

7.3.1　串行口专用寄存器

1. 串行数据缓冲器

51 单片机的串行口有两个物理上相互独立的数据缓冲器（SBUF），如图 7-13 所示，一个用于发送数据，另一个用于接收数据，它们可同时发送和接收数据，但发送缓冲器只能写入数据，不能读出数据，而接收缓冲器正好相反，它只能读出数据，不能写入数据。所以尽管发送缓冲器和接收缓冲器具有同一个地址（99H）。但由于根据读、写指令来确定访问哪一个缓冲器，所以并不会造成使用上的混乱。

发送数据时分为 4 个步骤：

1）传送指令（例如 SBUF = 0x2c）将数据写入发送缓冲器。

2）发送控制器在发送时钟 TXC 的作用下自动在发送字符前后添加起始位、停止位和其他控制位。

3）在 shift（移位）脉冲控制下按事先设置的波特率和方式，一位一位地从 TXD 引脚输出数据。

4）一个数据发送完后，串行口能向 CPU 提出中断请求，请求发送下一个数据。

接收时，串行口基于采样脉冲（接收时钟的 16 倍）对 RXD 引脚进行监视，当“1 到 0 跳变检测器”连续 8 次采样到 RXD 引脚上为低电平时，检测器便确认 RXD 引脚上出现了数据的起始位。接下来数据一位一位地被接收并保存在接收 SBUF 中，然后使 RI = 1 向 CPU 提出中断请求，CPU 响应中断并利用读指令（例如 x = SBUF）读取数据。

2. 串行口控制寄存器

特殊功能寄存器 SCON 用于控制串行口的通信，它的地址为 0x98，可以对它进行位寻址，位地址为 0x98 ~ 0x9F。各位的定义如下：

D7	D6	D5	D4	D3	D2	D1	D0
SM0	SM1	SM2	REN	TB8	RB8	TI	RI

SM0、SM1：为串行口工作方式控制位，见表 7-2。

表 7-2　串行口工作方式

SM0　SM1	工作方式	功　能	波特率
0　0	方式 0	移位寄存器输入、输出	$f_{osc}/12$
0　1	方式 1	8 位 UART	T1 溢出率/N，N = 16、32
1　0	方式 2	9 位 UART	f_{osc}/N，N = 32、64
1　1	方式 3	9 位 UART	T1 溢出率/N，N = 16、32

SM2：允许方式 2 和方式 3 进行多机通信的控制位，在方式 2 和方式 3 中，如果 SM2 = 1，那么串行口接收到第 9 位数据（RB8）为 0 时，则不置位 RI（不提出中断请求）；如果 SM2 = 0，则接收到停止位信息后必置位 RI。在方式 1 中，若 SM2 = 1，则只有收到有效停止位时才置位 RI。在方式 0 中，SM2 必须是 0。

REN：允许接收控制位，REN = 0，则禁止串行口接收；REN = 1，则允许串行口接收。

TB8：是方式 2 和方式 3 中要发送的第 9 位数据，由软件置位或复位。该位可作为奇偶校验位。在多机通信中，该位用于表示是地址帧还是数据帧。

RB8：是方式 2 和方式 3 接收到的第 9 位数据，可能是奇偶校验位或地址/数据标识位。在方式 1 中，若 SM2 = 0，则 RB8 是接收到的停止位。在方式 0 中，不使用 RB8。

TI：发送中断标志位，在方式 0 中当发送完第 8 位数据时，TI 由硬件置位；在其他方式中，TI 在开始发送停止位时由硬件置位。TI = 1 时申请中断，CPU 响应中断后，再发送下一帧数据。在任何方式下，都必须用软件对 TI 清零。

RI：接收中断标志位，在方式 0 中当接收到第 8 位数据时，RI 由硬件置位；在其他方式中，RI 在接收到停止位的中间时刻，由硬件置位。RI = 1 时，串行口向 CPU 请求中断，CPU 响应中断后，从 SBUF 中取出数据。在任何方式下，都必须用软件对 RI 清零。

3. 电源控制寄存器

电源控制寄存器 PCON 字节地址为 0x87，不能对它进行位寻址。只有第 7 位 SMOD 用于方式 1、方式 2 和方式 3 中的波特率控制。其余位用于 CHMOS 型 MCS-51 单片机的低功耗控制。

7.3.2　串行口的四种工作方式

串行口有四种工作方式，但串行通信主要使用方式 1、方式 2、方式 3，方式 0 主要用于扩展并行输入/输出口。

1. 方式 0

在方式 0 下，串行口的 SBUF 作为同步移位寄存器使用，发送 SBUF 相当于一个并入串出的移位寄存器，接收 SBUF 相当于一个串入并出的移位寄存器。数据从 RXD（P3.0）进入或发出，不论是发送还是接收数据，都在 TXD（P3.1）引脚上发出同步移位脉冲。

1）方式 0 发送过程：当把要发送的数据写入串行口发送缓冲器 SBUF 后，串行口将 8 位数据从 RXD 端一位一位地输出。发送完数据后，由硬件将 TI 置“1”，发送下一个数据之前必须先用软件将 TI 清零。

2）方式 0 接收过程：在满足 REN = 1 和 RI = 0 的前提条件下，就会启动一次接收过程。外部的数据一位一位地从 RXD 引脚输入，接收完 8 位数据后硬件置位 RI，接收下一个数据之前必须先用软件将 RI 清零。

3）方式 0 的波特率为

$$\text{方式 0 波特率} = f_{osc}/12$$

即一个机器周期传送一位数据。

2. 方式 1

串行口在方式 1 下工作于异步通信方式，一帧数据有 10 位，包括 8 位数据位，1 位起始位和 1 位停止位。

1）方式 1 发送过程：在工作方式 1 下发送数据时，CPU 执行一条写入 SBUF 的指令就启动发送，数据从 TXD 引脚输出，发送完一帧数据时，硬件置位中断标志 TI。

2）方式 1 接收过程：当 REN = 1 时，接收器对 RXD 引脚进行采样，采样脉冲频率是所选波特率的 16 倍。当采样到 RXD 引脚上出现从高电平“1”到低电平“0”的负跳变时，就启动接收器接收数据。如果接收到的不是有效起始位，则重新检测负跳变。接收器按“三中取二”原则（接收的值是三次采样中至少两次相同的值）来确定采样数据的值以保证采样接收准确无误。

方式 1 只有满足以下两个条件：RI = 0；SM2 = 0 或接收到的停止位为 1，接收到的数据才有效。把接收到的有效 8 位数据送入接收 SBUF 中，停止位送入 RB8 中，并置位 RI。如果以上两个条件有一个不满足，则接收到的数据将被舍去，接收器重新检测 RXD 引脚。

3）方式 1 的波特率为

$$方式1波特率=\frac{2^{SMOD}}{32}\times 定时器1溢出率$$

3. 方式 2 和方式 3

串行口工作在方式 2 或方式 3 时都为 9 位异步通信，且用于多机通信，仅波特率不同，方式 2 和方式 3 下一帧数据由 11 位组成，包括 1 位起始位、8 位数据位、1 位可编程序位（第 9 位数据 TB8，可用作奇偶校验或地址/数据标志位）、1 位停止位，接收数据时，可编程序位送入 SCON 中的 RB8。

1）方式 2 和方式 3 的发送过程：发送数据时，CPU 先把第 9 位数据装入 SCON 的 TB8 中，第 9 位数据可用 TB8 =1 或 TB8 =0 来完成，再把要发送的数据送入发送 SBUF。发送器便立即启动发送数据，发送完一帧数据后，硬件置位 TI，发送下一个数据之前，先用软件将 TI 清零。

2）方式 2 和方式 3 的接收过程：当 REN =1 时，串行口可以接收数据，接收过程类似于方式 1，但必须同时满足两个条件：RI =0；SM2 =0 或接收到的第 9 位数据位为”1”，这样接收到的数据才有效。接收到的有效 8 位数据送入接收 SBUF，第 9 位数据装入 RB8，硬件置位 RI。否则，接收到的数据无效，RI 也不置位。

3）方式 2 和方式 3 的波特率为

$$方式2波特率=\frac{2^{SMOD}}{64}\times f_{osc}$$

$$方式3波特率=\frac{2^{SMOD}}{32}\times 定时器1溢出率$$

4. 串行口波特率的设置

串行口的通信波特率随串行口的工作方式不同而不同，除了与系统振荡频率 f_{osc}、电源控制寄存器 PCON 中的 SMOD 位有关外，还与定时器 1 的设置有关。实际应用中，选择波特率要考虑所选的通信设备、传输线状况和传输距离等外在因素。为了灵活地设置通信波特率，常采用方式 1 或方式 3，为了确定波特率，关键是要计算出定时器 1 的溢出率。

我们可以根据定时器的定时时间 T_C（即定时器溢出周期）来推导波特率。

$$T_C=\frac{(2^n-N)\times 12}{f_{osc}}$$

式中，n 为定时器位数，N 为时间常数，f_{osc} 为振荡频率。

$$溢出率=\frac{1}{TC}=\frac{f_{osc}}{12\times(2^n-N)}$$

$$波特率=\frac{2^{SMOD}}{32}\times 定时器1溢出率=\frac{2^{SMOD}\times f_{osc}}{32\times 12\times(2^n-N)}$$

在实际应用中，一般先确定通信波特率和定时器的位数 n、SMOD 值，然后计算定时器的时间常数 N，其中 SMOD 位的值的选择对波特率的准确度有影响。举例如下：

设精确的波特率为 4800bit/s、f_{osc} =12MHz，定时器工作于方式 2（n =8）。

（1）SMOD =0

$$N=2^n-\frac{2^{SMOD}\times f_{osc}}{波特率\times 32\times 12}=2^8-\frac{2^0\times 12\times 10^6}{4800\times 32\times 12}\approx 249=0xf9$$

在实际工作时，T1 按时间常数为 0xf9 工作，则实际的波特率为

$$波特率=\frac{2^{SMOD}\times f_{osc}}{32\times 12\times(2^8-249)}bit/s=\frac{2^0\times 12\times 10^6}{32\times 12\times(256-249)}bit/s=4464.29bit/s$$

$$波特率误差=\frac{4800-4464.29}{4800}\times 100\%=6.99\%$$

（2） SMOD = 1

$$N=2^8-\frac{2^1\times 12\times 10^6}{4800\times 32\times 12}\approx 243=0xf3$$

T1 按时间常数为 0xf3 工作，实际波特率为

$$波特率=\frac{2^1\times 12\times 10^6}{32\times 12\times(2^8-243)}bit/s=4807.69bit/s$$

$$波特率误差=\frac{4800-4807.69}{4800}\times 100\%=0.16\%$$

由以上可知，尽管 SMOD 可任意选择，但它对波特率误差有直接影响，一般波特率误差不大于 2.5%，所以选择 SMOD 的值时最好先计算一下，选择使波特率误差小的值。

串行口初始化编程，程序如下：

```
TMOD = 0x20;            //设置 T1 为方式 2 定时方式
TH1 = 0xf3;             //预置计数初值
TL1 = 0xf3;
TR1 = 1;                //启动 T1
PCON = PCON |0x80;      //SMOD = 1
SCON = 0x50;            //设置串行口方式 1 工作
```

7.4 串行口的应用

任务 7-1　串行口在方式 0 下的应用

1. 目的与要求

通过串行口方式 0 的应用，掌握单片机串行口方式 0 作移位寄存器的工作原理，理解 TI 和 RI 的硬件置 1 和软件清 0。

设计要求：单片机串行口工作于方式 0，发送字符 0 ~ 9 的共阴极字段码，74LS164 接收字段码后以并行方式输出并在数码管上显示字符 0 ~ 9。

2. 电路设计

电路原理图如图 7-14 所示，利用 74LS164 作为移位寄存器与串行口相连，74LS164 是一种 8 位串行输入并行输出的移位寄存器。引脚 8 为时钟输入端，上升沿读取数据；引脚 1、2 为与门输入端；引脚 9 为清零端，当其为低电平时，输出端为 0；引脚 3、4、5、6、10、11、12、13 为并行输出端。

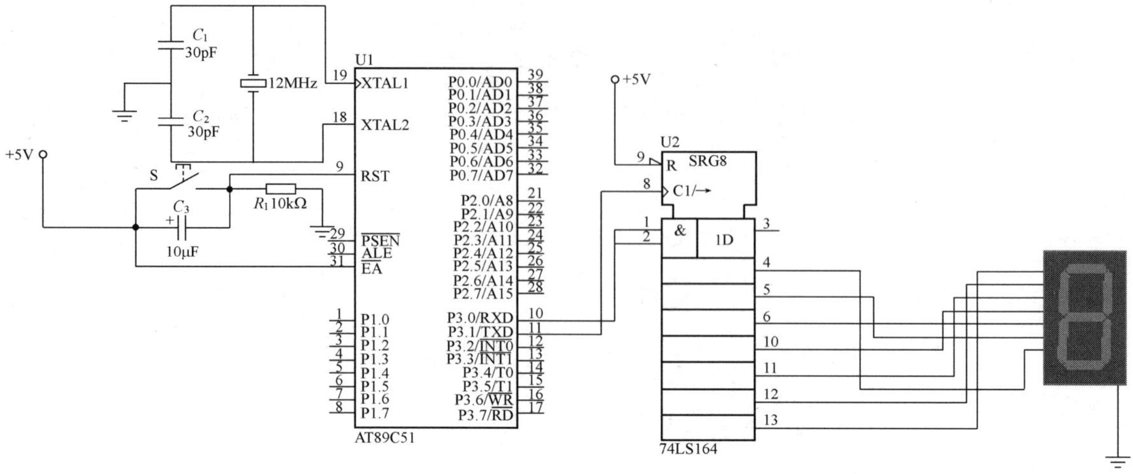

图 7-14　任务 7-1 电路原理图

3. 源程序设计

```
#include <reg51.h>                  //文件包含
#define uchar unsigned char         //定义数据类型
#define uint unsigned int
uchar code dis[ ] = {0x3f,0x06,0x5b,0x4f,0x66,0x6d,0x7d,0x07,0x7f,
0x6f};                              //字符 0~9 的共阴极字段码存于数组中
void delay1ms(uint x)               //定义延时函数
{uint j;
 while(x--)
 for(j =0;j <120;j + +);
}
void  main()                        //主函数
 {uchar i;
  SCON =0x00;                       //设置串行口工作于方式 0
  while(1)
   {for(i =0;i <10;i + +)           //发送字符 0~9 的字段码
    { SBUF =dis[i];
      while(TI = =0);
      TI =0;
      delay1ms(1000);
    }
   }
}
```

任务 7-2　双机通信

1. 目的与要求

通过两台单片机之间通信电路的设计与制作，掌握单片机串行口的工作原理、波特率参数的设置及控制程序的编写。

设计要求：甲机向乙机发送 6 个字符，乙机接收到这 6 个字符后在数码管上循环显示。

2. 电路设计

电路原理图如图 7-15 所示，两单片机的发送端和接收端交叉相连，乙机 P1 口接共阳极数码管，用于显示接收到的 6 个字符。$f_{osc}=11.0592\text{MHz}$，波特率为 2400bit/s。

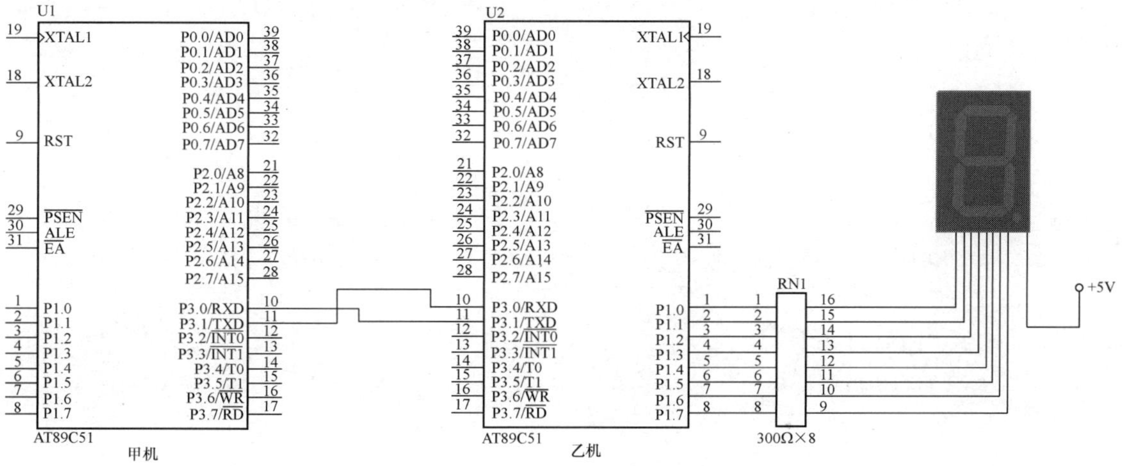

图 7-15　任务 7-2 电路原理图

3. 流程图和源程序

流程图如图 7-16 所示。

发送源程序如下：

```
#include <reg51.h>
main()
{ unsigned char i;
  unsigned char send[] = {8,3,9,4,6,5};   //发送字符存于数组中
  TMOD = 0x20;                             //设置 T1 工作于方式 2,用作波特率
                                             发生器
  TL1 = 0xf4;
  TH1 = 0xf4;
  TR1 = 1;
SCON = 0x40;                               //设置串行口工作于方式 1
for(i = 0;i < 6;i + +)                     //发送 6 个字符
```

```
    { SBUF = send[i];
      while(TI = =0);
      TI =0;
    }
   while(1);                                    //数据发送完毕,程序停止
   }
```

接收程序如下:

```
#include <reg51.h>
unsigned char buffer[6] ={0,0,0,0,0,0}; //定义接收字符的数组
unsigned char tab[ ] = {0xc0,0xf9,0xa4,0xb0,0x99,0x92,0x82,0xf8,
0x80,0x90};
void delay(int t)                         //定义延时函数
{ int m,n;
  for(n =0;n <t;n + +)
  for(m =0;m <120;m + +);
}
void disp()                               //定义显示函数
{unsigned char i;
 for(i =0;i <6;i + +)
  {P1 =tab[buffer[i]];
   delay(1000);
  }
}
main()
{ unsigned char i;
  TMOD =0x20;
  TL1 =0xf4;
  TH1 =0xf4;
  TR1 =1;
  SCON =0x50;                             //设置串行口工作于方式1,允许接收
  for(i =0;i <6;i + +)                    //接收6个字符并存于数组中
  {   while(RI = =0);
      RI =0;
      buffer[i] =SBUF;
  }
  while(1)disp();                         //调用显示函数,循环显示接收的6
                                            个字符
}
```

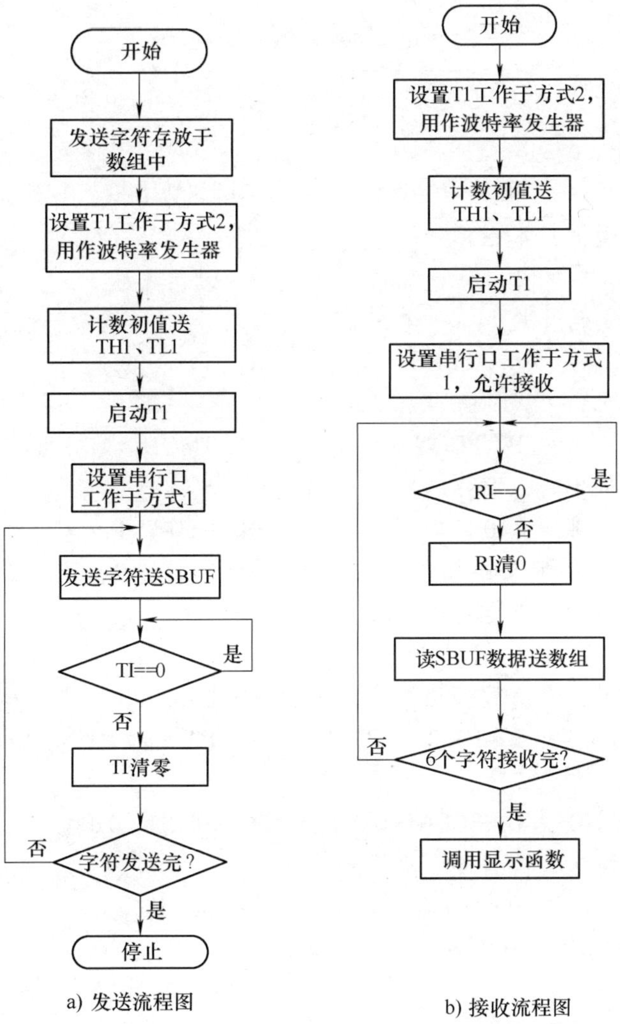

图 7-16　任务 7-2 流程图

本章小结

1. 串行通信分为异步通信与同步通信。异步通信以帧为单位传送数据；同步通信以同步字符开头，传送的是数据块，速度比异步通信快。

2. 波特率是衡量通信快慢的参数，其单位为 bit/s，单片机应用系统通信时波特率的典型值是 2400bit/s、4800bit/s。

3. 采用 RS-232C 通信标准时，通信距离不大于 15m，并且通信电平采用负逻辑方式，以提高抗干扰能力。RS-485 通信标准适用于高速、长距离的通信场合，抗干扰能力更强。

4. 51 系列单片机有一个全双工的串行口，该口有四种不同的工作方式，它们的区别主要体现在一帧的位数和波特率的不同。

习　题

7.1　单选题

（1）51单片机有一个______串行口。

A. 单工　　B. 半双工　　C. 全双工　　D. 双工

（2）表示通信快慢的技术指标是______。

A. 帧　　B. 晶振频率　　C. 波特率　　D. UART

（3）单片机输出的信号是______电平。

A. RS-232C　　B. CMOS　　C. TTL　　D. RS-232

（4）设置串行口工作方式的寄存器是______。

A. TCON　　B. PCON　　C. TMOD　　D. SCON

（5）串行口通信的中断请求标志位RI、TI是______。

A. 硬件置1，硬件清0　　B. 软件置1，软件清0

C. 硬件置1，软件清0　　D. 硬件置0，软件置1

（6）定时器1作波特率发生器使用时，常工作于方式______。

A. 0　　B. 1　　C. 2　　D. 3

（7）串行口通信时，发送数据和接收数据的引脚是______。

A. P3.0和P3.1　　B. P3.2和P3.3　　C. P3.4和P3.5　　D. P3.6和P3.7

（8）串行口工作于方式2时，应采用语句______。

A. SCON=0x40;　　B. SCON=0x80;　　C. SCON=0x04;　　D. SCON=0x08;

（9）接收数据与发送数据的缓冲器是______。

A. SCON　　B. PCON　　C. SBUF　　D. TMOD

（10）串行口工作于方式0时，其波特率取决于______。

A. T1的溢出率　　B. PCON中的SMOD位

C. 单片机的晶振频率　　D. 晶振频率和PCON中的SMOD位

7.2　简答题

（1）串行通信与并行通信各有什么优缺点，它们分别适用于什么场合？

（2）异步通信和同步通信的工作原理是什么？

（3）串行通信有几种通信方式？

（4）为什么单片机通信常采用RS-232C总线？RS-232C总线有什么特点？

（5）51单片机串行口有两个SBUF，但只有一个地址，在对它进行读/写操作时为什么不会产生混乱？

（6）串行口有几种工作方式？它们各有什么特点？

（7）为什么要推出RS-422A、RS-485串行通信总线标准？它们有什么特点？

7.3　编程题

两台单片机进行点对点通信，设波特率为2400bit/s，$f_{osc}=11.059\text{MHz}$，串行口工作于方式1，T1工作于方式2，试编写A机将8个数据（0x00~0x0f之间）通过串行口查询方式发送到B机并显示接收数据的程序。

第 8 章

输入通道和输出通道的接口技术

在微机检测和控制系统中，各种被测信号如开关状态、温度、压力、位移、速度等要经过一定的通道接到微机总线，这一通道称为输入通道，也称为传感器接口。输入通道是被测信号与微机的连接环节。

在微机控制系统中，微机要经过一定的通道输出各种控制信号，使被控装置实现所要求的操作，这一通道称为输出通道，也称为控制接口。输出通道是微机与被控装置之间的连接环节。

本章主要介绍输入通道和输出通道的结构、光隔离接口、A-D 和 D-A 转换器的工作原理，几种典型的 A-D 和 D-A 转换集成电路以及与单片机的接口和应用编程。

8.1 输入/输出通道概述

8.1.1 输入通道概述

由单片机作为主控制器构成的测控系统，都会有一个被测信号的输入通道，单片机通过输入通道获取必要的输入信号。对于测量系统而言，如何准确获取被测信号是核心任务；而对于测控系统来讲，对被测对象状态的测试和对控制条件的监察也是不可缺少的环节。

输入通道是设置在单片机和被测对象之间的信息传送和转换的连接通道，单片机对被测对象状态的拾取，一般离不开传感器或敏感元件。这是因为被测信号的状态参数通常是一种非电量的物理量（如温度、压力、载荷和位移等），而单片机只能识别处理电信号的数字量，因此利用传感器将非电量的物理量转换成电信号才能实现测量和控制的任务。输入通道的结构图如图 8-1 所示。

输入通道的特点如下：

1）输入通道的类型取决于从传感器送入信号的类型，由于不同的信号需要不同的转换电路，这也就决定了输入通道的类型。

2）输入通道的主要技术指标是信号的转换精度和速度，它们是选择转换器件的依据。

3）输入通道往往是模拟电路和数字电路的混合电路，对于传感器输出的微弱信号必须加以放大。

4）对于被测现场环境较差的情况，为防止干扰信号进入单片机控制系统，需要在输入通道中加入抗干扰措施。

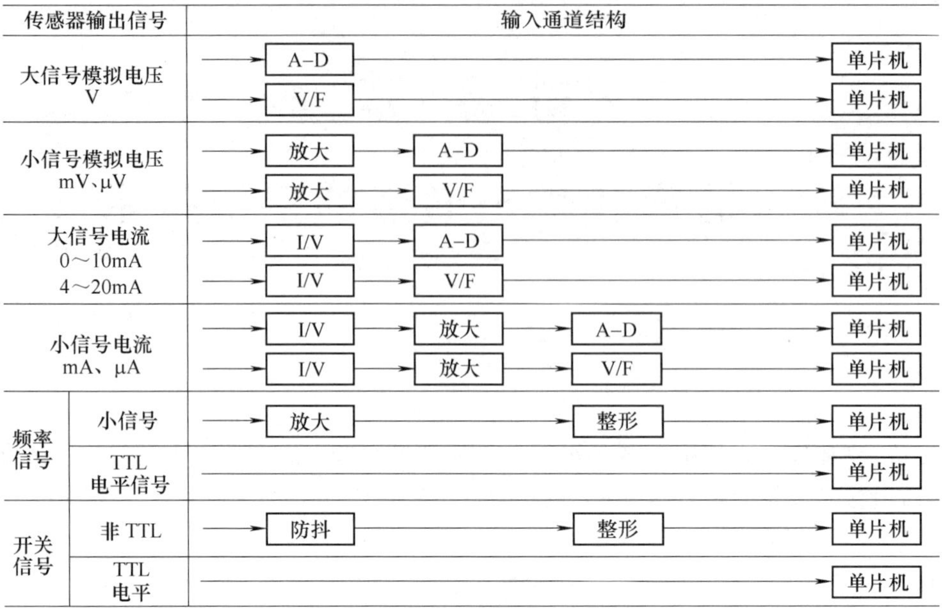

图 8-1 输入通道结构图

8.1.2 输出通道概述

输出通道是单片机用以连接各种被控装置的信号通道。单片机完成对输入通道所输入数据的处理后，总是以数字信号送往输出通道的。根据被控装置控制信号的要求，在输出通道中需将送入的信号进行变化，以达到控制被控装置的目的。图 8-2 是输出通道结构图。

输出通道的特点如下：

1）小信号输入，大功率控制。在目前的集成电路制造工艺下，单片机还不能输出直接控制装置所要求的功率信号，因此在输出后必须进行功率放大。

2）输出通道直接与控制装置的执行机构连接，而控制装置多为大功率的伺服驱动机构，各类电磁干扰会经输出通道窜入微机，因此必须在输出通道中采取抗干扰措施，如增加光隔离接口等。

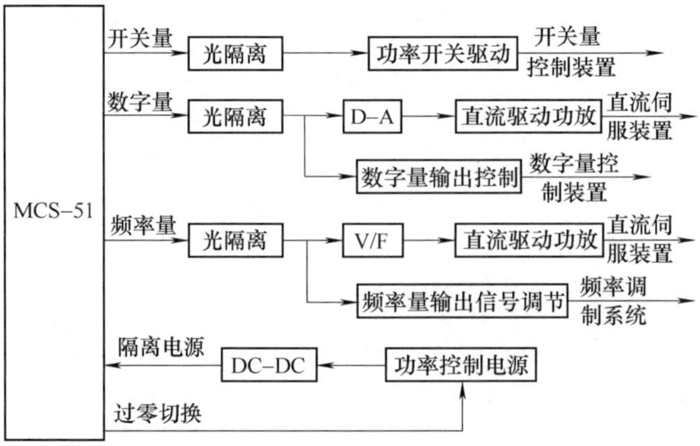

图 8-2 输出通道结构图

8.1.3　光隔离接口

1. 光耦合器件简介

单片机控制系统要控制或检测高电压、大电流的信号时，必须采取电气上的隔离，以防止现场强电磁干扰或工频电压干扰通过输出通道反窜到控制系统。信号的隔离，最常用的是光隔离技术，因为光信号的传送不受电场、磁场的干扰，可以有效地隔离电信号。

光耦合器是一种能有效隔离噪声和抑制干扰的新型半导体器件。其具有体积小、寿命长、无触点、抗干扰能力强，输入/输出之间电绝缘，单向传输信号及逻辑电路易连接等优点。光耦合器按光接收器件可分为硅光敏器件（光敏二极管、雪崩型光敏二极管、PIN 光敏二极管、光敏晶体管等）、光敏晶闸管和光敏集成电路。把不同的发光器件和各种光接收器组合起来，就可构成几百个系列的光耦合器。因而，该器件已成为一类独特的半导体器件。其中光敏二极管加放大器类的光耦合器随着近年来信息处理的数字化、高速化以及仪器的系统化和网络化的发展，其需求量不断增加。图 8-3 所示为常用的晶体管型光耦合器原理图。

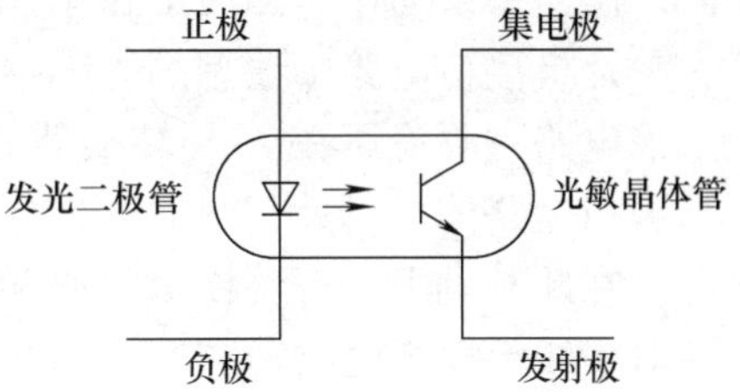

图 8-3　晶体管型光耦合器原理图

光耦合器是以“电—光—电”转换的过程进行工作的。当电信号送入光耦合器的输入端时，发光二极管通过电流而发光，光敏器件受到光照后产生电流；反之当输入端无信号时，发光二极管不发光，光敏晶体管截止。对于数字量，当输入为高电平“1”时，光敏晶体管饱和导通，输出为低电平“0”；当输入为低电平“0”时，光敏晶体管截止，输出为高电平“1”；若基极有引出线则可满足温度补偿、检测和调制的要求。这种光耦合器性能较好，价格便宜，因而应用广泛。

光耦合器之所以在传输信号的同时能有效抑制尖脉冲和各种噪声干扰，使通道上的信号噪声比大为提高，主要有以下几方面的原因：

1）光耦合器的输入阻抗很小，只有几百欧姆，而干扰源的阻抗较大，通常为 $10^5 \sim 10^6\Omega$。据分压原理可知，即使干扰电压的幅度较大，但馈送到光耦合器输入端的噪声电压会很小，只能形成很微弱的电流，由于没有足够的能量而不能使二极管发光，从而被抑制掉了。

2）光耦合器的输入回路与输出回路之间没有电气联系，也没有共地，之间的分布电容极小，而绝缘电阻又很大，因此回路一边的各种干扰噪声都很难通过光耦合器馈送到另一边去，避免了共阻抗耦合干扰信号的产生。

3）光耦合器可起到很好的安全保障作用，即使当外部设备出现故障，甚至输入信号线短接时，也不会损坏仪表。因为光耦合器件的输入回路和输出回路之间可以承受几千伏的高压。

4）光耦合器的响应速度极快，其响应延迟时间只有 10μs 左右，适于对响应速度要求很高的场合。

2. 常用光耦合器件

光耦合器具有体积小、使用寿命长、工作温度范围宽、抗干扰性能强、无触点且输入与输出在电气上完全隔离等特点，因而在各种电子设备上得到了广泛应用。光耦合器可用于隔离电路、负载接口及各种家用电器等电路中。下面是常见的光耦合器件：

1）二极管—晶体管耦合的 4N25、TLP541G。

2）二极管—达林顿管耦合的 4N38、TPL570。

3）二极管—TTL 耦合的 6N137。

3. 光隔离技术的应用

（1）单片机接口电路中的光隔离　由于现场环境的恶劣，会产生较大的噪声干扰，若这些干扰随输入信号一起进入微机系统，或通过输出通道窜入微机系统将会使控制的准确性降低，产生错误动作。因而常在单片机的输入和输出端使用光耦合器，对信号及噪声进行隔离。单片机接口电路中典型的光隔离电路，如图 8-4 所示。

该电路主要应用在 A-D 转换器的数字信号输出，及由 CPU 发出的对前向通道的控制信号与模拟电路的接口处，从而实现在不同系统间信号通路相连的同时，在电气通路上相互隔离，并在此基础上实现将模拟电路和数字电路相互隔离，起到抑制交叉干扰的作用。

对于线性模拟电路通道，要求光耦合器必须具有能够进行线性变换和传输的特性，或选择对管，采用互补电路以提高线性度，或用 V/F 变换后再用数字光耦合器进行隔离。

（2）功率驱动电路中的光隔离　在微机控制系统中，大量应用的是开关量的控制，这些开关量一般经过微机的 I/O 口输出，而 I/O 口的驱动能力有限，一般不足以驱动一些电磁执行器件，必须加接驱动接口电路。

为避免微机受到驱动电路的干扰，需采取隔离措施。如晶闸管所在的主电路一般是交流强电回路，电压较高，电流较大，不易与微机直接相连，此时可应用光耦合器将微机控制信号与晶闸管触发电路进行隔离。双向晶闸管隔离驱动电路如图 8-5 所示。

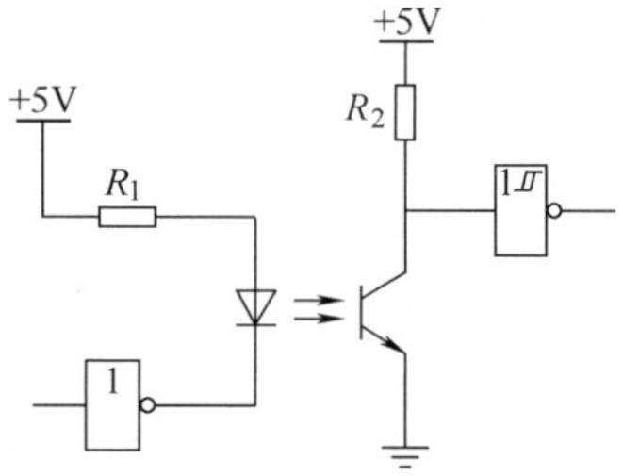

图 8-4　单片机接口中的光隔离电路

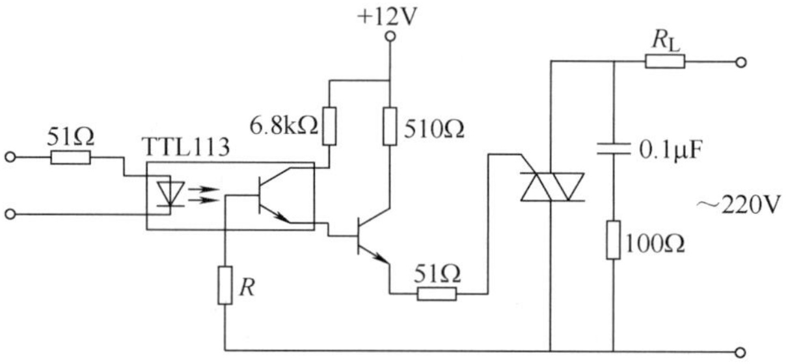

图 8-5　双向晶闸管隔离驱动电路

在电动机控制电路中，也可以采用光耦合器把控制电路和电机高压电路隔离开。电动机靠 OSFET 或 IGBT 功率管提供驱动电流，功率管的开关控制信号和大功率管之间需隔离放大级。在光隔离级—放大器级—大功率管的连接形式中，要求光耦合器具有高输出电压、高速和高共模抑制的特点。

（3）远距离传送的光隔离　在单片机应用系统中，由于测控系统与被测和被控设备之间不可避免地要进行长线传输，信号在传输过程中易受到干扰，导致传输信号发生畸变或失真，另外，在通过较长电缆连接的相距较远的设备之间，常因设备间的地线电位差，导致地环路电流，对电路形成差模干扰电压。为确保长线传输的可靠性，可采用光耦合隔离措施，将两个电路的电气连接隔开，切断可能形成的环路，使他们相互独立，提高电路系统的抗干扰性能。若传输线较长，现场干扰严重，则可通过两级光耦合器将长线完全“浮置”起来。远距离传送的光隔离如图 8-6 所示。

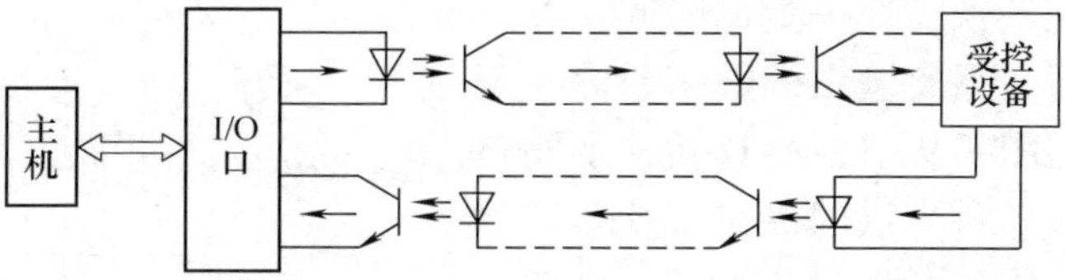

图 8-6　远距离传送的光隔离

长线的“浮置”去掉了长线两端间的公共地线，不但有效消除了各电路的电流经公共地线时所产生噪声电压形成的相互窜扰，而且也有效地解决了长线驱动和阻抗匹配问题，同时，受控设备短路时，还能保护系统不受损害。

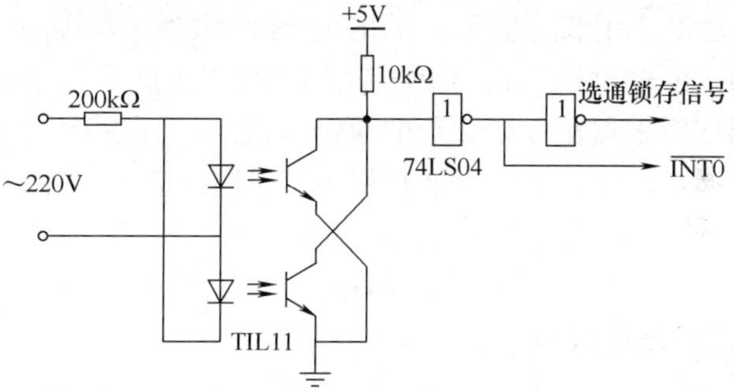

图 8-7　过零检测光隔离电路

（4）过零检测电路中的光隔离　该光隔离指交流电压过零点被自动检测进而产生驱动信号，使电子开关在此时刻开始开通。现代的零交叉技术已与光耦合技术相结合。过零检测光隔离电路如图 8-7 所示。

（5）注意事项

1）在光耦合器的输入部分和输出部分必须分别采用独立的电源，若两端共用一个电源，则光耦合器的隔离作用将失去意义。

2）当用光耦合器来隔离输入/输出通道时，必须对所有的信号（包括数字量信号、控制量信号、状态信号）全部隔离，使得被隔离设备的两边没有任何电气上的联系，否则这种隔离是没有意义的。

8.2　A-D 转换器

测控系统中经常需要检测被测对象的一些物理参数，如温度、压力等，这些参数都是模拟量，虽然这些模拟量已经由传感器、变送器变换成标准的电压或电流信号，但还需要通过模拟量-数字量（A-D）转换器，将其转换成计算机能处理的数字信号。

8.2.1　A-D 转换器的基本知识

1. A-D 转换的基本概念

A-D 转换的功能是把模拟量转换为 N 位数字量。图 8-8 所示为 A-D 转换器的工作情况，模拟量经过 A-D 转换后变成数字量，图 8-9 是相对应的输入和输出信号。

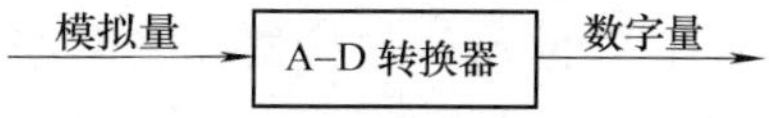

图 8-8　A-D 转换器

对于这一转换过程，说明以下几点：

1）输入 A-D 转换器的模拟量是连续的。由于 A-D 转换器完成一次转换需要一定的时间，A-D 转换只能间断性地进行，因此输出的数字量是不连续的，称为离散量。在图 8-9 中，A-D 转换所得的结果是一个个孤立的点。每个点的纵坐标代表某个数字量，其值与采样时刻的模拟量相对应。如果在相邻两次采样时刻之间，A-D 转换输出的数字量保持前一时刻的值，那么 A-D 转换的输出就是一条阶梯形的曲线。

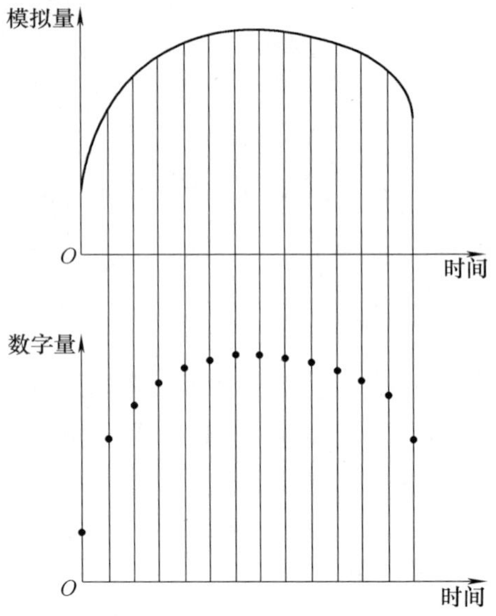

图 8-9　A-D 转换器的输入与输出信号

2）相邻两次采样的时间间隔称为采样周期。为了使输出量能充分反映输入量的变化情况，采样周期要根据输入量变化的快慢来决定。而一次 A-D 转换所需要的时间显然必须小于采样周期。

3）假设输入的模拟量为 0 ~ 4.99V，输出的数字量为 000 ~ 111（二进制数），那么输出与输入的对应关系见表 8-1。

表 8-1　模拟量与数字量对应关系

输入模拟量	0.00	0.71	1.42	2.13	2.84	3.55	4.28	4.99
输出数字量	000	001	010	011	100	101	110	111

4）将模拟量表示为相应的数字量，称为量化。数字量的最低位即为最小有效位 1LSB（LSB：Least Significant Bit），与此相对应的模拟电压值称为 1 个量化单位。如果模拟电压小于 1 个量化单位，则不能转换为相应的数字量。量化单位表示了这个 A-D 转换器的分辨能力。对于表 8-1 中转换关系来说，1LSB = 0.71V。

2. A-D 转换器的主要性能指标

（1）分辨率　分辨率习惯上以输出的二进制位数或 BCD 码位数表示。如一个输出为 8 位二进制数的 A-D 转换器，称其分辨率为 8 位。或者用对应于 1LSB 的输入模拟电压来表示。分辨率也可以用百分数来表示，例如 8 位 A-D 转换器的分辨率百分数为 $(1/256) \times 100\% = 0.39\%$。

（2）量化误差　A-D 转换是用数字量对模拟量进行量化。由于存在着最小量化单位，在转换中就会出现误差。仍以 0 ~ 4.99V 转换为二进制数 000 ~ 111 的 A-D 转换器为例，模拟量 1.42V 对应于数字量 010；而（1.42V − 1/2LSB）~（1.42V + 1/2LSB）也都对应于 010，这样就带来了转换误差。这一误差称为量化误差。理想 A-D 转换器的量化误差为 ±1/2LSB。

（3）转换精度　这是指一个实际的 A-D 转换器与理想的 A-D 转换器相比的转换误差。绝对精度一般以 LSB 为单位给出。相对精度则是绝对精度与满量程的比值。不同厂家（公司）生产的 A-D 转换器，其转换精度指标的表达方式可能不同。有的给出综合误差指标；有的给出分项误差指标，有失调误差（零点误差）、增益误差（满量程误差）、非线性误差和微分非线性误差。

1）失调误差（零点误差）：这是指当输入模拟量从 0 逐渐增长使输出数字量从 0 跳至 1 时，输入模拟量实际数值与理想的模拟量数值（即 1LSB 的对应值）之差。这反映了 A-D 转换器零点的偏差。一定温度下的失调误差可以通过电路调整来消除。

2）增益误差（满量程误差）：当输出数字量达到满量程时，所对应的输入模拟量与理想的模拟量数值之差，称为增益误差或满量程误差。计算此项误差时应将失调误差除去。一定温度下的增益误差也可以通过电路调整来消除。

3）非线性误差：这是指实际转换特性与理想转换特性之间的最大偏差，它可能出现在转换曲线的某处。此项误差不包括量化误差、失调误差和增益误差。它不能通过电路调整来消除。

4）微分非线性误差：在 A-D 转换曲线上，实际台阶幅度与理想台阶幅度（即理论上的 1LSB）之差，称为微分非线性误差。如果此误差超过 1LSB，就会出现丢失某个数字码的现象。

在上述几项误差中，如果失调误差和增益误差能得到完全补偿，那么只需考虑后两项非线性误差即可。

总误差 $\varepsilon_{总}$ 与分项误差 ε_i 之间的关系为：

$$\varepsilon_{总}=\sqrt{\sum\varepsilon_i^2}$$

（4）转换时间　这是指 A-D 转换器完成一次转换所需要的时间。其倒数为转换速率。

（5）温度系数　温度系数表示 A-D 转换器受环境温度影响的程度。一般用环境温度变化 1℃所产生的相对转换误差来表示，以 10^{-6}/℃为单位。

3. A-D 转换器的分类

A-D 转换器若按数字输出量位数可分为 8 位、10 位、12 位、14 位和 16 位；按转换原理可分为下面四种：

（1）计数式 A-D 转换器　当输入信号 V_{IN} 加到比较器的正端时，由 $\overline{CLR}$ 启动端加入一个负脉冲使 8 位计数器清零，8 位 D-A 转换器输出为 0，比较器输出高电平，计数器对 CLK 进行计数。A-D 转换器内置的 8 位 D-A 转换器的输出 V_o 随计数值增加而增大，当 $V_i < V_o$ 时，比较器输出为负电平，该电平使计数器停止计数，同时送出一个转换结束信号，通知单片机由计数器端口读出数字量，即 V_i 的转换值。

工作原理如图 8-10 所示。这种转换器的缺点是速度较慢，对于 8 位的转换需要 256 个计数脉冲周期。

（2）双积分式 A-D 转换器　它的主要工作原理是：电路先对未知的模拟输入信号 V_{IN} 进行固定时间的积分，然后转为对标准电压进行反向积分，直到积分输出返回起始值。对标准电压积分的时间 T 正比于模拟输入信号 V_{IN}，输入电压越大，则反向积分时间越长。用高频率标准时钟脉冲来测量时间 T，可以得到相应的模拟输入信号 V_{IN} 的数字量。双积分式 A-D 转换器工作原理如图 8-11 所示。

该 A-D 转换器的主要优点是转换精度高，抗干扰性能好，价格便宜；但转换速度较慢，转换结果为 3 位半或 4 位半十进制数，转换时间需几百毫秒，因此这种转换器主要用于速度要求不高的场合。

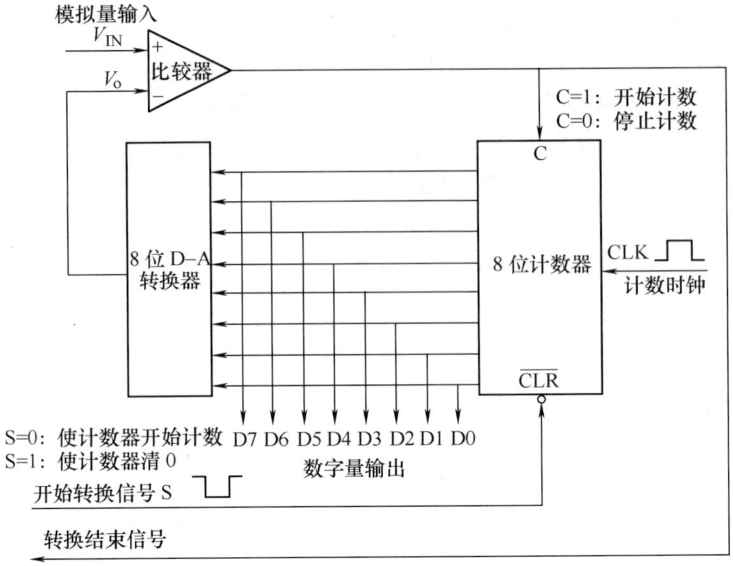

图 8-10　计数式 A-D 转换器工作原理

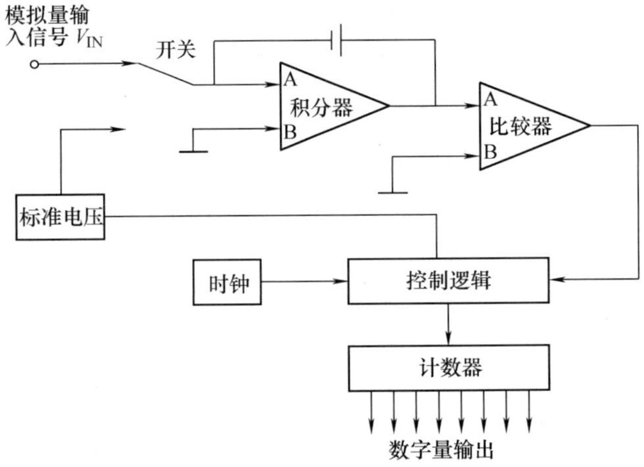

图 8-11　双积分式 A-D 转换器工作原理

（3）逐次逼近式 A-D 转换器　它的主要工作原理是比较待转换的模拟输入信号 V_{IN} 与精密推测信号 UI（通过 A-D 转换器内置的 D-A 转换器输出），根据精密推测信号是大于还是小于模拟量输入信号来决定是增大还是减小精密推测信号，以便把精密推测信号逐步向模拟量输入信号逼近，当精密推测信号与模拟量输入信号相等时，向 D-A 转换器输入的数字信号就是模拟量输入信号的数字量。

逐次逼近式 A-D 转换器的工作原理如图 8-12 所示。其推测值的算法如下：使输出锁存器的每一位从高位开始依次置 1，每位置 1 时，都要将 UI 和 V_{IN} 进行比较，比较结果有下面两种：

1）如果模拟量输入信号 V_{IN} 小于精密推测信号 UI，则比较器输出为 0，并使该输出锁存器位清 0。

2）如果模拟量输入信号 V_{IN} 大于精密推测信号 UI，则比较器输出为 1，并使该输出锁存器位保持为 1。

无论哪种情况，都要继续比较下去，直到输出锁存器的最末位为止，此时 D-A 转换器的数字量输入即为模拟量输入信号的数字量。

逐次逼近式 A-D 转换器的主要优点是速度较快、精度较高，其转换时间大约在几微秒到几百微秒之间。

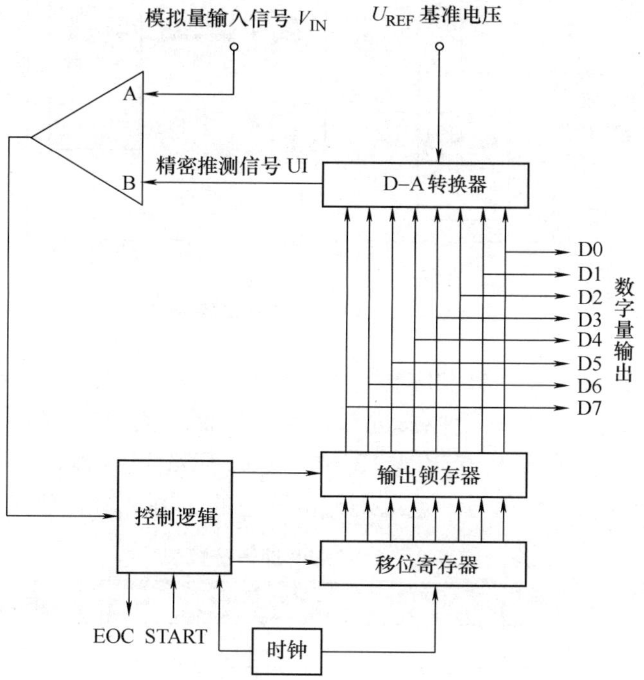

图 8-12　逐次逼近式 A-D 转换器的工作原理

（4）并行式 A-D 转换器　该转换器的主要优点是转换速度快，能达到每秒 20M 次，即转换时间仅为 50ns，但价格昂贵，目前产品的分辨率不高。

目前最常用的是双积分式 A-D 转换器和逐次逼近式 A-D 转换器。通常使用的逐次逼近式 A-D 转换器芯片有：ADC0809 型 8 位 MOS 型 A-D 转换器，美国国家半导体公司产品，是目前最流行的中速廉价型产品，片内有三态数据输出锁存器，单通道输入，转换时间约为 100μs。

ADC0809 可实现 8 路模拟信号的分时采集，片内有 8 路模拟选通开关，以及相应的通道地址锁存用译码电路，其转换时间为 100μs 左右。

ADC0816/0817 除输入通道数增加至 16 个以外，其他性能与 ADC0809 型基本相同。

下面介绍 ADC0809 型 A-D 转换器以及其与单片机的连接和程序设计的方法。

8.2.2　ADC0809 及其应用

ADC0809 是典型的 8 位 8 通道逐次逼近式 A-D 转换器，采用 CMOS 工艺，其性能指标一般，价格低廉，易于与单片机连接，因而应用十分广泛。

1. ADC0809 的内部逻辑结构

ADC0809 内部逻辑结构如图 8-13 所示，由三部分组成。

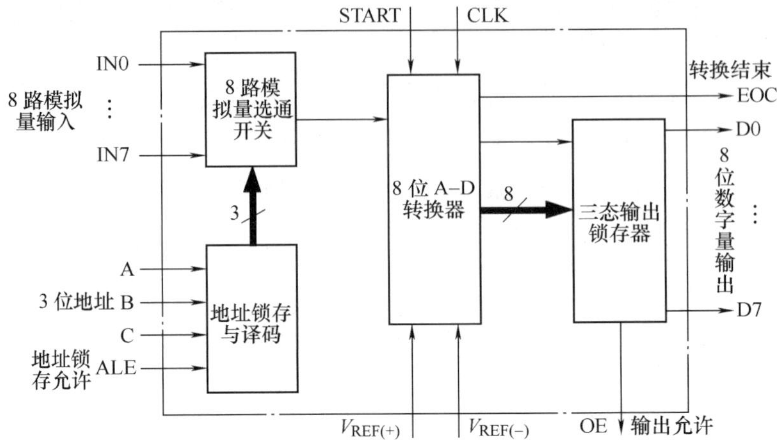

图 8-13 ADC0809 内部逻辑结构

（1）8 路模拟量选通开关 ADC0809 允许 8 路模拟信号输入，由 8 路模拟量选通开关选通其中一路信号，共用一个 A-D 转换器进行转换，模拟开关受通道地址锁存与译码电路的控制，当地址锁存允许信号 ALE 有效时，3 位地址码 CBA 进入地址锁存器，经译码后使 8 路模拟量选通开关选通某一路信号，地址码与被选通的通道之间的对应关系见表 8-2。

表 8-2 ADC0809 通道选择表

C B A	选择的通道
0 0 0	IN0
0 0 1	IN1
0 1 0	IN2
0 1 1	IN3
1 0 0	IN4
1 0 1	IN5
1 1 0	IN6
1 1 1	IN7

（2）8 位 A-D 转换器 8 位 A-D 转换器是逐次逼近式 A-D 转换器，由控制与时序电路、逐次逼近寄存器、树状开关以及 256R 电阻阶梯网络等组成。

（3）三态输出锁存器 三态输出锁存器用来保存 A-D 转换的结果，当输出允许信号 OE 有效时，打开三态门，输出 A-D 转换结果。因输出有三态门，所以便于与微机总线连接。

2. ADC0809 的引脚功能

图 8-14 为 ADC0809 的引脚图。各引脚功能说明如下：

1）IN0～IN7：8 路模拟信号输入端。ADC0809 对输入模拟量的要求主要有：信号单极性，电压范围 0～5V，若信号过小则需进行放大。另外，模拟量输入在 A-D 转换过程中其值不应变化太快，因此对变化速度快的模拟量，在输入前应增加采样保持电路。

2）ADDA/ADDB/ADDC：地址线。ADDA 为低位地址，ADDC 为高位地址，用于对模拟通道进行选择。

3）ALE：地址锁存器允许信号输入端。当它为高电平时，地址信号进入地址锁存器中。

4）CLK：外部时钟输入端。ADC0809 的内部没有时钟电路，所需时钟信号由外界提供，时钟频率典型值为 640kHz，允许范围为 10 ~ 1280kHz。时钟频率降低时，A-D 转换速度也降低。

5）START：A-D 转换信号输入端。有效信号为一正脉冲。在脉冲上升沿，A-D 转换器内部寄存器均被清零，在其下降沿开始 A-D 转换。

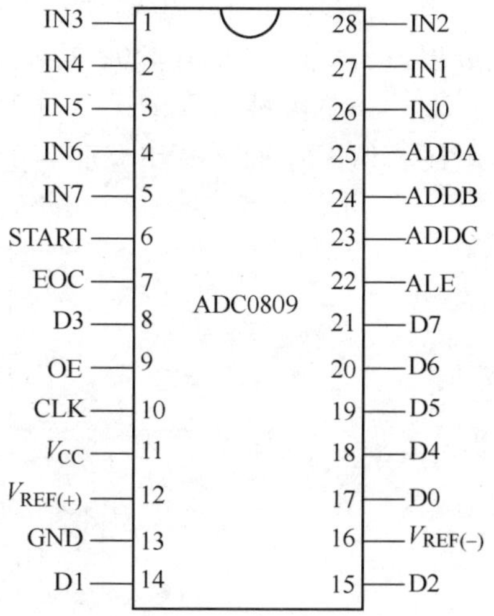

图 8-14　ADC0809 引脚图

6）EOC：A-D 转换结束信号。在 START 信号上升沿之后 0 ~ （2μs + 8 个时钟周期）时间内，EOC 变为低电平。这一点在启动 A-D 转换后查询 EOC 信号时须加注意。当 A-D 转换结束后，EOC 立即输出一正阶跃信号，可用来作为 A-D 转换结束的查询信号或中断请求信号。

7）OE：输出允许信号。当 OE 端输入高电平信号时，三态输出锁存器将 A-D 转换结果输出。

8）D0 ~ D7：数字量输出端。D0 为最低有效位（LSB），D7 为最高有效位（MSB）。为三态缓冲输出形式，可以和单片机的数据线直接相连。

9）$V_{REF(+)}$，$V_{REF(-)}$：正负基准电压输入端。输入电压作为逐次逼近的基准。基准电压的中心值即 1/2（$V_{REF(+)} + V_{REF(-)}$）应接近 $V_{CC}/2$，其典型值 $V_{REF(+)} = +5V$，$V_{REF(-)} = 0$。

10）V_{CC}：+5V 电源，ADC0809 的工作电源。

3. ADC0809 的主要性能指标

1）分辨率为 8 位。

2）总的非调整误差为 ±1 LSB。

3）转换时间为 100μs（当时钟频率为 640kHz 时）。

4）具有锁存控制功能的 8 路模拟开关，能对 8 路模拟电压信号进行换接。

5）输出电平与 TTL 电平兼容。

6）单电源 +5V 供电。基准电压由外部提供，典型值为 +5V。此时允许模拟量输入范围为 0 ~ 5V。

7）功耗为 15mW。

ADC0809 的数字量输出值 D（换算到十进制）与模拟量输入值 V_{IN} 之间的关系，用下式表示：

$$D = \frac{V_{IN} - V_{REF(-)}}{V_{REF(+)} - V_{REF(-)}} \times 2^8$$

通常 $V_{REF(-)} = 0$，所以有

$$D = \frac{V_{IN}}{V_{REF(+)}} \times 256$$

当 $V_{REF(+)}=5V$，相应于 $V_{IN}=0\sim4.98V$，D = 0 ~ 255（00H ~ FFH）。这里由于数字量的满量程值是 255 而不是 256，因此相应的输入电压的满量程值也比 5V 少 lLSB。

上述为单极性输入情况。对于只允许单极性输入的 A-D 转换器，也可以转换双极性模拟电压，但需在输入电路上加一正偏置电压 V_{OFFSET}，如图 8-15 所示。

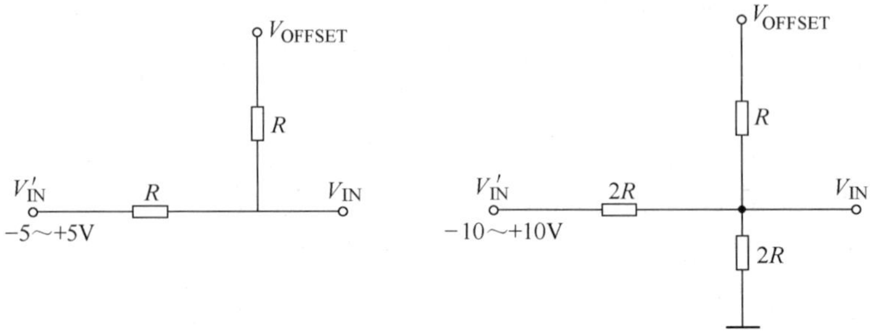

a) 输入电压为 −5～+5V　　b) 输入电压为 −10～+10V

图 8-15　模拟电压的双极性输入

图中 R 可取几十千欧，V_{OFFSET}取 +5V。改成双极性输入后，用偏移码表示转换结果，见表 8-3。双极性输入与单极性输入相比，输出范围不变，而输入范围增加，因而转换灵敏度下降。

表 8-3　双极性输入方式下的 A-D 转换值

V'_{IN}/V		V_{IN}/V	D
图 8-15a	图 8-15b		
−5	−10	0	0x00
0	0	+2.5	0x80
+4.96	+9.92	+4.98	0xFF

ADC 0809 工作时序图如图 8-16 所示。

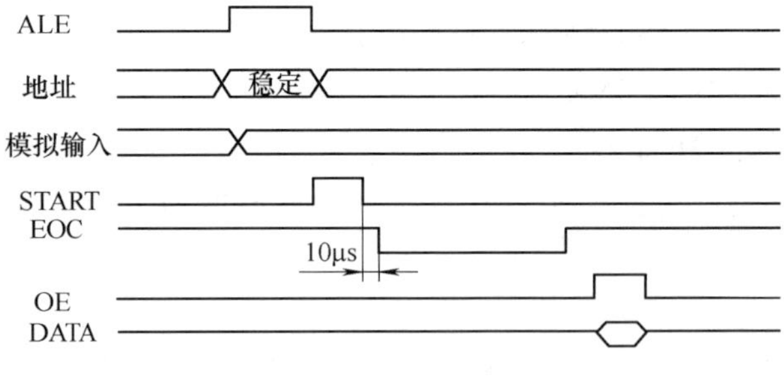

图 8-16　ADC 0809 工作时序图

8.3　D-A 转换器

测控系统中，计算机对模拟设备进行控制时，如控制电动调节阀、模拟调速系统等，需要将计算机输出的数字信号通过数字量-模拟量（D-A）转换器转换成外设能接收的模拟信号。

8.3.1　D-A 转换器的基本知识

1. D-A 转换器的原理

D-A 转换器的基本原理是应用电阻解码网络，将 N 位数字量逐位转换为模拟量并求和，从而将 N 位数字量转换为相应的模拟量。对于一个 8 位 D-A 转换器来说，假设输出为单极性模拟量，满量程值为 5V，在理论上其数字量与模拟量之间的对应关系见表 8-4。

表 8-4　8 位 D-A 转换器数字量与模拟量之间的对应关系

数　字　量	模拟量/V
00000000	0.0000
00000001	0.0195
……	……
10000000	2.5000
……	……
11111111	4.9805

表 8-4 中模拟量和数字量的对应关系可以用下面的公式计算：

$$V_{\mathrm{OUT}}=\frac{\text{满量程电压值}}{2^N}\times D$$

式中，N 是 D-A 转换器的位数；D 是数字量换算到十进制的数值。

由于数字量不是连续的，其转换后的模拟量自然也不会连续，同时由于计算机每次输出数据和 D-A 转换器进行转换需要一定的时间，因此实际上 D-A 转换器输出的模拟量随时间的变化曲线不是连续的，而是呈阶梯状，如图 8-17 所示。

D-A 转换器把输入数字量中每位都按其权值分别转换成模拟量，并通过运算放大器求和相加，如图 8-18 所示。

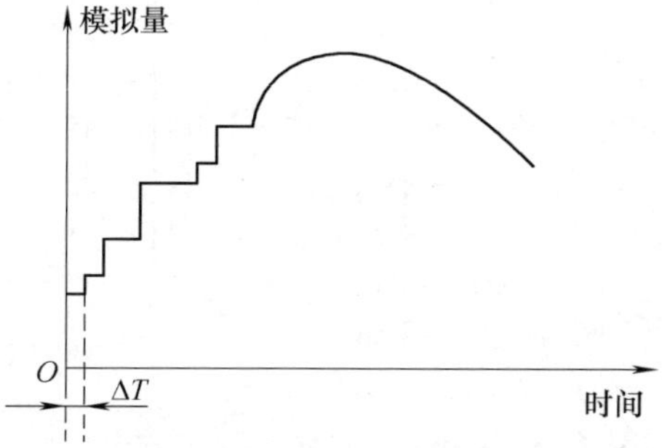

图 8-17　D-A 转换器输出的模拟量

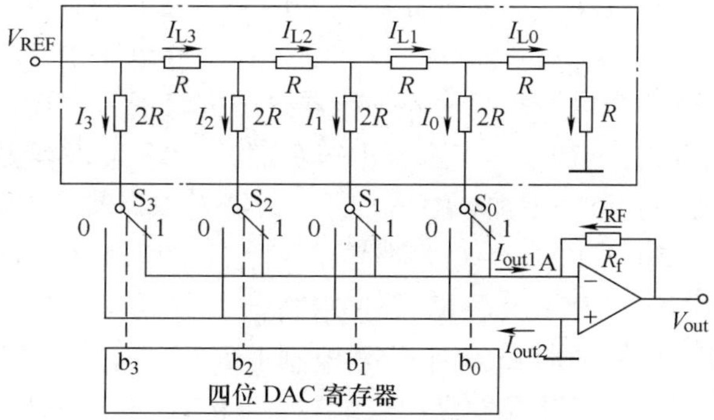

图 8-18　D-A 转换器工作原理

2. D-A 转换器的主要性能指标

衡量 D-A 转换器的主要性能如下：

（1）分辨率　分辨率是指 D-A 转换器能分辨的最小输出模拟增量，取决于输入数字量的二进制位数。其定义是当输入数字量发生单位数码变化（即1LSB）时，所对应的输出模拟量的变化量即等于：模拟量输出的满量程值/2N（N：数字量位数）。分辨率也可以用相对值（即1/2N）百分率来表示。在实际使用中，也常用数字量的位数来作为分辨率。

（2）转换精度　转换精度指满量程时D-A转换器的实际模拟输出值和理论值的接近程度。

（3）偏移量误差　偏移量误差是指输入数字量为零时，输出模拟量对零的偏移值。

（4）线性度　线性度是指D-A转换器的实际转换特性曲线和理想直线之间的最大偏移差。

（5）建立时间　当D-A转换器的输入数据发生变化后，输出模拟量达到稳定数值即进入规定的精度范围内所需要的时间。

（6）温度系数　以上各项性能指标一般是在环境温度为25℃下测定的。环境温度的变化会对D-A转换器的转换精度产生影响，这一影响分别用失调温度系数、增益温度系数和微分非线性温度系数来表示。这些系数的含义是环境温度变化1℃时该项误差的相对变化率。

8.3.2　DAC0832及其应用

1. DAC0832引脚功能和内部结构

DAC0832是8位分辨率的D-A转换集成芯片，它与DAC0830、DAC0831同属于DAC0830系列，它们性能相近，可相互代用。DAC0832采用单电源供电，+5～+15V均可正常工作，基准电压的范围为±10V，电流建立时间为1μs，采用CMOS工艺，低功耗（20mW），具有与微机连接简单、转换控制方便、价廉等优点，在微机应用系统中得到了广泛使用。DAC0832转换器芯片为20引脚，双列直插式封装，其引脚排列如图8-19所示。

1）$DI_7 \sim DI_0$：8位数据输入端。

2）$\overline{CS}$：片选信号（输入），低电平有效。

3）ILE：输入寄存器允许信号，高电平有效。

4）$\overline{WR1}$：输入寄存器写信号，低电平有效。ILE和$\overline{WR1}$两个信号控制输入寄存器是数据直通方式还是数据锁存方式；当ILE=1和$\overline{WR1}$=0时，为输入寄存器直通方式；当ILE=1和$\overline{WR1}$=1时，为输入寄存器锁存方式。

5）$\overline{WR2}$：DAC寄存器的写信号，低电平有效。

6）$\overline{XFER}$：数据传送控制信号（输入），低电平有效。$\overline{WR2}$和$\overline{XFER}$两个信号控制DAC寄存器是数据直通方式还是数据锁存方式；当$\overline{WR2}$=0和$\overline{XFER}$=0时，为DAC寄存器直通方式；当$\overline{WR2}$=1和$\overline{XFER}$=0时，为DAC寄存器锁存方式。

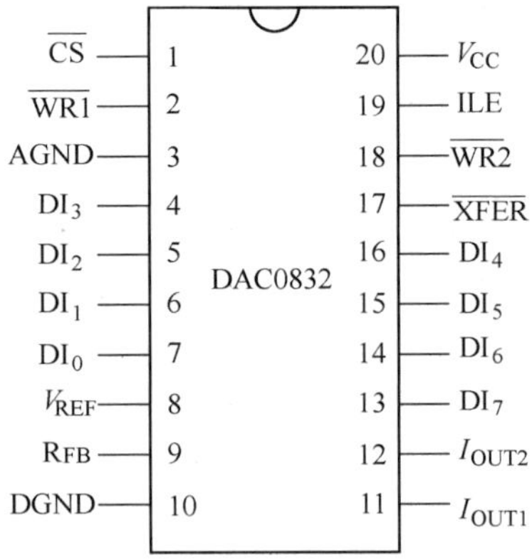

图8-19　DAC0832芯片引脚

7）I_{OUT1}：电流输出1。

8）I_{OUT2}：电流输出2。D-A转换器的特性之一是：$I_{OUT1}+I_{OUT2}$=常数。

9）R_{FB}：反馈电阻端。DAC0832是电流输出，为了取得电压输出，需在电流输出端接运算放大器，R_{FB}即为运算放大器的反馈电阻端。

10）V_{REF}：基准电压，其电压可正可负，范围为 -10 ~ +10V。

11）V_{CC}：电源输入引脚。

12）DGND：数字地。

13）AGND：模拟地。

DAC0832 是由输入寄存器和 DAC 寄存器构成的两级数据输入锁存器。使用时数据输入可以采用两级锁存（双锁存）形式，或单级锁存（一级锁存，一级直通）形式，或直接输入（两级直通）形式，D-A 转换电路是一个 R-2R T 形电阻网络，实现 8 位数据的转换。DAC0832 内部结构如图 8-20 所示。

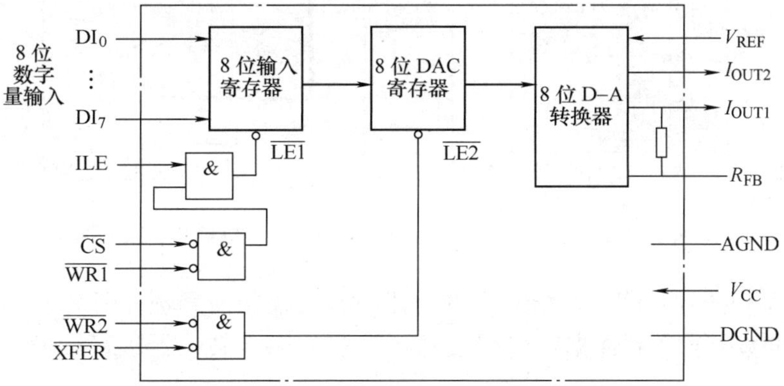

图 8-20　DAC0832 内部结构

2. DAC0832 工作方式

DAC0832 内部有两个寄存器，能实现三种工作方式：单缓冲、双缓冲和直通方式。

（1）单缓冲工作方式　所谓单缓冲方式，就是使 DAC0832 的两个输入寄存器中有一个处于直通方式，而另一个处于受控的锁存方式，或者说两个输入寄存器同时处于受控的方式。实际应用中，在只有一路模拟量输出，或虽有几路模拟量但并不要求同步输出的情况下，就可采用单缓冲工作方式。

图 8-21 所示为 DAC0832 采用单缓冲工作方式与单片机连接，图中$\overline{WR2}$和$\overline{WR1}$连接在一起接单片机的$\overline{WR}$引脚，ILE 固定接高电平，片选信号$\overline{CS}$和传送控制信号$\overline{XFER}$一起接单片机的 P2.7 引脚，数据线 DI_0 ~ DI_7 接单片机的 P0 口，这样 DAC0832 就作为单片机的一个扩展 I/O 口，地址为 0x7fff。

（2）双缓冲工作方式　在多路 D-A 转换的情况下，若要求同步转换输出，必须采用双缓冲方式。DAC0832 采用双缓冲方式时，数字量的输入锁存和 D-A 转换输出是分两步进行的。

CPU 分时向各路 D-A 转换器输入要转换的数字量并锁存在各自的输入寄存器中。

CPU 对所有的 D-A 转换器发出控制信号，使各路输入寄存器中的数据进入 DAC 寄存器，实现同步转换输出。

图 8-22 为两片 DAC0832 与单片机采用双缓冲方式连接的电路，其能实现两路同步输出。图中两片 DAC0832 的数据线都连到单片机的 P0 口；$\overline{WR1}$，$\overline{WR2}$都接到单片机的$\overline{WR}$端；

$\overline{CS}$分别接高位地址 P2.5 和 P2.6，这样两片 DAC0832 的输入寄存器便具有不同的地址，可以分别输入不同的数据；$\overline{XFER}$都接到 P2.7，使两片 DAC0832 的 DAC 寄存器具有相同的地址，以便在 CPU 控制下同步进行 D-A 转换和输出。

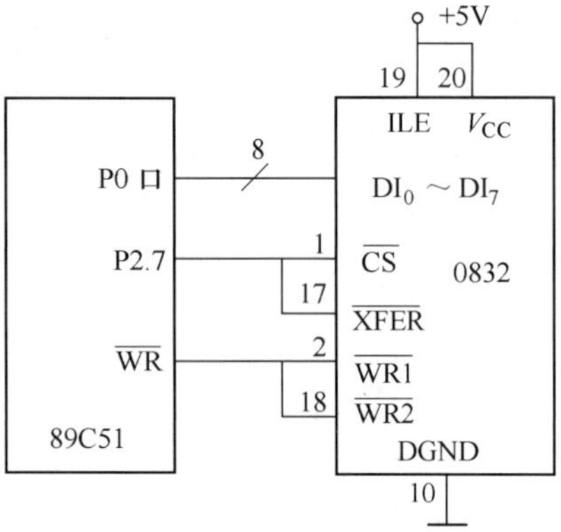

图 8-21　DAC0832 单缓冲工作方式

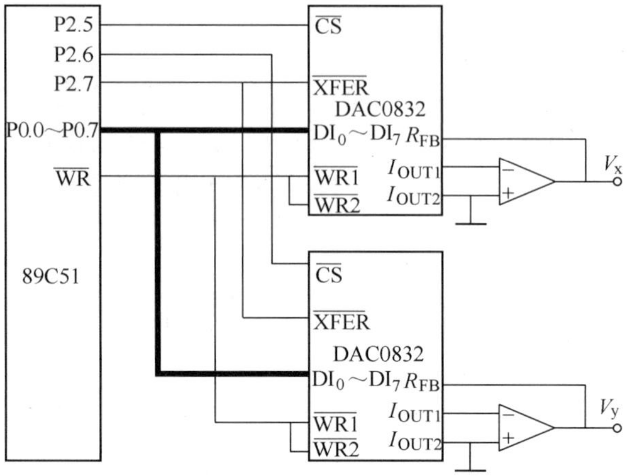

图 8-22　DAC0832 双缓冲工作方式

（3）直通工作方式　该方式指两个寄存器的有关控制信号预先置为有效，且两个寄存器均开通。只要数字量送到数据输入端，就立即进入 D-A 转换器进行转换。这种方式实际中应用较少。

3. DAC0832 产生锯齿波的原理

在许多控制应用中，要求有一个线性增长的电压（锯齿波）来控制检测过程，如移动记录笔或移动电子束等就是受线性电压控制的。对此可通过在 DAC0832 的输出端接运算放大器，由运算放大器产生锯齿波来实现，产生的锯齿波如图 8-23 所示。

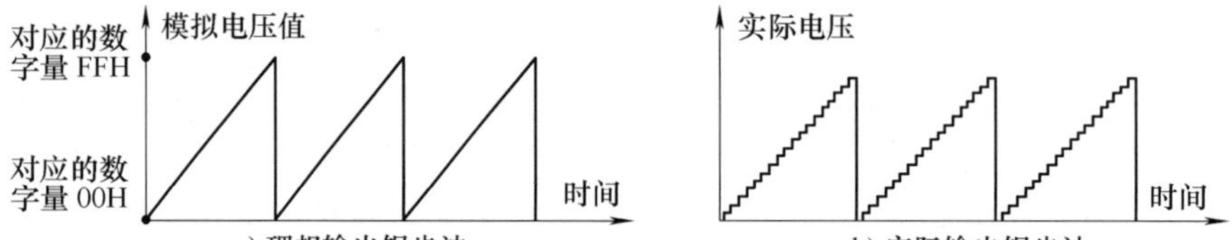

a) 理想输出锯齿波　　b) 实际输出锯齿波

图 8-23　D-A 转换产生的锯齿波

对锯齿波的产生作如下几点说明：

1）程序每循环一次，D-A 转换的数字量加 1，因此实际上锯齿波的上升边是由 256 个小阶梯构成的。但由于阶梯很小，所以宏观上看就为如图 8-23b 中所表示的线性增长锯齿波。

2）可通过循环程序段的机器周期数计算出锯齿波的周期。并可根据需要，通过延时的办法来改变波形周期。当延迟时间较短时，可用空语句延时；当需要延迟时间较长时，可以使用一个延时函数。延迟时间不同，波形周期不同，锯齿波的斜率就不同。

3）通过数字量加 1，可得到正向的锯齿波；如要得到负向的锯齿波，使用数字量减 1 指令即可。

4）程序中数字量的变化范围是从 0 到 255，因此得到的锯齿波是满幅度的。如要求得到非满幅锯齿波，可通过计算求得数字量的初值和终值，然后在程序中通过置初值判终值的办法即可实现。

8.4　A-D 和 D-A 转换器的应用

任务 8-1　ADC0809 的应用

1. 目的与要求

通过单片机控制 ADC0809 进行 A-D 转换器电路的设计与制作，了解模拟电压与数字量的对应关系，掌握 A-D 转换器控制程序的编写方法。

设计要求：用 ADC0809 将 0～5V 的模拟电压转换成数字量 0x00～0xff，输入的模拟电压变化时，输出的数字量也跟随变化，并在数码管上显示相应的数字量。

2. 电路设计

电路原理图如图 8-24 所示，电路中将地址线 ADDA、ADDB、ADDC 都接上高电平，模拟信号接在 IN7 通道，并且可以通过 RP_1 电位器可调，A-D 转换后的结果通过 P2 口送给单片机。控制信号 OE、EOC、START、CLK 分别由单片机的 P3.0、P3.1、P3.2、P3.3 提供。A-D 转换结果采用动态方式显示，P1 口经限流电阻和驱动电路 74LS245 后提供字段码，P3.4、P3.5 输出字位码。

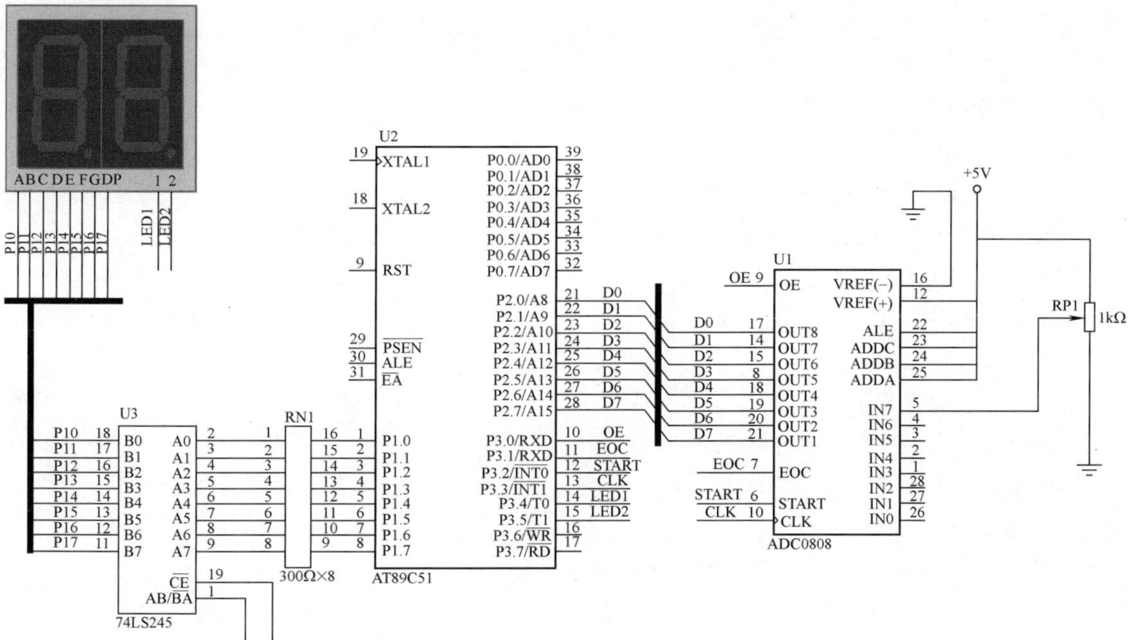

图 8-24　任务 8-1 电路原理图

3. 流程图和源程序设计

流程图如图8-25所示。

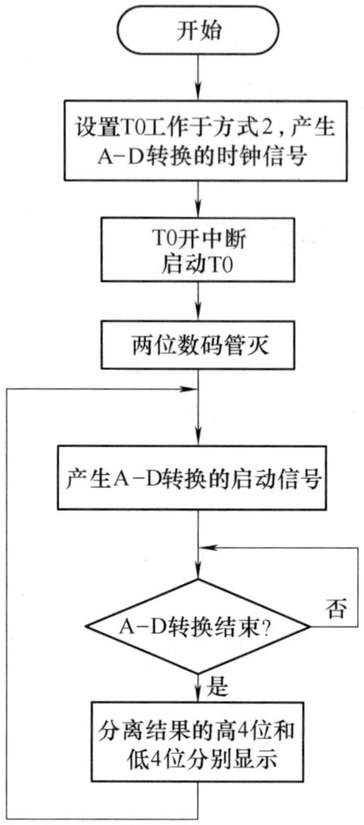

图8-25　任务8-1流程图

源程序如下：

```
#include <reg51.h>                              //文件包含
#include <intrins.h>
#define uchar unsigned char                     //定义数据类型
uchar addata,adl,adh;                           //定义变量存放A-D转换结果
sbit OE = P3^0;                                 //定义ADC0809的控制引脚
sbit EOC = P3^1;
sbit ST = P3^2;
sbit CLK = P3^3;
sbit led1 = P3^4;                               //定义数码管的字位线
sbit led2 = P3^5;
uchar tab[16] = {0xc0,0xf9,0xa4,0xb0,0x99,0x92,0x82,0xf8,
0x80,0x90,0x88,0x83,0xc6,0xa1,0x86,0x8e}; //字符共阳极字段码
void delay1ms(uchar t)                          //定义延时函数
{ uchar n,m;
  for(n = 0;n < t;n ++)
   for(m = 0;m <120;m ++);
```

```
}
void main()
{  TMOD = 0x02;                                //设置定时器T0工作于方式2,产
                                               生ADC0809所需要的CLK信号
   TH0 = 216;
   TL0 = 216;
   IE = 0X82;
   TR0 = 1;
   led1 = 0;                                   //数码管灭
   led2 = 0;
   while(1)
   {
     ST = 0;ST = 1;_nop_();_nop_();ST = 0;
     _nop_();_nop_();_nop_();_nop_();          //产生START启动信号
     while(EOC == 0);                          //判断A-D转换结束
     OE = 1;addata = P2;OE = 0;                //读取A-D转换结果
     adl = addata&0x0f;                        //分离出结果的高4位和低4位
     adh = addata&0xf0;
     adh = _crol_(adh,4);
     led1 = 1;led2 = 0;                        //显示高4位
     P1 = tab[adh];
     delay1ms(4);
     led1 = 0;led2 = 1;
     P1 = tab[adl];                            //显示低4位
     delay1ms(4);
     led2 = 0;
   }
}
void time0_int() interrupt 1                   //T0中断程序产生ADC0809所
                                               需的CLK信号
{ CLK = ~CLK;
}
```

任务 8-2 DAC0832 输出波形

1. 目的与要求

通过单片机控制 DAC0832 产生常用波形电路的设计与制作，了解 D-A 转换中数字量与模拟量的对应关系，掌握输出模拟波形的原理与编程方法。

设计要求：用 DAC0832 输出三角波、锯齿波和方波三种波形。

2. 电路设计

电路原理图如图 8-26 所示，DAC0832 工作于单缓冲方式，D-A 转换的数字量通过 P0 口输出，其他控制信号由 P2.7 和 P3.6 控制。DAC0832 接运放 U3 将电流转换成电压输出。外接示波器观察输出波形。

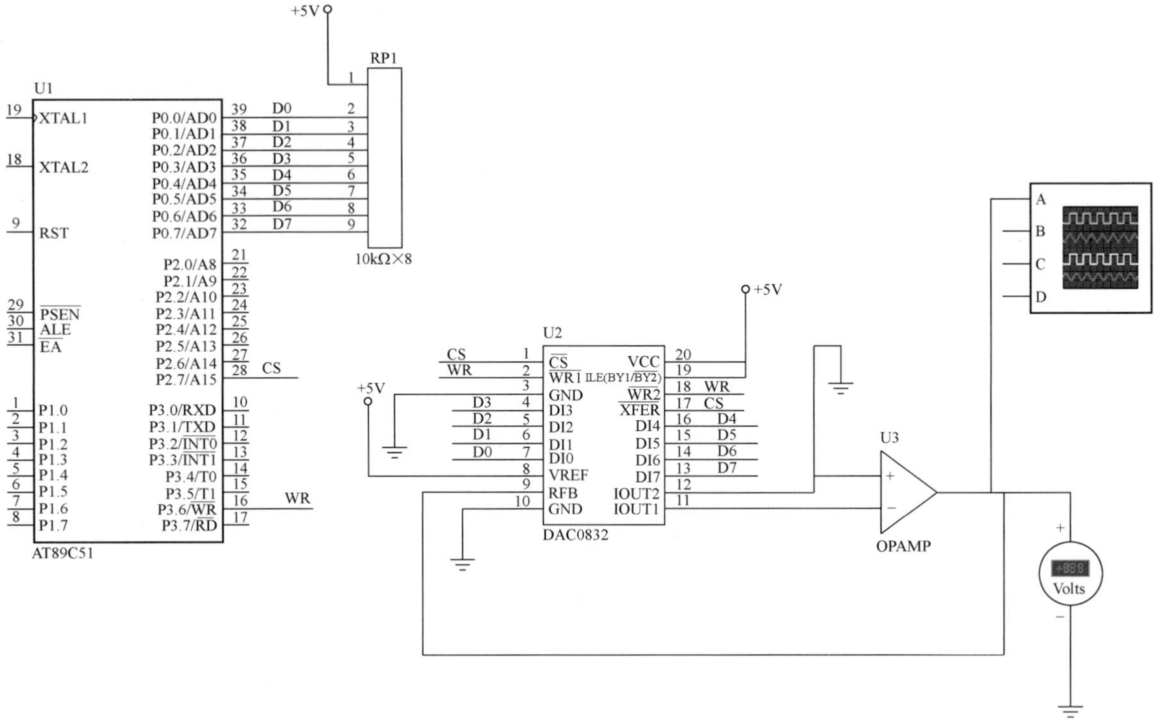

图 8-26　任务 8-2 电路原理图

3. 源程序设计

(1) 三角波程序

```
#include <reg51.h>
#include <absacc.h>
#define DAC0832  XBYTE[0x7fff]          //定义 DAC0832 的地址
#define uchar unsigned char
void delay1ms(uchar t)                  //定义延时函数
{ uchar m,n;
  for(n=0;n<t;n++)
   for(m=0;m<120;m++);
}
void main()
{ uchar i=0;
  while(1)
  {   while(i!=0xff)                    //数字量 0~254 分别进行 D-A 转换
```

```
    { DAC0832 = i;
      delay1ms(2);
     ++ i;
    }
    while(i! =0)                          //数字量 255 ~1 分别进行 D-A 转换
    { DAC0832 = i;
    delay1ms(2);
     -- i;
    }
  }
}
```

(2) 锯齿波程序

```
#include <reg51.h>
#include <absacc.h>
#define DAC0832  XBYTE[0x7fff]
#define uchar unsigned char
void delay1ms(uchar t)
{ uchar m,n;
  for(n=0;n<t;n++)
   for(m=0;m<120;m++);
}
void main()
{ uchar i=0;
    while(1)                              //数字量 0 ~255 循环进行 D-A 转换
    { DAC0832 = i;
      delay1ms(10);
     ++ i;
    }
}
```

(3)方波程序

```
#include <reg51.h>
#include <absacc.h>
#define DAC0832  XBYTE[0x7fff]
#define uchar unsigned char
 void delay1ms(uchar t)
 { uchar m,n;
   for(n=0;n<t;n++)
     for(m=0;m<120;m++);
 }
```

```
void main()
{  while(1)
  { DAC0832 =0x00;                    //数字量 0 进行 D-A 转换
    delay1ms(200);
    DAC0832 =0xff;                    //数字量 255 进行 D-A 转换
    delay1ms(200);
  }
}
```

本章小结

1. 由于计算机只能处理数字信号，而实际应用系统中大部分是温度、速度、电压、电流、压力等模拟信号，所以必须采用 A-D 和 D-A 转换器。对应不同的外部信号，必须采用不同的信号接入处理方式，比如放大、V/F、整形等措施，确保输入到 A-D 转换器的信号匹配。

2. A-D 转换器主要分为计数式 A-D 转换器、双积分式 A-D 转换器、逐次逼近式 A-D 转换器、并行式 A-D 转换器等。

3. D-A 转换器的基本原理是应用电阻解码网络，将 *N* 位数字量逐位转换为模拟量并求和，从而实现将 *N* 位数字量转换为相应的模拟量。它的主要技术指标有 D-A 转换速度和转换精度。

4. DAC0832 的分辨率为 8 位，有三种工作方式，直接转换的数字量为电流，一般在输出端接运算放大电路，将电流转化为电压。

习 题

8.1 单选题

（1）ADC0809 的分辨率为 ______。

A. 4 位　　B. 8 位　　C. 12 位　　D. 16 位

（2）ADC0809 可以对 ______路模拟电压进行 A-D 转换。

A. 1　　B. 2　　C. 4　　D. 8

（3）ADC0809 的转换结束信号 EOC 为 ______时，表示转换结束。

A. 高电平　　B. 低电平　　C. 高阻　　D. 0

（4）DAC0832 的分辨率是______。

A. 4 位　　B. 8 位　　C. 12 位　　D. 16 位

（5）D-A 转换输出模拟量的幅度由______决定。

A. 电源电压　　B. 基准电压　　C. 输入的数字量　　D. 寄存器

8.2 简答题

（1）A-D 转换器有哪些主要参数，其含义是什么？

（2）等待 A-D 转换结束有哪几种方式？各有什么特点？

（3）ADC0809 与 8051 单片机连接时有哪些控制信号？作用分别是什么？

（4）A-D 转换后得到的数据，可以通过哪些方式把这些数据传送给单片机？

（5）DAC0832 利用哪些控制信号可以构成三种不同的工作方式？

（6）DAC0832 与 8051 单片机连接时有哪些控制信号？作用分别是什么？

8.3　应用题

（1）利用 DAC0832 单缓冲工作方式作为矩形波电压发生器，设计电路并编写程序。

（2）DAC0832 与 51 系列单片机连接，产生三角波形，其幅值和周期可调，试画出其电路图，并编写程序。

第 9 章

电动机接口电路

执行装置的接口技术与前面所讲的接口技术的不同之处在于，它不但要求单片机输出一定的电压，而且要求输出一定的电流，以便带动执行装置动作。本章介绍单片机控制直流电动机接口电路、步进电动机接口电路。

9.1 直流电动机接口电路

9.1.1 直流电动机的工作原理

小型直流电动机的工作原理为：转动方向是由电压的正负来控制的，电压为正则正转，电压为负则反转；转速大小则是由输出脉冲的占空比来决定的，正向占空比越大则转速越快，反向转则占空比越小转速越快。转速与输出脉冲占空比关系如图 9-1 所示。

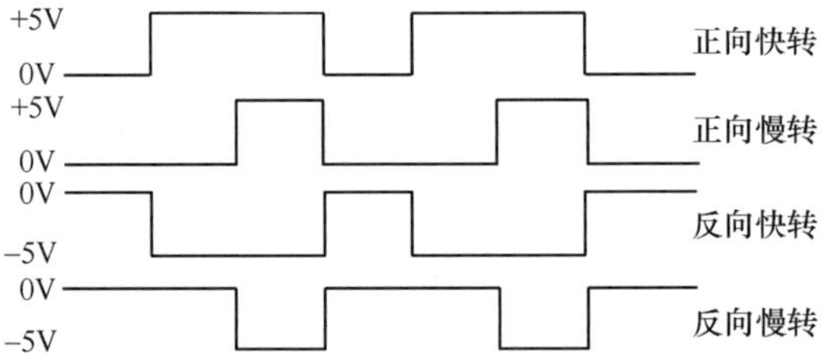

图 9-1 小型直流电动机转速与输出脉冲占空比关系

9.1.2 直流电动机应用举例

设置两个按键 SB_1 和 SB_2 及两个指示灯（发光二极管）VL_1 和 VL_2，按 SB_1 键，电动机以全速方式运行，且发光二极管 VL_1 亮，VL_2 灭；按 SB_2 键，电动机以全速的 1/2 方式运行，且发光二极管 VL_1 灭，VL_2 亮。两个按键 SB_1 和 SB_2 分别接单片机的 P1.0 和 P1.1 引脚，指示灯 VL_1 和 VL_2 分别接 P2.1 和 P2.2 引脚，晶体管 VT_1 作为直流电动机的驱动电路给绕组提供较大的电流。电路如图 9-2 所示。

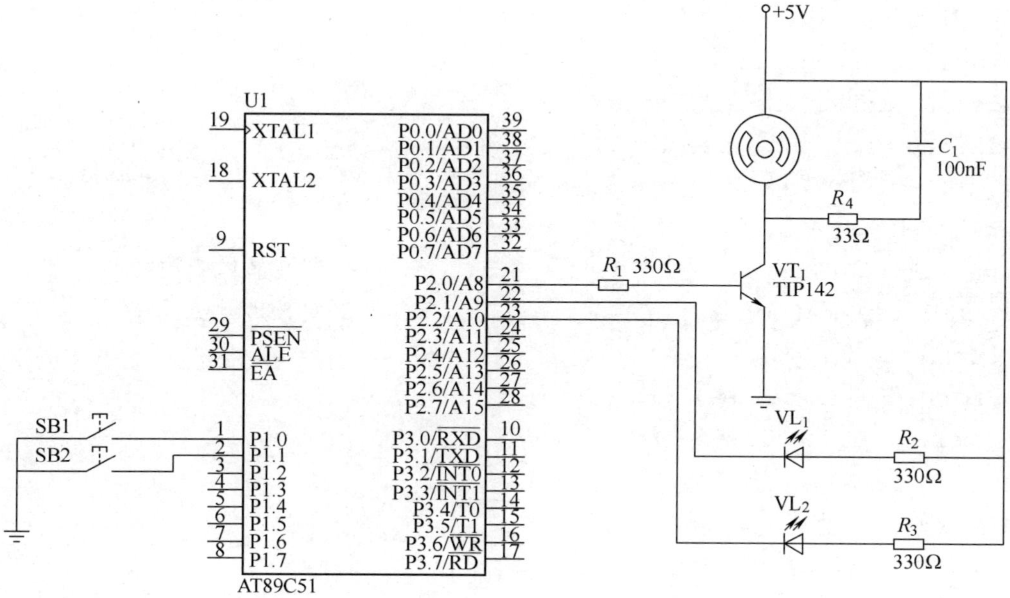

图 9-2　直流电动机以两种不同速度运行

流程图如图 9-3 所示。

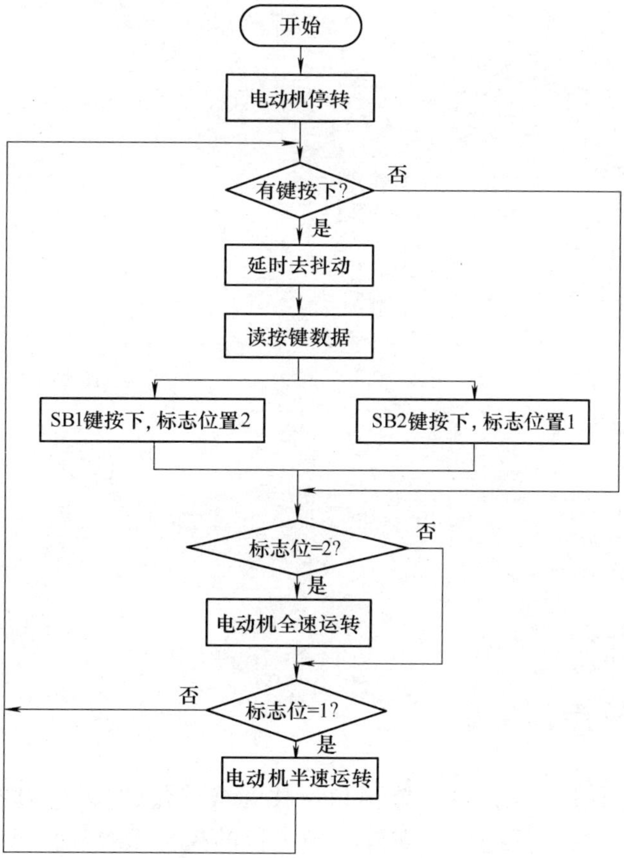

图 9-3　例题 9.1 流程图

源程序如下：

```
#include <reg51.h>
#define uchar unsigned char
#define uint unsigned int
sbit LED1 = P2^1;                            //定义发光二极管控制位
sbit LED2 = P2^2;
sbit LR5 = P2^0;                             //定义晶体管控制位
void delay1ms(uchar t)                       //定义延时函数
 {uchar i,j;
  for(i =0;i <t;i ++)
   for(j =0;j <120;j ++);
}
main()
{ uchar key,flag;
  LR5 =0;                                    //晶体管截止,电动机停转
  while(1)
   { if(P1! =0xff)                           //有键按下
    {delay1ms(10);                           //延时去抖动
     key = P1;
     while(P1! =0xff);
     switch(key)
     {case 0xfe: { flag =2;break;}
     case 0xfd: { flag =1;break;}
     }
    }
   if(flag ==2){ LR5 =1;LED1 =0;LED2 =1;}   //全速运行
   if(flag ==1)                              //半速运行
    { LR5 =1;delay1ms(20);
     LR5 =0;delay1ms(20);
     LED1 =1;LED2 =0;
    }
   }
}
```

9.2 步进电动机接口电路

步进电动机接收步进控制脉冲，输出角位移（或线位移）。它具有起停迅速、步距精确、控制方便等优点。其广泛应用于需要精确定位的控制系统和仪器设备，如各类数控机床、某些光学仪器、计算机的打印机、磁盘驱动器等。随着计算机的广泛应用，目前步进电动

机的运行一般都采用微机控制。步进电动机已成为微机控制系统中的主要执行元件之一。这一节将简单介绍步进电动机的工作原理，说明步进电动机与微机的接口电路和程序设计方法。

9.2.1　步进电动机简介

1. 结构和转矩

图 9-4 所示为一种反应式步进电动机的结构示意图。

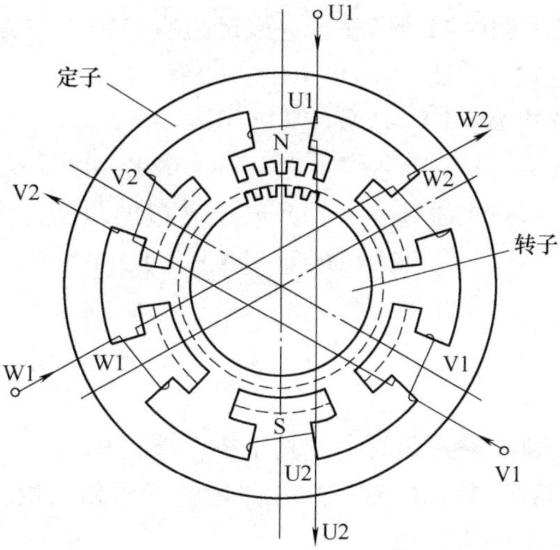

图 9-4　反应式步进电动机的结构示意图

图中电动机定子上有 6 个磁极：U1、U2、V1、V2、W1、W2，每个磁极上有 5 个均匀分布的矩形小齿。相邻两个磁极之间相隔 60°，相对的两个磁极组成一相，磁极上绕有一相绕组。此图所示的为三相步进电动机（U1 - U2 相，V1 - V2 相，W1 - W2 相）。当某一相绕组有电流通过时，该绕组所在的两个磁极形成 N 极和 S 极。

转子上没有绕组，有 40 个矩形小齿均匀分布在圆周上，相邻两个小齿之间的夹角为 9°，与定子上小齿的齿距相等。

当某相绕组通电时，所在的磁极产生磁场，与转子形成磁路。若此时该定子磁极的小齿与转子的小齿没有对齐，相互之间就会产生圆周方向的力矩，使转子齿转过一个角度，直到与定子齿对齐为止。可见在步进电动机中，定、转子错齿是使转子得到步进转矩的基本因素。

假设 U 相通电，V、W 两相都不通电，在磁场力的作用下，使转子齿与 U 相的定子齿对齐，以此作为初始状态。设与 U 相磁极中心对齐的转子齿为 1 号齿。由于 V 相磁极与 U 相磁极相差 120°，而 120°/9 = 13.33°不为整数，所以此时在 V 相磁极下，转子齿没能与 V 相定子齿对齐，转子上的 14 号齿（齿号按顺时针方向排序）逆时针方向错过 V 相磁极中心线 3°（1/3 齿距）。同理可知，此时在 W 相磁极下，转子上的 28 号齿顺时针方向错过 W 相磁极中心线 3°。如果这时使 U 相断电而 V 相通电，则 V 相磁场迫使转子 14 号齿与其中心线对齐。这样转子就在顺时针方向转过 3°，称电动机走了一步。

2. 转子转动方向

在上述情况下，如果继续下去使 V 相断电，W 相通电，那么电动机转子又在顺时针方向转过一步。可见按照U→V→W→U次序给绕组轮流通电，转子就可顺时针方向转动。

在上述初始状态，如果使U相断电而W相通电，则W相磁场迫使转子28号齿与其中心线对齐。这样转子就在逆时针方向走了一步。可见，按照U→W→V→U次序给绕组轮流通电，转子就逆时针方向转动。

由以上分析可知，步进电动机的转动方向取决于定子绕组通电的顺序。

3. 工作方式和步距角

仍以三相步进电动机为例说明，三相步进电动机有三种工作方式：

（1）单三拍　通电方式为：U→V→W→U→…。

（2）双三拍　通电方式为：UV→VW→WU→UV→…。

（3）六拍　通电方式为：U→UV→V→VW→W→WU→U→…。

通电顺序可正可反。每一次通电（一拍）转子转过的角度称为步距角θs，其表达式为

$$\theta_S = 360°/(N \cdot Z_r)$$

式中，N为运行拍数；Z_r为转子齿数。

当$Z_r=40$时，在单三拍和双三拍方式下，$\theta_S=3°$；在六拍方式下，$\theta_S=1.5°$。

4. 主要性能指标

步进电动机有反应式和永磁式两大类。其主要性能指标有：

（1）相数　定子绕组数。常用的有三相、四相、五相和六相。

（2）相电压　每相绕组的额定电压。

（3）相电流　每相绕组的额定电流。

（4）最大静力矩　当一相定子绕组通过额定电流、转子处于稳定位置时，转子能承受的最大负载力矩。

（5）步距角　在不同工作方式下转子每走一步所转过的角度。常用的有0.75°、1.5°和3°等。

（6）最高空载起动频率　步进电动机在不失步条件下空载起动的最高频率（单位步/s或Hz），一般为500～2000步/s。

（7）运行频率　步进电动机在稳态运行条件下允许的最高频率，此值要比最高空载频率大几倍。

9.2.2 步进电动机的控制系统和基本控制方法

图9-5所示为微机控制步进电动机的系统结构图。

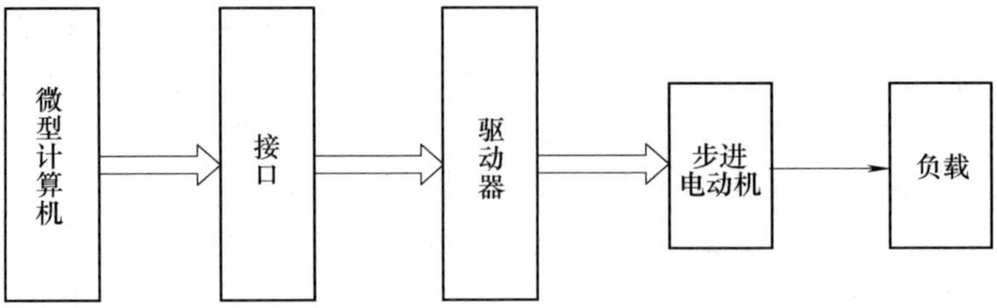

图9-5　微机控制步进电动机的系统结构图

在步进电动机的微机控制系统中，脉冲的产生以及步数、方向和速度的控制都由微机来实现；通过接口进行信号传递，并做必要的隔离；驱动器的作用是将脉冲信号进行功率放大。

这里先说明微机控制中的两个基本问题：脉冲序列的产生和脉冲的分配。下文中所用的微机为 51 系列单片机（晶振 6MHz），步进电动机则以三相为例。

要使步进电动机按照预定的要求实现步进动作，就要将步进脉冲适当分配给电动机定子绕组。现利用单片机 I/O 口的一位来控制步进电动机的一相绕组，三相步进电动机需要使用三根 I/O 口线，例如使用 P1 口的 P1.0、P1.1、P1.2，分别接到步进电动机的 U 相、V 相和 W 相。脉冲的分配规律取决于电动机的相数、工作方式和要求的转动方向。

由三相步进电动机的工作方式可以确定 P1 口所送的数码（称为控制字）及其变化规律，见表 9-1 ~ 表 9-3。

表 9-1　三相单三拍控制字

步　序	通电绕组	P1 口各位数码								控制字
		P1.7	P1.6	P1.5	P1.4	P1.3	P1.2	P1.1	P1.0	
1	U 相	0	0	0	0	0	0	0	1	0x01
2	V 相	0	0	0	0	0	0	1	0	0x02
3	W 相	0	0	0	0	0	1	0	0	0x04

表 9-2　三相双三拍控制字

步　序	通电绕组	P1 口各位数码								控制字
		P1.7	P1.6	P1.5	P1.4	P1.3	P1.2	P1.1	P1.0	
1	UV 相	0	0	0	0	0	0	1	1	0x03
2	VW 相	0	0	0	0	0	1	1	0	0x06
3	WU 相	0	0	0	0	0	1	0	1	0x05

表 9-3　三相六拍控制字

步　序	通电绕组	P1 口各位数码								控制字
		P1.7	P1.6	P1.5	P1.4	P1.3	P1.2	P1.1	P1.0	
1	U 相	0	0	0	0	0	0	0	1	0x01
2	UV 相	0	0	0	0	0	0	1	1	0x03
3	V 相	0	0	0	0	0	0	1	0	0x02
4	VW 相	0	0	0	0	0	1	1	0	0x06
5	W 相	0	0	0	0	0	1	0	0	0x04
6	WU 相	0	0	0	0	0	1	0	1	0x05

在步进电动机某一工作方式下，按照上述的控制字顺序给P1口送数，就能实现正确的脉冲分配。当然，送相邻的控制字时，控制字之间要有一定的延时。若要使步进电动机反向转动，将上述的控制字顺序倒过来即可。

9.2.3 步进电动机步数、转速的确定

1. 步数的确定

步进电动机常用来控制角位移或直线位移，例如通过带动多圈电位器或旋转变压器来调节电压；控制机床刀具的进给深度；控制磁盘驱动器的磁头移动距离等。现以步进电动机带动滚珠丝杠实现机床刀架的直线位移为例，说明如何把要实现的位移转换为步数。假设步进电动机直接带动丝杠，丝杠每转一周产生的直线位移为4mm，现要求位移18mm，则步进电动机需要转过的角度为

$$\theta = \frac{18}{4} \times 360° = 1620°$$

若步进电动机工作方式为三相三拍，步距角3°，则步数为1620°/3° = 540；若步进电动机工作方式为三相六拍，步距角1.5°，则步数为1620°/1.5° = 1080。显然，减小步距角，能提高控制精度。这里步数占用了两个字节。

2. 转速的确定

在实际应用中，往往不仅要求精确地控制位移量，还要求在规定的时间内完成位移。这就要求步进电动机以某个适当的速度转动，而转速的数值是由脉冲的延时长短来确定的。

仍以上述步进电动机控制丝杠位移为例，假设要求用2s时间完成18mm的位移，则每一步进脉冲的延时为

$$T = \frac{2 \times 10^6}{1080}\mu s = 1852\mu s$$

如果采用基本延时时间为10μs的延时子程序，则时间常数（即循环次数）可确定为185（0xB9）。

综上所述，对于步进电动机的控制，主要参数是步进脉冲的个数和延时，而延时又可转化为某一延时子程序中的时间常数。因此，可以很方便地通过软件来控制步进电动机的运行，达到各种控制目的。

3. 变速控制

上面讲的步进电动机的控制是恒速运行情况。然而在实际应用中，往往需要改变速度，这主要出现在步进电动机起动和停止的过程中。

对于大多数工作任务来说，总是希望步进电动机尽快地走完规定的步数，即以尽可能高的速度运行。然而为了保证步进电动机的转子运动能跟上步进脉冲的频率，即不失步，对于脉冲频率是有限制的。在步进电动机的性能指标中，有一项“最高空载起动频率”，就是对该电动机在空载情况下最高起动频率的限制。如果带负载起动，其允许频率还要低些。当步进电动机进入稳态运行时，其允许工作频率则比最高空载起动频率高得多。因此，为了使步进电动机尽量加快工作过程而又不致发生失步现象，应以较低的工作频率开始起动，在起动过程中逐渐加速，然后稳定在较高的工作频率。一般情况下，升速的过程约为0.1～1s。反之，步进电动机从高速运行到停止也应进行减速。减速过程的加速度绝对值常比加速过程的大。

下面介绍三种变速控制的方法。

（1）改变步进电动机的工作方式　利用改变步进电动机的工作方式可以实现变速控制。例如，对于三相步进电动机，在起动时采用三相六拍方式，大约经过 0.1s 以后改用三相三拍方式，停止时又采用三相六拍方式。

（2）均匀地改变步进脉冲的间隔　步进电动机的加速或减速控制可以通过均匀地减少或增加脉冲间隔来实现。具体来说就是均匀改变延时子程序中的时间常数。这种方法的变速控制范围比较宽。

例如，步进电动机的起动频率为 400Hz，要求到第 21 步时进入 1500Hz 的恒速运行，怎样实现均匀加速呢？仍以 10μs 为基本延时时间，计算如下：

$$对应于 400Hz 的延时时间常数 = \frac{10^6}{400} \times \frac{1}{10} = 250$$

$$对应于 1500Hz 的延时时间常数 = \frac{10^6}{1500} \times \frac{1}{10} \approx 66$$

$$时间常数的递减值 = \frac{250 - 66}{20} \approx 9$$

计算结果表明，在延时子程序中时间常数的初始值应定为 250，以后微机每送出一次脉冲，将延时时间常数减去 9，这样就能达到预定的加速控制。

（3）定时器控制步进脉冲的间隔　步进脉冲的时间间隔也可以由单片机内部的定时器来控制。定时器初始化的时间常数为步进电动机起动时所需值。每隔一定时间定时器向 CPU 申请中断。CPU 响应中断后，送出一次控制脉冲，同时修改时间常数，减小定时。采用这种方法也能方便地实现步进电动机的均匀加速或减速。

9.3　电动机接口技术的应用

任务 9-1　直流电动机正反转控制

1. 目的与要求

通过单片机控制直流电动机正反转电路的设计与制作，掌握驱动电路的设计与直流电动机正反转的控制方法。

设计要求：设置 3 个按键分别控制直流电动机的正转、反转与停止；设置 3 个指示灯对应指示电动机的 3 种运行状态。

2. 电路设计

单片机控制直流电动机电路原理图如图 9-6 所示，P3 口低 3 位分别接 3 个按键控制直流电动机的正转、反转、停止，P0 口低 3 位分别接 3 个发光二极管指示电动机的运行状态，正转时 VL_1 亮，反转时 VL_2 亮，停止时 VL_3 亮。8 个 NPN 晶体管接成复合管构成电动机的驱动电路。

1）A = 0，C = 1 时，VT_1、VT_2 及 VT_7、VT_8 导通，电动机正转。

2）A = 1，C = 0 时，VT_3、VT_4 及 VT_5、VT_6 导通，电动机反转。

3）A = 0，C = 0 时，电动机绕组两端同时为高电平，电动机停止转动。

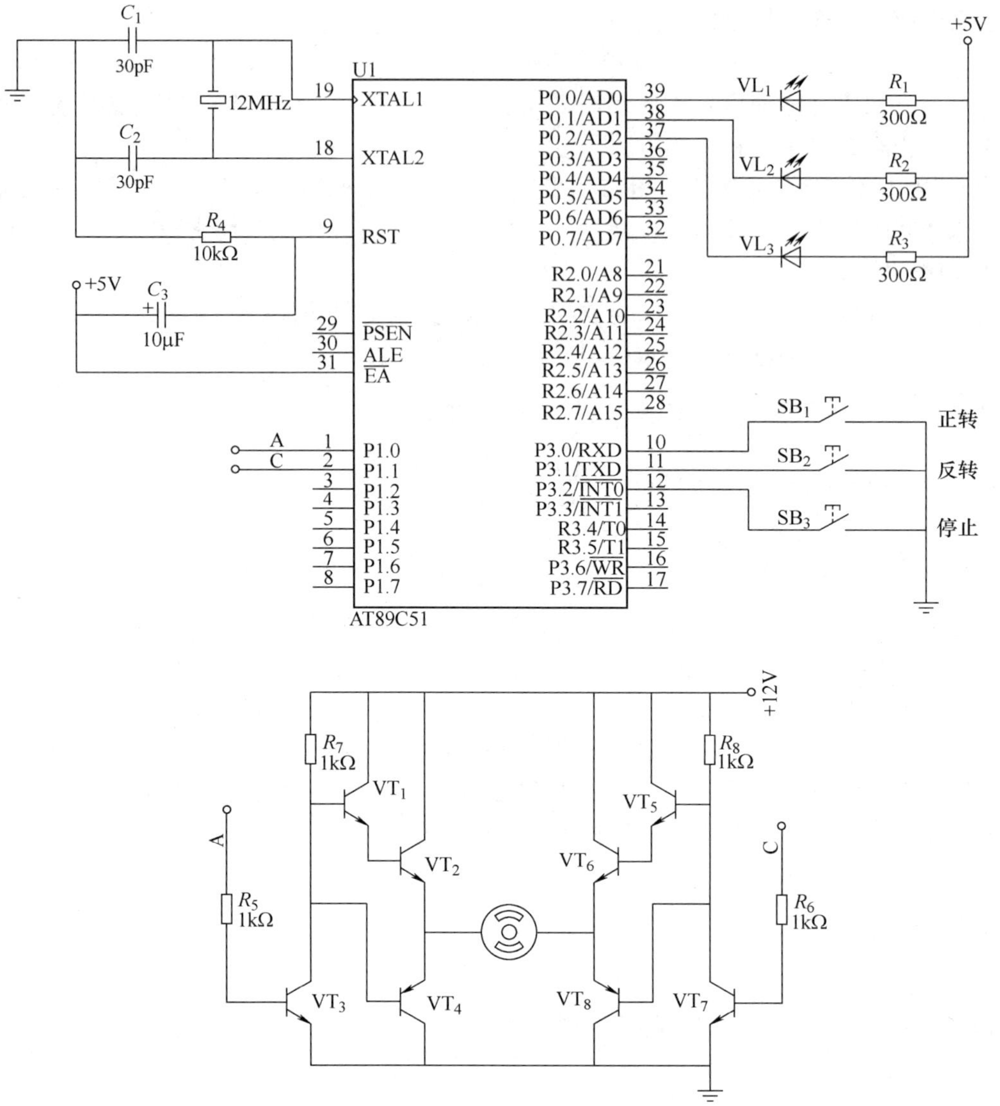

图 9-6　任务 9-1 电路原理图

3. 源程序设计

```
#include <reg51.h>
sbit k1 = P3^0;                    //定义按键控制位
sbit k2 = P3^1;
sbit k3 = P3^2;
sbit D1 = P0^0;                    //定义指示灯控制位
sbit D2 = P0^1;
sbit D3 = P0^2;
sbit A = P1^0;                     //定义电动机绕组通电方向控制位
sbit C = P1^1;
```

```
void main()
{ D1 =1;D2 =1;D3 =0;
  while(1)
 { if(k1 ==0)                          //SB1 按下,电动机正转
      {while(k1 ==0);
       A =0;C =1;
       D1 =0;D2 =1;D3 =1;              //指示灯 VL1 亮
      }
       if(k2 ==0)                      //SB2 按下,电动机反转
       {while(k2 ==0);
        A =1;C =0;
        D1 =1;D2 =0;D3 =1;             //指示灯 VL2 亮
       }
       if(k3 ==0)                      //SB3 按下,电动机停转
       {while(k3 ==0);
        A =0;C =0;
        D1 =1;D2 =1;D3 =0;             //指示灯 VL3 亮
       }
 }
}
```

任务 9-2　步进电动机正反转控制

1. 目的与要求

通过单片机控制步进电动机正反转电路的设计与制作，掌握步进电动机驱动电路的设计与正反转控制的实现方法。

设计要求：设置 3 个按键分别控制步进电动机的正转、反转和停止，设置 3 个指示灯分别指示步进电动机的 3 种工作状态。

2. 电路设计

电路原理图如图 9-7 所示，用单片机控制 4 相步进电动机，P3 口低 3 位分别接按键控制步进电动机的正转、反转、停止。P0 口低 3 位接 3 个发光二极管，步进电动机正转时 VL_1 亮，反转时 VL_2 亮，停止时 VL_3 亮。P1 口低 4 位接驱动电路 ULN2003A 控制步进电动机的 4 相绕组。

3. 源程序设计

```
#include <reg51.h>
#define uchar unsigned char
#define uint unsigned int
uchar code ffw[] ={0x01,0x03,0x02,0x06,0x04,0x0c,0x08,0x09};// 正转控制字
uchar code rev[] ={0x09,0x08,0x0c,0x04,0x06,0x02,0x03,0x01};// 反转控制字
```

```
bit aa;                       //定义标志位
uchar i;
void Time_init(void)
{
  TMOD =0x01;                 //定时器0,定时器工作于方式1
  TH0 =0x3c;
  TL0 =0xb0;
  EA =1;                      //开中断
  ET0 =1;                     //开定时器0中断
}
main()
{
  uchar num;
  Time_init();
  P3 =0x07;
  while(1)
  {
    num = P3;                 //键盘扫描
    num = num&0x07;
    switch(num)
     {
     case 0x06: aa =0;        //正转标志
           TR0 =1;            //启动定时器
           P0 =0xfe;
           break;
     case 0x05: aa =1;        //反转标志
           TR0 =1;            //启动定时器
           P0 =0xfd;
           break;
     case 0x03: TR0 =0 ;      //关闭定时器,停转
           P0 =0xfb;
           break;
     }
  }
}
void Time0()interrupt 1       //T0中断函数,每50ms电动机走一步
{
    TH0 =0x3c;TL0 =0xb0;
    if(aa ==0)
```

```
    P1 = ffw[i];
  else
    P1 = rev[i];
  i + +;
  if(i == 8)
    i = 0;
}
```

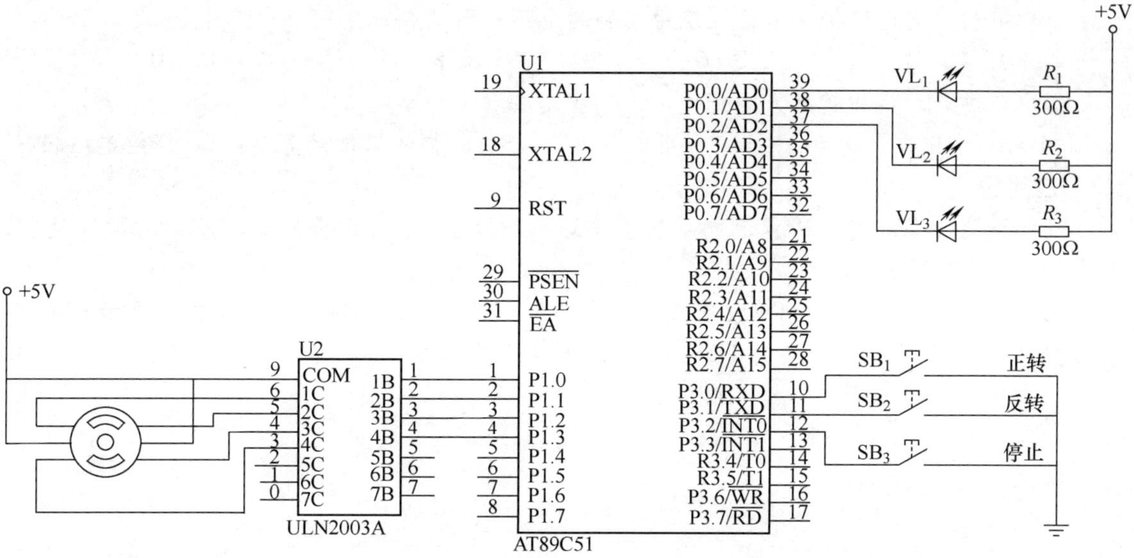

图 9-7　任务 9-2 电路原理图

本章小结

1. 小型直流电动机作为一种常用的执行装置，采用单片机对其控制时可使系统灵活、电路简单。直流电动机的转动方向是由电动机绕组中的电流方向决定的，转速是由输入脉冲的占空比决定的。单片机 I/O 口驱动能力有限，因此单片机需通过驱动电路后再接直流电动机。

2. 步进电动机作为一种常用的执行装置，采用单片机对其控制时可使系统灵活、电路简单。步进电动机接收脉冲信号，输出角位移或线位移，转速由脉冲的持续时间决定，脉冲的持续时间越长，转速越慢。步进电动机的工作方式有单三拍、双三拍、六拍（单双交替）。工作时绕组中的电流较大，因此在单片机与步进电动机之间需接驱动电路。

习　题

9.1　单选题

（1）直流电动机的转动方向是由______决定的。

A. 绕组电压大小　B. 绕组电流大小　C. 绕组电流方向　D. 绕组电压极性

（2）直流电动机的转速是由______决定的。

A. 绕组电压大小　B. 绕组电流大小　C. 脉冲占空比　D. 绕组电压极性

（3）步进电动机的输入信号是______。

A. 直流电压　B. 电流　C. 数字脉冲　D. 交流电压

（4）步进电动机的输出信号是______。

A. 电压　B. 角位移　C. 电流　D. 脉冲信号

（5）四相步进电动机采用单双绕组交替通电工作时的控制字有______个。

A. 4　B. 6　C. 8　D. 10

（6）步进电动机的转动方向是由______决定的。

A. 绕组电压大小　B. 绕组电流大小　C. 绕组通电顺序　D. 绕组电压极性

9.2 应用题

（1）设置3个按键控制直流电动机以全速、1/2全速，1/3全速3种不同的速度运行，设计出电路并编写程序。

（2）现要求利用51系列单片机控制一台四相步进电动机实现规定的操作：正转100步，停顿1s；反转50步，每步延时1ms，试设计出电路并编程。

第 10 章 其他接口电路

单总线（1-wire）是美国 Dallas 公司推出的外围串行扩展总线。单总线只有一根数据输入/输出线，所有单总线的器件都挂在这根线上，即通过 1 条连接线，便可以完成全部的供电、控制和数据传送，它可节省 I/O 接口，降低系统成本并能简化硬件电路的设计。I^2C 总线是 Philips 公司推出的一种高性能芯片间串行传输总线，进行数据传输时只需两根信号线，一根是双向数据线，另一根是时钟线。本章介绍具有单总线结构的数字温度传感器 DS18B20 的应用及具有 I^2C 总线结构的 A-D 和 D-A 转换器 PCF8591 及存储器 AT24C04 的应用。

10.1 数字温度传感器 DS18B20

10.1.1 DS18B20 的特点

DS18B20 是美国 Dallas 半导体公司推出的一种改进型智能温度传感器，与传统的热敏电阻等测温元件相比，它能直接读出被测温度，并且可根据实际要求通过简单的编程实现 9 ~ 12 位的数字值读数方式，它体积小，适用电压宽。DS18B20 采用外接电源方式工作，单线与单片机连接，测出的数据放在寄存器中，可将数据经过 BCD 码转换后送到 LED 显示。

DS18B20 的性能特点如下：

1）独特的单线接口仅需要一个端口引脚进行通信。

2）多个 DS18B20 可以并联在唯一的三线上，实现多点组网功能。

3）无需外部器件。

4）可通过数据线供电，电压范围为 3.0 ~ 5.5V。

5）零待机功耗。

6）温度以 9 ~ 12 位数字表示。

7）用户可定义报警设置。

8）报警搜索命令识别并标志超过程序限定温度（温度报警条件）的器件。

9）负电压特性。电源极性接反时，温度计不会因发热而烧毁，但不能正常工作。

10.1.2 DS18B20 的结构

DS18B20 内部结构主要为：64 位 ROM、单总线接口、存储器与控制逻辑单元、温度传感器、高/低温触发器、高速缓存器（即寄存器）、配置寄存器和 8 位 CRC 发生器，如图 10-1所示；DS18B20 的引脚排列如图 10-2 所示。64 位 ROM 是出厂前被光刻好的，它可以看作是该 DS18B20 的地址序列号。不同的器件地址序列号不同。

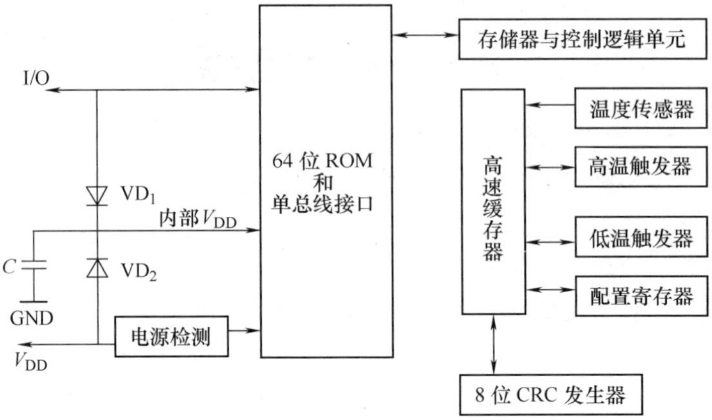

图 10-1　DS18B20 的内部结构

64 位 ROM 的结构开始 8 位是产品类型的编号，接着是每个器件的唯一的序号，共有 48 位，最后 8 位是前面 56 位的循环冗余检验码（CRC），这也是多个 DS18B20 可以采用单线进行通信的原因。温度报警触发器 TH（高温触发器）和 TL（低温触发器），可通过软件写入报警上、下限值。

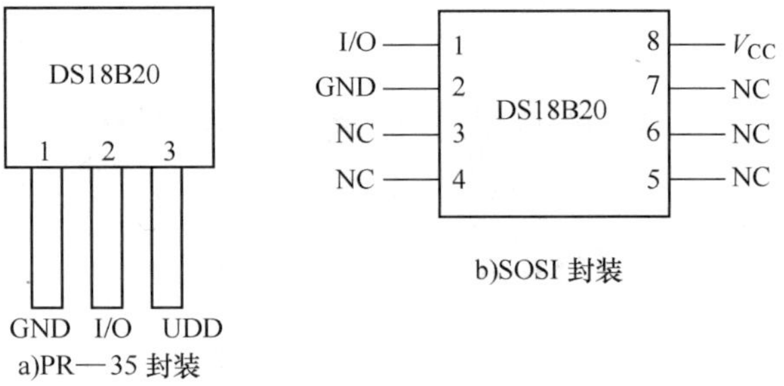

图 10-2　DS18B20 的引脚排列

DS18B20 温度传感器的内部存储器还包括一个高速缓存 RAM 和一个非易失性的可电擦除的 EERAM，结构如图 10-3 所示。高速缓存 RAM 的结构为 8 字节的存储器，头 2 个字节包含测得的温度信息；第 3 和第 4 字节存放 TH 和 TL 的上下限值，是易失的，每次上电复位时被刷新；第 5 个字节为配置寄存器，它的内容用于确定温度值的数字转换分辨率；高速缓存 RAM 的第 6、7、8 字节保留未用，表现为全逻辑 1；第 9 字节读出前面所有 8 字节的循环冗余检验码（CRC），可用来检验数据，从而保证通信数据的正确性。

DS18B20 工作时配置寄存器中各位的定义如图 10-4 所示，低 5 位一直为 1；TM 是工作模式位，用于设置 DS18B20 是在工作模式还是在测试模式，DS18B20 出厂时该位被设置为 0，用户可根据需要修改；R1 和 R0 决定温度转换的精度位数，用来设置分辨率，见表 10-1。

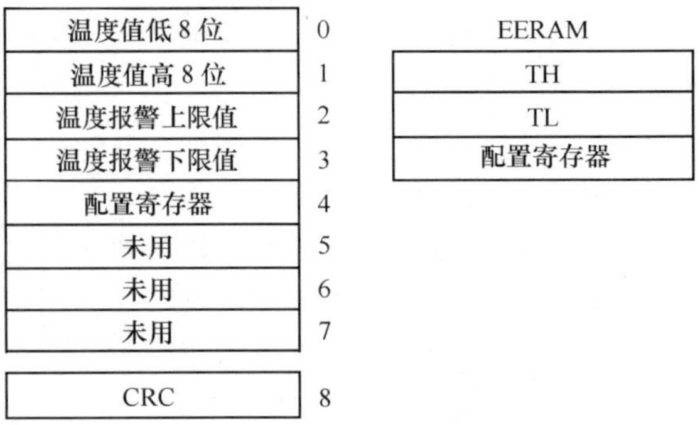

图 10-3　内部存储器结构

TM	R1	R0	1	1	1	1	1

图 10-4　DS18B20 的配置寄存器定义

表 10-1　温度精度配置

R1	R0	转换精度（16 进制）/bit	转换精度（十进制）	转换时间/ms
0	0	9	0.5	93.75
0	1	10	0.25	187.5
1	0	11	0.125	375
1	1	12	0.0625	750

DS18B20 温度转换的时间比较长，而且分辨率越高，所需要的温度数据转换时间越长。因此，在实际应用中要将分辨率和转换时间权衡考虑。

以 12 位转化为例说明温度高、低字节存放形式及计算：12 位转化后得到的 12 位数据，存储在 DS18B20 的两个 8 位的 RAM 中，见表 10-2。高 8 位 RAM 中的前面 5 位是符号位。如果测得的温度大于 0，这 5 位为 0，只要将测到的数值乘以 0.0625 即可得到实际温度；如果温度小于 0，这 5 位为 1，测到的数值需要取反加 1 再乘以 0.0625 才能得到实际温度。

表 10-2　DS18B20 测温字节存放表

高 8 位	S	S	S	S	S	2^6	2^5	2^4
低 8 位	2^3	2^2	2^1	2^0	2^{-1}	2^{-2}	2^{-3}	2^{-4}

当 DS18B20 接收到温度转换命令后，开始启动转换。转换完成后的温度值就以 16 位带符号扩展的二进制补码形式存储在高速寄存器的第 1、2 字节。单片机可以通过 DS18B20 单总线接口读出该数据，读数据时低位在先，高位在后，数据格式以 0.0625℃/LSB 形式表示。表 10-3 是一部分温度值对应的二进制温度数据。

表 10-3　温度精度配置

温度/℃	二进制表示	十六进制表示
+125	0000 0111　　1101 0000	0x07D0
+85	0000 0101　　0101 0000	0x0550
+25.0625	0000 0001　　1001 0000	0x0191
+10.125	0000 0000　　1010 0001	0x00A2
+0.5	0000 0000　　0000 0010	0x0008
0	0000 0000　　0000 1000	0x0000
−0.5	1111 1111　　1111 0000	0xFFF8
−10.125	1111 1111　　0101 1110	0xFF5E
−25.0625	1111 1110　　0110 1111	0xFE6F
−55	1111 1100　　1001 0000	0xFC90

DS18B20 完成温度转换后，就把测得的温度值与 RAM 中的 TH、TL 字节内容做比较。若 T > TH 或 T < TL，则将该器件内的报警标志位置位，并对主机发出的报警搜索命令做出

响应。因此，可用多只DS18B20同时测量温度并进行报警搜索。

DS18B20的64位ROM的最高有效字节中存储有循环冗余检验码（CRC）。对64位ROM的前56位计算CRC值，单片机将计算得到的CRC值和DS18B20中的CRC值做比较，以判断收到的DS18B20的64位ROM数据是否正确。

10.1.3 DS18B20的操作命令和时序

DS18B20的测温原理是：器件中低温度系数晶振的振荡频率受温度的影响很小，用于产生固定频率的脉冲信号送给减法计数器1；高温度系数晶振随温度变化其振荡频率明显改变，所产生的信号作为减法计数器2的脉冲输入。器件中还有一个计数门，当计数门打开时，DS18B20就对低温度系数振荡器产生的时钟脉冲进行计数进而完成温度测量。计数门的开启时间由高温度系数振荡器来决定，每次测量前，首先将－55℃所对应的一个基数分别置入减法计数器1、温度寄存器中，减法计数器1和温度寄存器被预置在－55℃所对应的一个基数值。减法计数器1对低温度系数晶振产生的脉冲信号进行减法计数，当减法计数器1的预置值减到0时，温度寄存器的值将加1，减法计数器1的预置值将重新被装入，减法计数器1重新开始对低温度系数晶振产生的脉冲信号进行计数，如此循环直到减法计数器1计数到0时，停止温度寄存器的累加，此时温度寄存器中的数值就是所测温度值。温度寄存器的输出值用于修正减法计数器1的预置值，只要计数门仍未关闭就重复上述过程，直到温度寄存器值等于被测温度值。

另外，由于DS18B20单总线通信功能是分时完成的，它有严格的时隙概念，因此读写时序很重要。系统对DS18B20的各种操作按协议进行。操作协议为：初始化DS18B20（发复位脉冲）→发ROM功能命令→发存储器操作命令→处理数据。

由于DS18B20采用的“单总线”结构，所以数据的传输与命令的通信只要通过微处理器的一根双向I/O口就可以实现。DS18B20约定在每次通信前必须对其复位，具体的复位时序如图10-5所示。

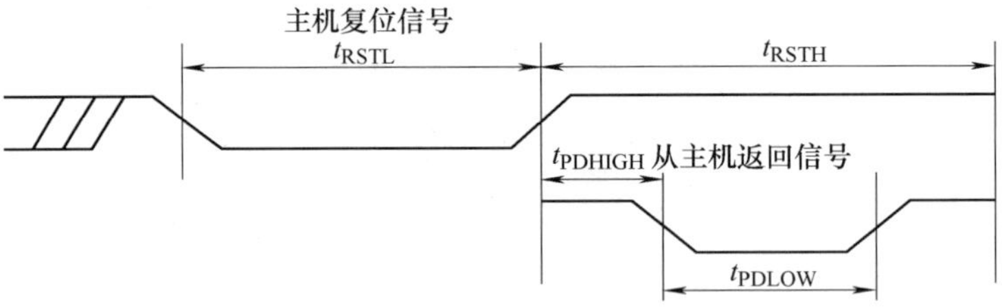

图10-5 DS18B20复位时序

图10-5所示，tRSTL为主机发出的低电平信号，tRSTL的最小时延为480μs，然后释放总线，检查从机返回信号，看其是否已准备接收其他操作，其中tPDHIGH时间最小为15μs，最长不能超过60μs，否则认为DS18B20没有准备好，主机应继续复位，直到检测到返回信号变为低电平为止。

主机一旦检测到DS18B20的存在，根据DS18B20的工作协议，就应对ROM进行操作，接着对存储器操作，最后进行数据处理。在DS18B20中规定了5条对ROM的操作命令，见表10-4。

表 10-4　DS18B20 的 ROM 操作指令

操作指令	0x33	0x55	0xCC	0xF0	0xEC
含义	读 ROM	匹配 ROM	跳过 ROM	搜索 ROM	报警搜索 ROM

主机在发送完 ROM 操作指令之后，就可以对 DS18B20 内部的存储器进行操作，同样 DS18B20 规定了 6 条操作指令，见表 10-5。

表 10-5　DS18B20 的内部存储器操作指令

操作指令	0x4E	0xBE	0x48	0x44	0xD8	0xB4
含义	写	读	内部复制	温度转换	重新调出	读电源

10.1.4　DS18B20 的使用方法

由于 DS18B20 采用的是单总线协议方式，即在一根数据线上实现数据的双向传输，而对 51 单片机来说，硬件上并不支持单总线协议，因此，必须采用软件的方法模拟单总线的协议时序来完成对 DS18B20 芯片的访问。

由于 DS18B20 是在一根 I/O 线上读写数据，因此，对读写的数据位有着严格的时序要求。DS18B20 有严格的通信协议来保证各位数据传输的正确性和完整性。该协议定义了几种信号的时序：初始化时序、读时序、写时序，如图 10-6 ~ 图 10-8 所示。

所有时序都是将主机作为主设备，单总线器件作为从设备。而每一次命令和数据的传输都是从主机主动启动写时序开始，如果要求单总线器件回送数据，在进行写命令后，主机需启动读时序完成数据接收。数据和命令的传输都是低位在先。

DS18B20 的读时序分为读 0 时序和读 1 时序两个过程，如图 10-7 所示。DS18B20 的读时序从主机把单总线拉低之后的 15s 之内就得释放单总线，以让 DS18B20 把数据传输到单总线上。DS18B20 的一个读时序过程至少需要 60μs 才能完成。

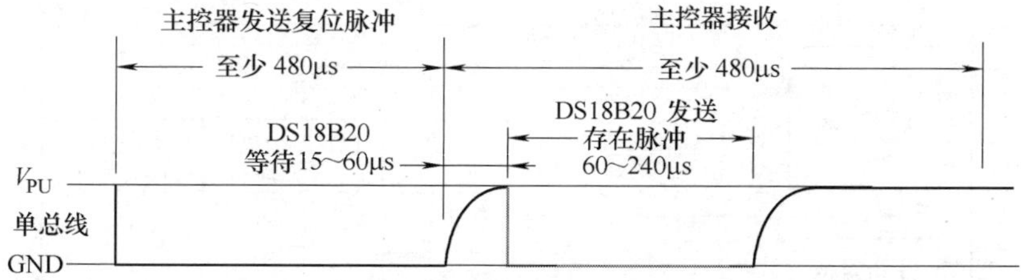

图 10-6　DS18B20 的初始化时序

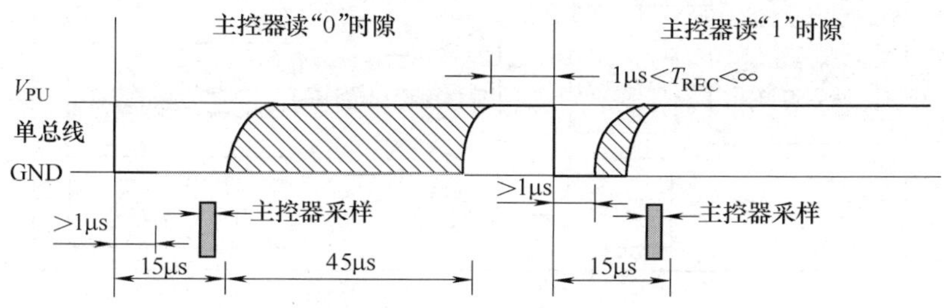

图 10-7　DS18B20 的读时序

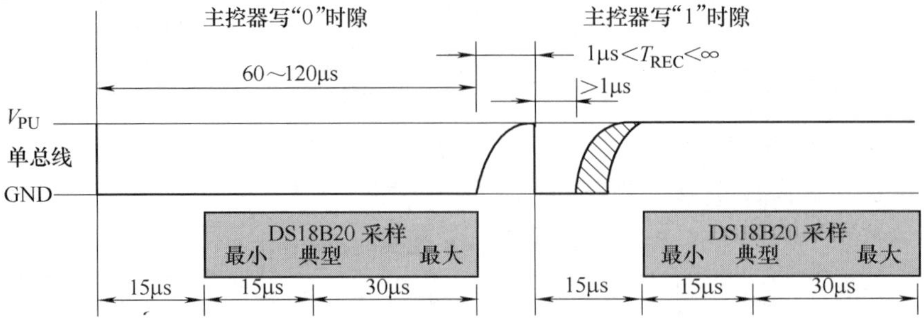

图 10-8 DS18B20 的写时序

DS18B20 的写时序仍然分为写 0 时序和写 1 时序两个过程，如图 10-8 所示，对于 DS18B20 写 0 时序和写 1 时序的要求不同，当要写 0 时序时，单总线要被拉低至少 60μs，保证 DS18B20 能够在 15 ~ 45μs 正确地采样 I/O 线上的“0”电平，当要写 1 时序时，单总线被拉低之后，在 15μs 之内须释放单总线。

10.2 PCF8591 功能简介

PCF8591 是一个单片集成、单独供电、低功耗、8 位 CMOS 数据获取器件。PCF8591 内置有 8 位 A-D 转换器和 8 位 D-A 转换器，具有 4 个模拟输入、1 个模拟输出和 1 个串行 I^2C 总线接口。PCF8591 的 3 个地址引脚 A0、A1 和 A2 可用于硬件地址编程，允许在 I^2C 总线上接入 8 个 PCF8591 器件，而无需额外的硬件。PCF8591 的内部结构如图 10-9 所示。在 PCF8591 上输入、输出的地址、控制和数据信号都是通过双线双向 I^2C 总线以串行方式进行传输。PCF8591 可用于远程数据采集的低功耗转换器、电池供电设备、汽车、音响和电视方面的模拟数据采集。

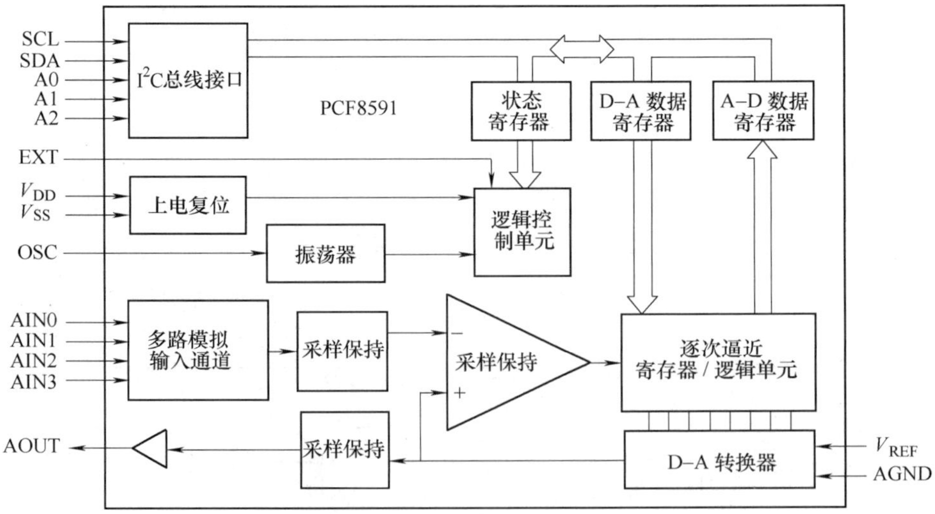

图 10-9 PCF8591 内部结构

1. PCF8591 引脚功能

PCF8591 为 16 引脚芯片，采用 SOP 或 DIP 封装，有 4 路 A-D 转换输入，1 路 D-A 模拟输出和 1 个串行 I^2C 总线接口，其引脚分布如图 10-10 所示，引脚符号及功能见表 10-6。

表 10-6　PCF8591 引脚及功能

引　脚　号	符　　号	功　　能
1～4	AIN0～AIN3	四路模拟信号输入端
5～7	A0～A2	地址端
16、8	V_{DD}、V_{SS}	电源、地
9	SDA	I^2C 总线的数据线
10	SCL	I^2C 总线的时钟线
11	OSC	时钟端
12	EXT	内部、外部时钟选择端
13	AGND	模拟信号地
14	V_{REF}	基准电压端
15	AOUT	D-A 转换输出端

2. I^2C 总线操作相关的寄存器

地址寄存器由器件地址和引脚地址及读写控制位组成，共 8 位，其格式如图 10-11 所示。总线操作时，单片机向 PCF8591 发送的第一个字节数据存入地址寄存器。其中器件地址 1001 是固有地址编码，不可更改。引脚地址为 A2A1A0，其值由用户设定，因此，I^2C 系统最多可接 8 个具有 I^2C 总线的器件。其中，最低位 $R/\overline{W}$ 是数据传送的方向位，当 $R/\overline{W}=0$ 时，执行写操作，当 $R/\overline{W}=1$ 时，执行读操作。若电路中 A2A1A0 都接地，则器件读写的地址分别为 0x91 和 0x90。

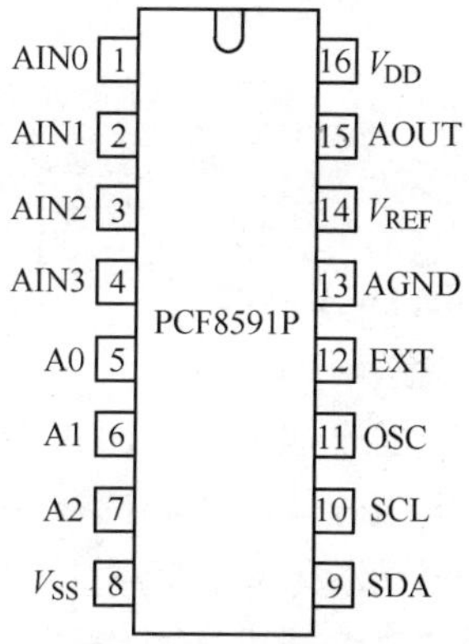

图 10-10　PCF8591 引脚（DIP16）

控制寄存器用于设置器件的功能，是总线操作时由单片机向 PCF8591 发送的第二字节，其格式如图 10-12 所示。其中，D0、D1 为 A-D 通道选择端，D1D0 = 00，选择 AIN0；D1D0 = 01，选择 AIN1；D1D0 = 10，选择 AIN2；D1D0 = 11 时，选择 AIN3。D2 为自动增益选择位，为 1 时有效。D3 固定为 0。D5、D4 为模拟量输入选择位，D5D4 = 00，为四路单输入；D5D4 = 01，为三路差分输入；D5D4 = 10，为单端与差分配合输入；D5D4 = 11，为两路差分输入。D6 为模拟输出允许位，D6 = 1 时，允许模拟量输出。D7 固定为 0。

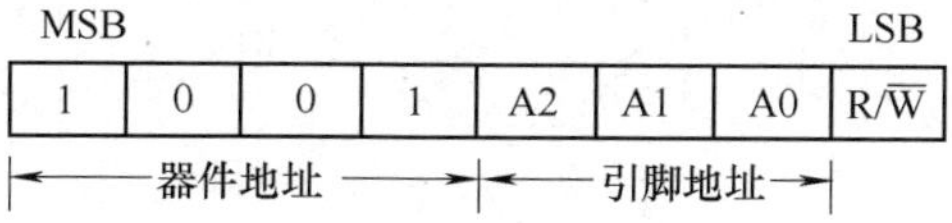

图 10-11　地址寄存器格式

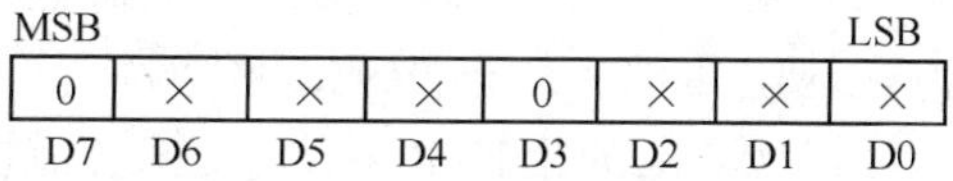

图 10-12　控制寄存器格式

3. PCF8591 的时序

PCF8591 在传送数据的过程中共有三种信号，分别是开始信号、停止信号和应答信号，信号时序如图 10-13 和图 10-14 所示。

开始信号：SCL 为高电平期间，SDA 由高电平向低电平跳变，表示开始传送数据。

停止信号：SCL 为高电平期间，SDA 由低电平向高电平跳变，表示传送数据结束。

应答信号：器件接收到 8 位数据后，向发送数据的器件发出低电平，表示已收到数据。

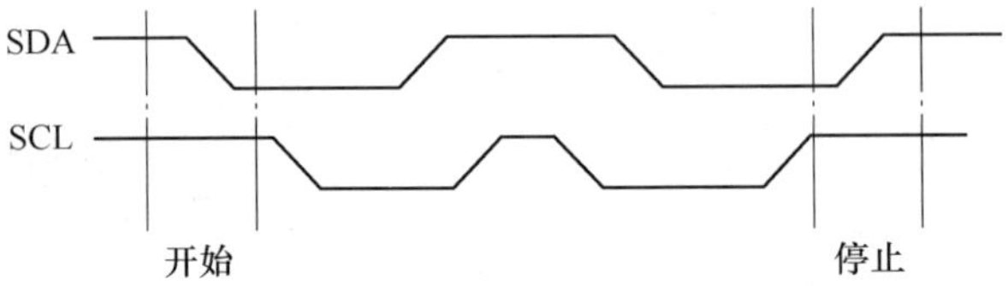

图 10-13 开始信号和停止信号时序

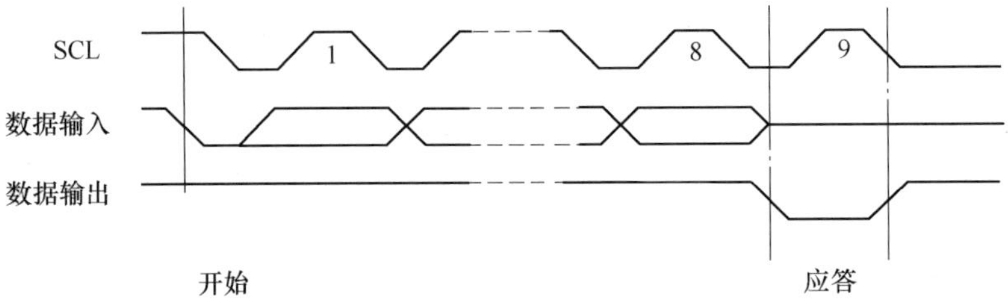

图 10-14 应答信号时序

4. D-A 转换

发送给 PCF8591 的 D-A 转换数据被存储到 DAC 数据寄存器中，并用 D-A 转换器转换成对应的模拟电压。D-A 转换器如图 10-15 所示，其由连接到外部基准电压的具有 256 个接头的电阻分压电路和选择开关组成，接头译码器切换一个接头至 DAC 输出线，模拟输出电压由自动清零单位增益缓冲放大器组成。这个缓冲放大器可通过设置控制寄存器的模拟输出允许标志来开启或关闭。在激活状态下，输出电压将保持到新的数据字节被发送。在允许模拟电压输出的情况下，输出电压保持到新的数据被转换为止。输出模拟电压与输入数字量的对应关系如下：

$$V_{AOUT} = V_{AGND} + \frac{V_{REF} - V_{AGND}}{256} \times D$$

式中，D 为输入数字量对应的十进制数；V_{AGND}为接地电压值，一般取 0；V_{REF}为基准电压；V_{AOUT}为输出的模拟电压值。因此，输入的数字量与输出模拟量呈线性关系。

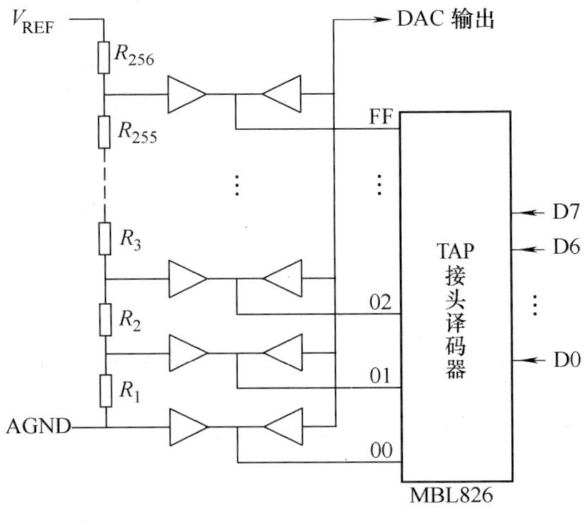

图 10-15 PCF8591 的 D-A 转换器

5. A-D 转换

A-D 转换器采用逐次逼近转换技术，在 A-D 转换周期内将临时使用片上 D-A 转换器和高增益比较器。一个 A-D 转换周期总是开始于发送一个有效模式地址给 PCF8591 之后，A-D转换周期在应答时钟脉冲的后沿触发，所选通道的输入电压采样保存到芯片并被转换为对应的 8 位二进制码。取自差分输入的采样将被转换为对应的 8 位二进制码。转换结果被保存在 ADC 数据寄存器等待传输。如果自动增量标志被置 1，将选择下一个通道。

6. 参考电压

D-A 和 A-D 转换器必须为电阻分压电路（引脚 V_{REF} 和 AGND）提供稳定的参考电压和电源电压。AGND 引脚必须连接到系统模拟地。

7. A-D 转换和 D-A 转换总线协议格式

若 PCF8591 进行 D-A 转换，则按图 10-16 的协议格式进行数据的传送，若 PCF8591 进行 A-D 转换，则按图 10-17 的协议格式进行数据的传送。

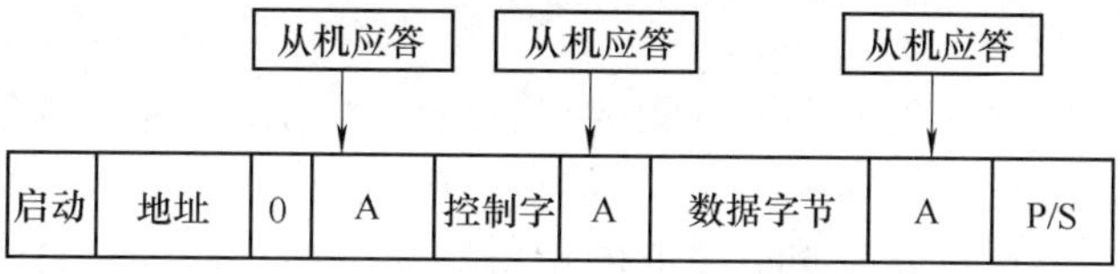

图 10-16　D-A 转换总线协议格式

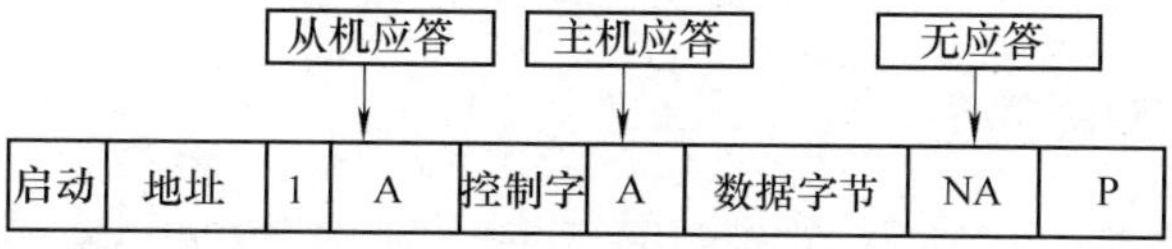

图 10-17　A-D 转换总线协议格式

10.3　I²C 串行总线扩展技术

近年来芯片间的串行数据传输技术被大量采用。串行扩展接口和串行扩展总线的设置大大简化了系统的结构。由于串行总线连接线少，总线的结构比较简单，不需要专用的插座，直接用导线即可连接各种芯片。因此，采用串行总线使系统硬件设计简化、系统体积减小、可靠性提高。同时，系统的更改和扩充极为容易。单片机应用系统中使用较多的串行总线是 I²C 总线。

10.3.1　I²C 串行总线概述

I²C 总线是 Phlips 公司推出的一种串行总线，它是具备多主机系统所需的包括总线裁决和高低速设备同步功能的高性能串行总线。

I²C 总线只有两根信号线，一根是双向的数据线 SDA，另一根是时钟线 SCL。所有连接到 I²C 总线上的设备的串行数据都接到 SDA 上，而各设备的时钟均接到 SCL 上。

I²C 总线是一个多主机总线，即一个 I²C 总线可以有一个或多个主机，总线运行由主机控制。这里所说的主机是指启动数据的传送（发起始信号）、发时钟信号、传送结束时发终止信号的设备。通常，主机由各种单片机或其他微处理器充当。被主机寻访的设备叫从机，它可以是各种单片机或其他微处理器，也可以是其他器件，如存储器、LED 或 LCD 驱动器、A-D 或 D-A 转换器、日历时钟器件等。I^2C 总线的基本结构如图 10-18 所示。

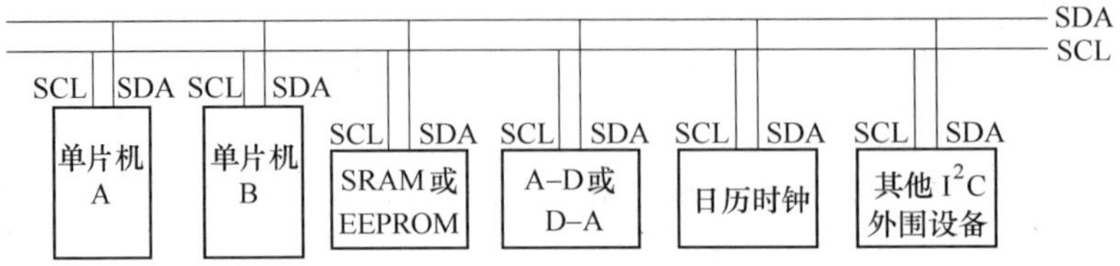

图 10-18　I^2C 总线的基本结构

为了进行通信，每个接到 I^2C 总线上的设备都有一个唯一的地址。主机与从机之间的数据传送可以是由主机发送数据到总线上其他设备，这时主机称为发送器，从总线上接收数据的设备称为接收器。

在多主机系统中，可能同时有几个主机企图启动总线传送数据。为了避免混乱，保证数据的可靠传送，任一时刻总线只能由某一台主机控制。所以，I^2C 总线要通过总线裁决来决定由哪一台主机控制总线。若有两个或两个以上的主机企图占用总线，一旦一个主机送高电平“1”，而另一个（或多个）送低电平“0”，送“1”主机就会退出竞争。在竞争过程中，时钟信号是各个主机产生异步时钟信号线“与”的结果。

10.3.2　EEPROM 芯片简介

带 I^2C 总线接口的 EEPROM 有许多型号系列，其中 AT24CXX 系列使用十分普遍，有 AT24C01/01/02/04/16。其容量分别为 128×8/256×8/512×8/1024×8 位。AT24CXX 系列是美国 Atmel 公司的低功耗 CMOS 串行 EEPROM，具有工作电压宽（2.5～5.5V）、擦写次数多（大于 10000 次）、写入速度快（小于 10ms）等特点。AT24CXX 引脚如图 10-19 所示，引脚功能见表 10-7。AT24CXX 系列 EEPROM 常用于存储运行中必要的参数，如密码、电表常数（转/度）、预警电度数、可用电度数及转盘转数等。

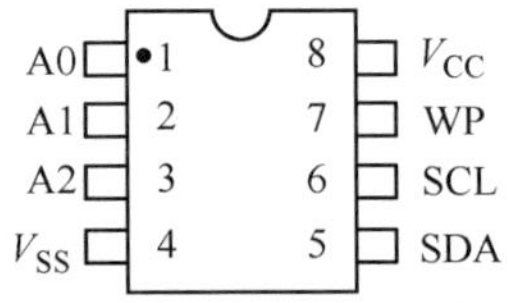

图 10-19　AT24CXX 系列 EEPROM 引脚

表 10-7　AT24CXX 系列 EEPROM 引脚功能

引脚名称	功　能
A0、A1、A2	器件地址选择
SDA	串行数据/地址
SCL	串行时钟
WP	写保护
V_{cc}	1.8～6.0V 工作电压
V_{ss}	地

如果 WP 引脚连接到 V_{CC}，所有的内容都被写保护（只能读）；当 WP 引脚连接到 V_{ss} 或

悬空时，允许器件进行正常的读/写操作。

1. AT24C04 器件地址

I^2C 总线允许若干兼容器件共享总线。总线上所有器件要依靠 SDA 发送的地址信号寻址，不需要片选线。任何时刻总线只能由一个主机控制，各从机在总线空闲时启动数据传送。

主机在发送启动命令后开始传送从机的地址，8 位从机地址（见表 10-8）的高 4 位固定为 1010，接下来的 3 位用来定义存储器的地址，最后 1 位为读写控制位，“1” 表示读操作，“0” 表示写操作。

表 10-8　AT24C04 从机地址

1	0	1	0	A2	A1	A0	$R/\overline{W}$

2. AT24C04 读写操作

（1）写操作　在字节写模式下，主机发送起始命令和从机地址信息给从机。在从机响应应答信号后，主机将要写入数据的地址发送到 AT24C04 的地址指针，主机在收到从机的应答信号后，再送数据到相应数据存储区地址。AT24C04 再响应一个应答信号，主机产生一个停止信号；然后，AT24C02 启动内部写周期。AT24C04 字节写时序如图 10-20 所示。

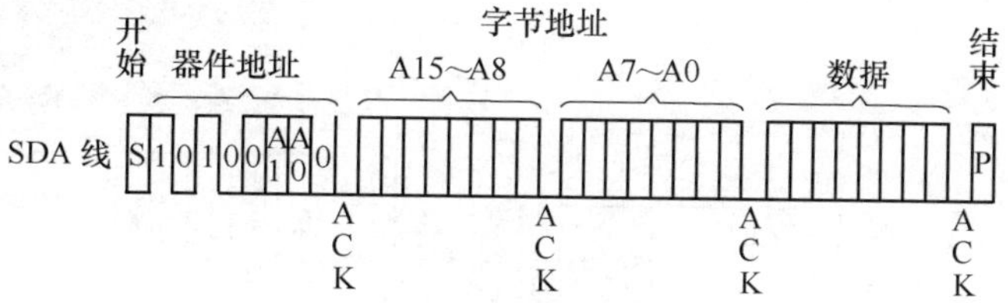

图 10-20　AT24C04 字节写时序

（2）读操作　对 AT24C04 读操作的初始化和写操作时一样，仅把 $R/\overline{W}$ 位置 1，有三种读操作方式：立即地址读；选择地址读；连续读。

① 立即地址读。AT24C04 的地址计数器内容为最后操作字节的地址加 1，在 AT24C04 接收到从机地址以后（$R/\overline{W}=1$），它首先发送一个应答信号，然后发送 8 位一字节的数据。主机产生一个停止信号。

② 选择地址读。选择地址读操作允许主机对寄存器的任意字节进行读操作。主机首先进行一次空写操作，发送起始条件、从机地址和它想读取的字节数据的地址，在 AT24C04 应答以后，主机重新发送起始条件位和从机地址位，此时 $R/\overline{W}$ 位置 “1”。AT24C04 响应并发送应答信号然后输出要求的 8 位一字节数据。主机不发送信号应答，但是产生一个停止位。

③ 连续读。在连续读方式中，首先执行立即地址读或选择地址读操作。在 AT24C04 发送完 8 位一字节数据后，主机产生一个应答信号来响应，告知 AT24C04 主机要求更多的数据，对应每个主机产生的应答信号 AT24C04 将发送一个 8 位的数据字节。当主机发送非应答信号时结束读操作，然后主机发送一个停止信号。

10.4　其他接口电路的应用

任务 10-1　数字温度计的设计

1. 目的与要求

通过单片机控制 DS18B20 数字温度计的设计与制作，掌握 DS18B20 的时序、控制命令、与单片机之间的数据传送及数字量与温度值的对应关系。

设计要求：用 DS18B20 测试当前的温度，并在数码管上显示出来，若当前测得的温度高于 70℃或低于 -20℃，则蜂鸣器发出报警提示声。

2. 电路设计

电路原理图如图 10-21 所示，DS18B20 和单片机的 P1.0 引脚相连，P3.4 引脚接蜂鸣器构成报警电路，用动态方式显示测得的温度值，数码管为共阳极结构，P0 口输出字段码，P2 口经驱动电路 74LS245 后输出字位码。

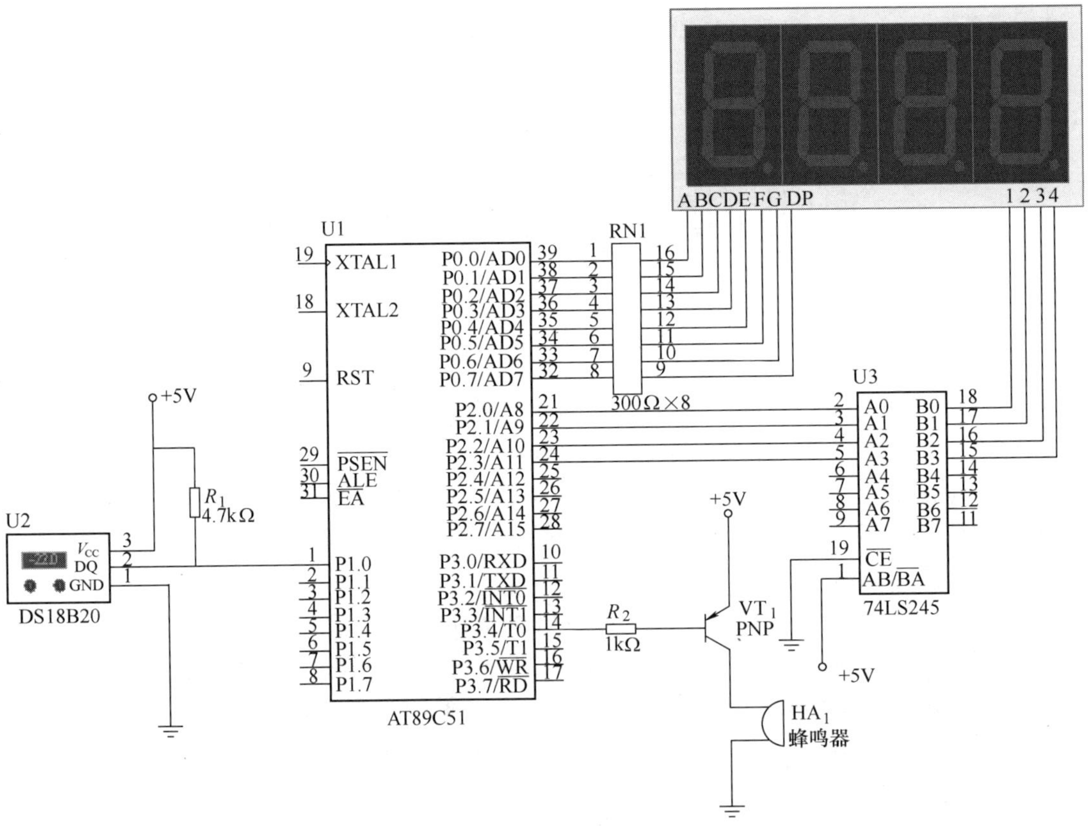

图 10-21　任务 10-1 电路原理图

3. 源程序设计

```
#include <reg52.h>
```

```
#define uint unsigned int
#define uchar unsigned char
uchar count;
sbit d = P1^0;                       //定义 DS18B20 数据线
sbit b = P3^4;                       //定义蜂鸣器控制线
uchar code du[] = {0xc0,0xf9,0xa4,0xb0,0x99,0x92,
0x82,0xf8,0x80,0x90,0xbf};           //关显示和负号

/*****************************************
函数名称:delayms;
函数功能:延时 zms;
形    参:z(延时时间参数)
*****************************************/
void delayms(uchar z)
{
    uint x,y;
    for(x = z;x >0;x --)
      for(y =110;y >0;y --);
}
/********************* 延时函数 ***********/
void delay(uint z)
{
    while(z --);
}
/********************* 初始化 DS18B20 ***********/
void reset()
{
    d =1;                            //d 复位
    delay(8);                        //稍做延时
    d =0;                            //单片机将 DQ 拉低
    delay(80);                       //精确延时 大于 480μs
    d =1;                            //拉高总线
    delay(35);
}
/********************* 写一个字节 ***********/
void write_b20(uchar dat)
{
  uchar i;
  for(i =0;i <8;i ++)
```

```
    {
     d = 0;                                 //给脉冲信号
     d = dat&0x01;                          //给数据信息
     delay(5);
     d = 1;
     dat >> = 1;
    }
}
/********************** 读一个字节 *********** /
uchar read_b20()
{
  uchar i,dat;
  for(i = 0;i < 8;i ++)
    {
     d = 0;                                 //给脉冲信号
     dat >> = 1;
     d = 1;                                 //给脉冲信号
     if(d == 1)
      dat |= 0x80;
     delay(4);
    }
   return dat;
}
/********************** 启动温度转换 *********** /
void write_com()
{
  reset();
  write_b20(0xcc);                          //跳过读序列号的操作
  write_b20(0x44);                          //启动温度转换
}
/********************** 读温度 *********** /
int read_temper()
{
  int temper;
  uchar a,b;
  reset();
  write_b20(0xcc);                          //跳过读序列号的操作
  write_b20(0xbe);                          //读取温度寄存器
  EA = 0;
```

```
  a = read_b20();                    //读低 8 位
  b = read_b20();                    //读高 8 位
  EA = 1;
  temper = b;
  temper << = 8;
  temper |= a;
  temper *= 0.625;                   //扩大测得的温度值
  return(temper);
}
void main()
{
  int temp ;
  uint temper1;
  uchar j;
  TMOD = 0x01;                       //设置 T0 工作于方式 1,定时,用于控制蜂
                                       鸣器发声
  TH0 = 0x3c;                        //定时 50ms,对应的计数初值送 T0 的两个
                                       8 位计数器
  TL0 = 0xb0;
  EA = 1;                            //T0 开中断
  ET0 = 1;
  while(1)
   {
    write_com();                     //启动温度转换
    temp = read_temper();            //读温度
    if(temp > 700 ||temp < ( -200))  //温度高于 70℃或低于 -20℃,启动蜂鸣器
                                       报警
      TR0 = 1;
    else
     {TR0 = 0;
      b = 1;
     }
    for(j = 0;j < 150;j ++)          //温度动态显示
     {
      temper1 = temp;
      if(temp < 0)
      {
       temper1 = ~temper1 + 1;       //如果温度为负,取反加 1
       P2 = 0x02;
```

```
        P0 = du[10];
        delayms(1);
        P0 = 0xff;
        P2 = 0x04;
        P0 = du[temper1/100];          //显示温度值的十位
        delayms(1);
        P0 = 0xff;
        P2 = 0x08;
        P0 = du[temper1/10%10];        //显示温度值的个位
        delayms(1);
        P0 = 0xff;
      }
    else
      {
        P2 = 0x02;
        P0 = du[temper1/1000];         //显示温度值的百位
        delayms(1);
        P0 = 0xff;
        P2 = 0x04;
        P0 = du[temper1%1000/100];     //显示温度值的十位
        delayms(1);
        P0 = 0xff;
        P2 = 0x08;
        P0 = du[temper1/10%10];        //显示温度值的个位
        delayms(1);
        P0 = 0xff;
      }
    }
  }
}
void  time0()interrupt  1              //T0 中断程序
  { TH0 = 0x3c;                        //重装计数初值
    TL0 = 0xb0;
    ++count;
    if(count == 10)                    //控制蜂鸣器的高、低电平各为 0.5s
    { count = 0;
      b = ~b;
    }
  }
```

任务 10-2　基于 PCF8591 简易信号发生器的设计

1. 目的与要求

通过利用 PCF8591 进行 D-A 转换的信号发生器的设计与制作，掌握 PCF8591 的时序、I^2C 总线的软件实现方式以及常用波形的 D-A 转换原理。

设计要求：利用 PCF8591 进行 D-A 转换设计一简易信号发生器，能产生正弦波、三角波、锯齿波和方波，且波形的频率和幅度可以调节。

2. 电路设计

电路原理图如图 10-22 所示，该电路主要由时钟电路、复位电路、按键电路、PCF8591 与单片机连接的 I^2C 总线电路及基准电压电路组成。时钟电路由电容 C_1、C_2 和晶体振荡器 X_1 组成，晶振频率为 12MHz，提供单片机工作所需要的时钟。复位电路由复位键 SB_0、电阻 R_1 及电容 C_3 组成，用于系统的上电复位与按键复位。按键电路由 SB_1、SB_2、SB_3 三个独立式按键和四输入与门 74LS21 及单片机的外部中断 0 组成。SB_1 键设置为波形切换键，每按一次 SB_1 键，输出一种波形，连续按 SB_1 键在四种波形之间循环切换。SB_2 键为频率增加键，每按一次 SB_2 键，输出信号的频率增加。SB_3 键为频率减小键，每按一次 SB_3 键，输出信号的频率减小，增加或减小的值由程序参数设定。采用与门和中断的目的是只要有按键动作便及时响应键功能程序。单片机 P2 口的 P2.6 与 P2.7 分别接 PCF8591 的时钟线 SCL 和数据线 SDA，用软件方式产生 I^2C 总线的时序信号，控制单片机与 PCF8591 之间的数据交换。基准电压由电位器 RP_1 接 5V 电源分压提供，通过调节电位器来调节基准电压的大小，从而达到调整信号幅度的目的。PCF8591 的 AOUT 引脚可接示波器，便于观察与测量输出信号的波形与参数。

3. 系统软件设计

（1）四种波形实现方式

1）方波实现方式：将数字量 0x00 进行 A-D 转换，得到模拟输出电压为 0，延时一段时间；然后将数字量 0xff 进行 A-D 转换，得到最大模拟输出电压 4.98V，延时一段时间，重复上述过程，便得到连续方波信号。

2）锯齿波实现方式：将数字量 0x00 ~ 0xff 这 256 个数分别进行 A-D 转换，每个数字量转换后延时，随着输入数字量的逐渐增大，模拟输出电压也逐渐增大，当输出的模拟电压达到最大值后又回到最小值，如此循环便得到连续的锯齿波信号。

3）三角波实现方式：将数字量 0x00 ~ 0x7f 这 128 个数分别进行 A-D 转换，每个数字量转换后延时，模拟输出电压逐渐增大。再将数字量 0x80 ~ 0x01 这 128 个数按逐渐减小的方式分别进行 A-D 转换，每个数字量转换后延时，模拟输出电压逐渐减小。重复进行便可得到连续的三角波信号。

4）正弦波实现方式：输出正弦波可以采用查表法。正弦波的幅值为 5V，一个周期中的表示点数为 256，那么第 1 点的角度为 0°，对应的正弦值为 5sin0°；第 2 点的角度为 360°/256，对应的正弦值为 5sin（360°/256），依次类推。将这 256 个模拟正弦值转换成对应的数字量存放在数组中，然后将这 256 个数字量进行 D-A 转换便可输出正弦波。

（2）流程图　控制程序由主程序、按键产生的中断程序、D-A 转换程序、4 种波形产生

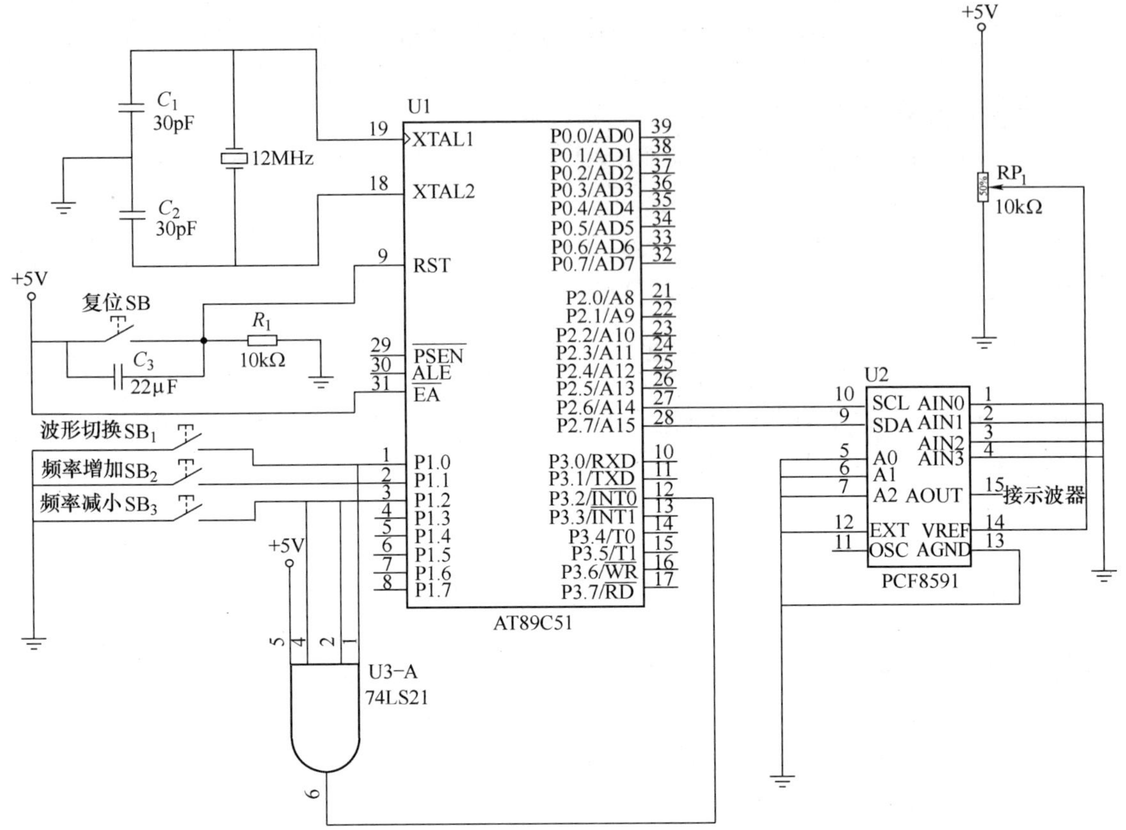

图 10-22　任务 10-2 电路原理图

函数及 PCF8591 的字节写入函数和 I^2C 总线的时序函数等组成。主程序流程图如图 10-23 所示，首先打开外部中断 0 并设置成负跳变触发方式，目的是有按键动作时，能进入中断程序，波形切换键 SB_1 的按键次数 num 对 4 求余数后赋给标志位 flag，即 flag = num%4，根据 flag 的值调用不同的波形产生函数。

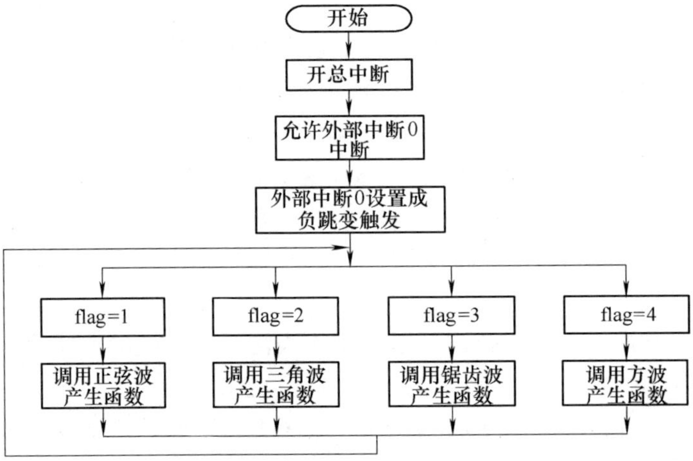

图 10-23　主程序流程图

D-A 转换程序流程图如图 10-24 所示，首先单片机产生开始信号，接着单片机向 PCF8591 发送地址数据 0x90，表示单片机对 PCF8591 执行写操作。检查 PCF8591 是否有应答，有应答时，SDA 线上输出低电平，无应答时，SDA 线上输出高电平。然后发送第二字节控制字 0x40，表示允许输出模拟信号，同样检查应答信号。最后发送 D-A 转换数据，有应答信号后输出停止信号，发送 3 个字节过程中若无应答则产生系统错误提示并返回。此流程图为完成一次 D-A 转换的流程图。

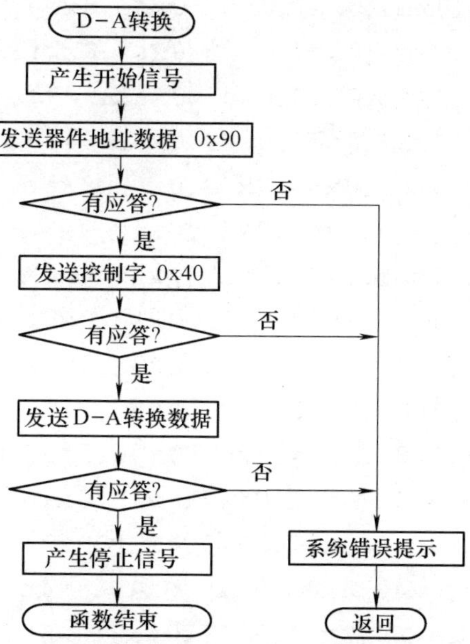

图 10-24　D-A 转换程序流程图

频率调节是通过改变 D-A 转换后模拟量的持续时间来实现的。模拟量的持续时间由延时函数 delay（N）确定，按 SB_2 键时，N 减小，信号的周期减小，频率增大。按 SB_3 键时，N 增大，信号的周期也随之增大，频率减小。

（3）源程序

```
#include <reg51.h>                    //文件包含命令
#include <intrins.h>
#define uchar unsigned char           //定义数据类型
#define uint unsigned int
uchar N=100;
sbit scl=P2^6;                        //定义 I²C 总线的时钟引脚
sbit sda=P2^7;                        //定义 I²C 总线的数据引脚
bit f0;
uchar flag,key,num;
uchar code zhengxian[]=               //正弦波 D-A 转换的 256 个数据
  {0x80,0x83,0x86,0x89,0x8d,0x90,0x93,0x96,0x99,0x9c,0x9f,
   0xa2,0xa5,0xa8,0xab,0xae,0xb1,0xb4,0xb7,0xba,0xbc,0xbf,
```

```
    0xc2,0xc5,0xc7,0xca,0xcc,0xcf,0xd1,0xd4,0xd6,0xd8,0xda,
    0xdd,0xdf,0xe1,0xe3,0xe5,0xe7,0xe9,0xea,0xec,0xee,0xef,
    0xf1,0xf2,0xf4,0xf5,0xf6,0xf7,0xf8,0xf9,0xfa,0xfb,0xfc,
    0xfd,0xfd,0xfe,0xff,0xff,0xff,0xff,0xff,0xff,0xff,0xff,
    0xff,0xff,0xff,0xff,0xfe,0xfd,0xfd,0xfc,0xfb,0xfa,0xf9,
    0xf8,0xf7,0xf6,0xf5,0xf4,0xf2,0xf1,0xef,0xee,0xec,0xea,
    0xe9,0xe7,0xe5,0xe3,0xe1,0xdf,0xdd,0xda,0xd8,0xd6,0xd4,
    0xd1,0xcf,0xcc,0xca,0xc7,0xc5,0xc2,0xbf,0xbc,0xba,0xb7,
    0xb4,0xb1,0xae,0xab,0xa8,0xa5,0xa2,0x9f,0x9c,0x99,0x96,
    0x93,0x90,0x8d,0x89,0x86,0x83,0x80,0x80,0x7c,0x79,0x76,
    0x72,0x6f,0x6c,0x69,0x66,0x63,0x60,0x5d,0x5a,0x57,0x55,
    0x51,0x4e,0x4c,0x48,0x45,0x43,0x40,0x3d,0x3a,0x38,0x35,
    0x33,0x30,0x2e,0x2b,0x29,0x27,0x25,0x22,0x20,0x1e,0x1c,
    0x1a,0x18,0x16,0x15,0x13,0x11,0x10,0x0e,0x0d,0x0b,0x0a,
    0x09,0x08,0x07,0x06,0x05,0x04,0x03,0x02,0x02,0x01,0x00,
    0x00,0x00,0x00,0x00,0x00,0x00,0x00,0x00,0x00,0x00,0x00,
    0x01,0x02,0x02,0x03,0x04,0x05,0x06,0x07,0x08,0x09,0x0a,
    0x0b,0x0d,0x0e,0x10,0x11,0x13,0x15,0x16,0x18,0x1a,0x1c,
    0x1e,0x20,0x22,0x25,0x27,0x29,0x2b,0x2e,0x30,0x33,0x35,
    0x38,0x3a,0x3d,0x40,0x43,0x45,0x48,0x4c,0x4e,0x51,0x55,
    0x57,0x5a,0x5d,0x60,0x63,0x66,0x69,0x6c,0x6f,0x72,0x76,
    0x79,0x7c,0x80};
void delayus()                          //I²C 总线的时序延时函数
{;;}
void delay(uint m)                      //定义延时函数
{ int i,j;
 for(i=0;i<m;i++)
  for(j=0;j<120;j++);
}

void yanshi(uchar t)
{ uchar x;
  for(x=0;x<t;x++);
}

void start()                            //开始信号函数
{ scl=1;
 delayus();
 sda=1;
```

```
 delayus();
 sda =0;
 delayus();
 }
 void stop()                          //停止信号函数
 { sda =0;
   delayus();
   scl =1;
   delayus();
   sda =1;
   delayus();
 }
void ack()                            //应答信号函数
{uchar i;
 scl =1;
 delayus();
 while((sda ==1)&(i <255))
  { i ++;if(i ==255){ f0 =1;goto ww;}}
 scl =0;
 delayus();
 f0 =0;
 ww:return;
}
void write_byte(uchar date)           //写1个数据函数
{uchar i,temp;
 temp = date;
 for(i =0;i <8;i ++)
 { temp = temp <<1;
   scl =0;
   delayus();
   sda = CY;
   delayus();
   scl =1;
   delayus();
 }
   scl =0;
   delayus();
   sda =1;
   delayus();
```

```
}
/* D-A 转换的地址、控制字、数据写入函数 */
void write(uchar add,uchar control,uchar dat)
 { start();
   write_byte(add);
   ack();
   f(f0 ==1)return;
   write_byte(control);
   ack();
   if(f0 ==1)return;
   write_byte(dat);
   ack();
   if(f0 ==1)return;
   stop();
 }
void anjianINT()interrupt 0          //按键函数
{
  delay(10);
  key = P1;
  switch(key)
  {case 0xfe:{num ++;num = num% 4;flag = num;break;}        //波形切换
   case 0xfd: if(N ==0)N =0;else N =N -10;break;           //频率增大
   case 0xfb: if(N ==200)N =200;else N =N +10;break;        //频率减小
  }
}
void fb()                            //方波产生函数
{ uchar k;
  write(0x90,0x40,0x00);
  for(k =0;k < =127;k ++)
   {     yanshi(N);
   }
  write(0x90,0x40,0xff);
  for(k =0;k < =127;k ++)
    {
     yanshi(N);
    }
}
void jcb()                           //锯齿波产生函数
```

```
{ int  i;
  for(i =0;i < =0xff;i ++)
  {write(0x90,0x40,i);
    yanshi(N);
  }
}
void sjb()                              //三角波产生函数
{ uchar i;
 for(i =0;i <0x80;i ++)
   {write(0x90,0x40,i);
    yanshi(N);
   }
for(i =0x80;i >0;i --)
{ write(0x90,0x40,i);
  yanshi(N);
  }
}
void sin()                              //正弦波产生函数
{ uchar k;
  for(k =0;k <255;k ++)
  {  write(0x90,0x40,zhengxian[k]);
    yanshi(N);
  }
 }
main()
{ EA =1;
  EX0 =1;
  IT0 =1;
   while(1)
  {
    switch(flag)
    {case 0: sin();break;
     case 1: sjb();break;
     case 2: jcb();break;
     case 3: fb();break;
     default: write(0x90,0x40,0);
    }
  }
}
```

任务 10-3　EEPROM AT24C04 读写控制

1. 目的与要求

通过单片机对 AT24C04 读写的控制，掌握 I^2C 总线的时序、具有 I^2C 总线结构的 EEPROM 的读写方式及控制程序的编写。

设计要求：要求先将 16 个字节的数据写入 AT24C04 中，然后依次读出这 16 个字节的数并在数码管上显示。

2. 电路设计

AT24C04 读写控制电路如图 10-25 所示，单片机的 P1.0 引脚和 P1.1 引脚分别接 AT24C04 的时钟线和数据线。地址线和写保护连在一起后，可以对 AT24C04 进行读写。P0 口输出字段码，P2 口接驱动器后输出字位码。

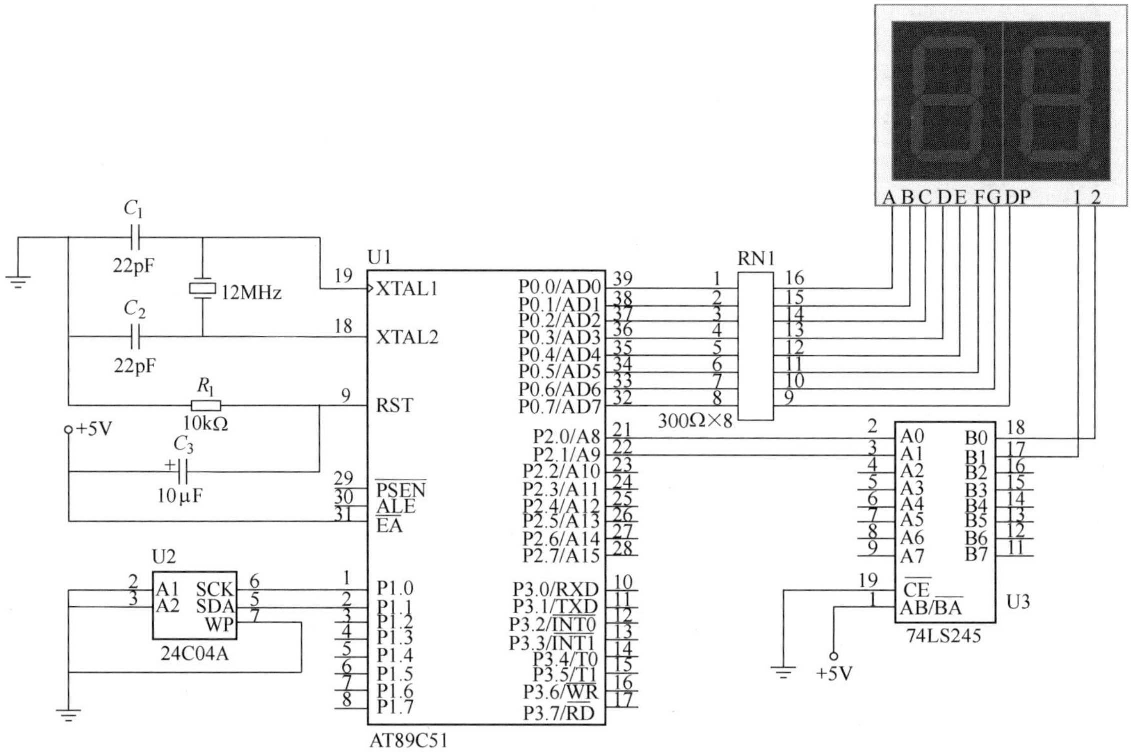

图 10-25　AT24C04 读写控制电路

3. 源程序设计

```
#include <reg51.h>
#include <intrins.h>
#define uchar unsigned char
#define uint unsigned int
#define nop4()  {_nop_();_nop_();_nop_();_nop_();}  //定义 AT24C04 的
                                                      时序延时函数
```

```
sbit clk = P1^0;                        //定义 I²C 的时钟引脚
sbit dat = P1^1;                        //定义 I²C 的数据引脚
uchar a[] = {12,23,34,45,56,67,78,89,90,21,32,43,54,66,77,88};
uchar code dis[] = {0xc0,0xf9,0xa4,0xb0,0x99,0x92,0x82,0xf8,
                    0x80,0x90,0x88,0x83,0xc6,0xa1,0x86,0x8e};
uchar ge,shi,count;
void delayms(uint x)                    //定义延时函数
{ uchar i;
  while(x--)
  for(i=0;i<120;i++);
}
void start()                            //I²C 开始函数
{ dat=1;
  clk=1;
  nop4();
  dat=0;
  nop4();
  clk=0;
}
void stop()                             //I²C 停止函数
{ dat=0;
  clk=0;
  nop4();
  clk=1;
  nop4();
  dat=1;
}
void  rack()                            //读取应答函数
{ dat=1;
  nop4();
  clk=1;
  nop4();
  clk=0;
}
void no_ack()                           //发送非应答信号
{ dat=1;
  clk=1;
  nop4();
  clk=0;
```

```
  dat =0;
}
void write_byte(uchar b)                  //向 AT24C04 中写入一字节数据
{ uchar i;
  for(i =0;i <8;i ++)
  { b << =1;
    dat =CY;
    _nop_();
    clk =1;
    nop4();
    clk =0;
  }
  rack();
}
void write_iic(uchar addr,uchar dat)  //向指定地址写入一字节数据
{ start();
  write_byte(0xa0);
  write_byte(addr);
  write_byte(dat);
  stop();
 delayms(10);
}
uchar read_byte()                         //从 AT24C04 中读取一字节的数据
{ uchar i,b;
  for(i =0;i <8;i ++)
  { clk =1;
    b< < =1;
    b|=dat;
    clk =0;
  }
    return  b;
}
uchar read_current()                      //从当前地址读取数据
{uchar d;
 start();
 write_byte(0xa1);
 d=read_byte();
 no_ack();
 stop();
```

```
  return d;
 }
 uchar random_read(uchar addr)        //从任意地址读取数据
 { start();
  write_byte(0xa0);
  write_byte(addr);
  return read_current();
 }
 void t0_int()interrupt 1             //T0 中断程序
  {TH0 =45536/256;
   TL0 =45536%256;
   ge =count%10;                      //计算显示数据的个位
   shi =count/10;                     //计数显示数据的十位
   P2 =0x01;P0 =dis[ge];delayms(3);P0 =0xff;  //显示个位
   P2 =0x02;P0 =dis[shi];delayms(3);P0 =0xff;  //显示十位
  }
 void main()                          //主函数
 { uchar i;
   IE =0x82;                          //开总中断,T0 开中断
   TMOD =0x01;                        //T0 工作于方式 1,定时
   TH0 =45536/256;                    //定时 20ms 对应的计数初值送计数器
   TL0 =45536%256;
   for(i =0;i <16;i ++)               //向 AT24C04 写入 16 字节的数据
    { write_iic(i,a[i]);
    }
   TR0 =1;
   while(1)
   { for(i =0;i <16;i ++)
     { count =random_read(i);         //从 AT24C04 读取数据
     delayms(1000);
     }
   }
 }
```

本章小结

1. DS18B20 为单总线测温器件，可直接读出被测温度，并且可根据实际要求通过编程实现 9 ~ 12 位的数字值读数方式，它体积小，适用电压宽。DS18B20 采用外接电源方式工作，单片机与 DS18B20 之间传送的数据、命令都是按时序采用单总线技术完成的。

2. PCF8591为具有I^2C总线结构的A-D和D-A转换器，并且模拟量和数字量是线性关系。PCF8591具有4个模拟输入、1个模拟输出和1个串行I^2C总线接口，3个地址引脚A0、A1、A2用于硬件地址编程，允许在I^2C总线上同时接8个PCF8591器件。单片机与PCF8591之间传送的数据、地址和控制信号都是通过I^2C总线以串行方式传送。

3. AT24C04为具有I^2C总线结构的EEPROM，容量为512字节，单片机与AT24C04之间传送的数据、地址和控制信号都是通过I^2C总线以串行方式传送。

习 题

10.1 单选题

（1）DS18B20的ROM有______位。

A. 16　　B. 32　　C. 64　　D. 8

（2）DS18B20采用______结构与单片机连接。

A. I^2C总线　　B. 单总线　　C. 并行　　D. 串行

（3）DS18B20启动温度转换的命令字是______。

A. 0x44　　B. 0xbe　　C. 0xcc　　D. 0x4e

（4）PCF8591 A-D转换得到的数字量为______位二进制数。

A. 16　　B. 32　　C. 64　　D. 8

（5）PCF8591 D-A转换得到的模拟量有______路。

A. 1　　B. 2　　C. 4　　D. 8

（6）若PCF8591器件地址的A2A1A0=000，则对PCF8591进行读操作的命令字为______。

A. 0x80　　B. 0x81　　C. 0x90　　D. 0x91

（7）AT24C04的存储器容量为______字节。

A. 128　　B. 256　　C. 512　　D. 1024

（8）若AT24C04只能执行读操作，写保护引脚WP应接______。

A. 高电平　　B. 低电平　　C. 悬空　　D. +12V

10.2 简答题

（1）I^2C总线的优点是什么？

（2）I^2C总线的起始信号和终止信号是如何定义的？

（3）I^2C总线的数据传送方向如何控制？

（4）常用的I^2C总线接口器件有哪些？

（5）I^2C总线的寻址方式是什么？

（6）I^2C总线的数据传送时，应答信号是如何定义的？

10.3 编程题

（1）以DS18B20为温度传感器，设计一数字温度计，要求能显示温度整数值与小数点后一位数字，且不显示无意义的0。

（2）以PCF8591为D-A转换器，设计一三角波产生电路，要求波形的幅度和周期可以调节。

参 考 文 献

[1] 邱丽芳．单片机原理及应用 [M]．北京：人民邮电出版社，2007.
[2] 董少明．单片机原理与应用 [M]．2 版．北京：中国铁道出版社，2010.
[3] 梅丽凤．单片机原理及接口技术 [M]．3 版．北京：清华大学出版社，北京交通大学出版社，2009.
[4] 王静霞．单片机应用技术（C 语言版）[M]．2 版．北京：电子工业出版社，2014.
[5] 汤竞南．51 单片机 C 语言开发与实例 [M]．北京：人民邮电出版社，2008.
[6] 彭伟．单片机 C 语言程序设计实训 100 例 [M]．北京：电子工业出版社，2010.
[7] 朱清慧．Proteus 教程——电子线路设计、制版与仿真 [M]．2 版．北京：清华大学出版社，2011.
[8] 郑锋．51 单片机应用系统典型模块开发大全 [M]．2 版．北京：中国铁道出版社，2011.
[9] 楼然苗，李光飞．单片机课程设计指导 [M]．2 版．北京：北京航空航天大学出版社，2012.
[10] 陈海松．单片机应用技能项目化教程 [M]．北京：电子工业出版社，2012.
[11] 彭为．单片机典型系统设计实例精讲 [M]．北京：电子工业出版社，2006.